L'UNIVERS ET L'INFINI

JOSEPH SILK

L'UNIVERS ET L'INFINI

*Traduit de l'anglais
par Pierre Kaldy*

À Jacqueline

Introduction

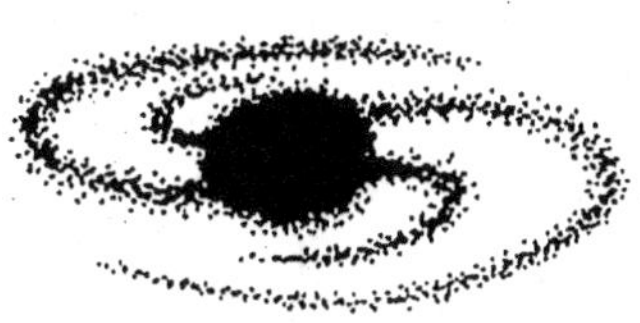

> « Deux choses sont infinies – l'Univers et la bêtise humaine – et pour le premier je n'en suis pas sûr. »
>
> Albert Einstein

> « Le passé ! La grandeur infinie du passé ! Car qu'est-ce que le présent après tout, si ce n'est une émergence du passé ? »
>
> Walt Whitman

L'infini ne peut être qu'un concept relatif. Allez à n'importe quelle distance : un espace infini signifie qu'on peut toujours aller plus loin. On n'en atteint jamais le bout. L'Univers peut-il être comme ça ?

L'idée que l'Univers puisse être infini a suscité des prises de position extrêmes. Pour certains, le concept est effrayant. Il y aurait quelque part des copies identiques à nous, refaisant toutes nos actions, redisant toutes nos paroles. Cela semble difficile à admettre. Mais ce n'est pas vraiment une bonne raison scientifique pour abandonner l'idée. En réalité, l'astronomie moderne nous dit que c'est plus qu'un concept métaphysique. Que l'Univers soit infini pourrait même être une exigence de la physique. Et si c'était le cas, le saurons-nous un jour ? Je présenterai des moyens d'explorer un Univers immense mais fini voire même infini. Si l'Univers est topologiquement petit, c'est-à-dire très grand mais dans un volume fini, on pourrait arriver à le savoir grâce à l'observation du rayonnement fossile hérité du Big Bang. L'exploration et la vérification d'un Univers infini ne sont en revanche pas très éloignées des voyages de science-fiction tout en demeurant dans le domaine de la physique.

Ce qui est sûr, c'est que l'Univers est grand, très grand. Même s'il n'est pas vraiment infini, il est vraisemblablement beaucoup, beaucoup plus étendu que l'horizon le plus éloigné que nous puissions voir avec les plus puissants télescopes actuels. L'Univers est à tout le moins presque infini. Je décrirai dans ce livre comment les astronomes en sont arrivés à cette conclusion et comment le concept d'un Univers presque infini est accessible à l'expérimentation.

CHAPITRE PREMIER

Perspectives

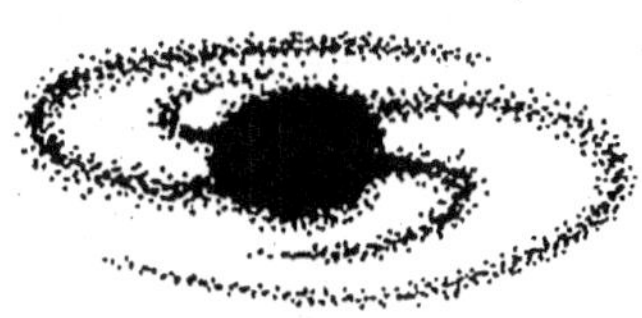

« Si les portes de la perception étaient transparentes, toute chose apparaîtrait à l'homme telle qu'elle est, infinie. »

William BLAKE

« Nous sommes tous dans le caniveau, mais certains d'entre nous regardent les étoiles. »

Oscar WILDE

L'humanité n'est qu'un grain de poussière à l'aune de l'Univers. L'espèce humaine ne se distingue que depuis peu, un millième de l'âge de l'Univers. La fragilité de la vie augure mal du futur. La moindre collision de la Terre avec un astéroïde errant pourrait aussi bien effacer toute trace de vie à sa surface.

Mais nous avons survécu jusqu'à présent, après des milliards d'années d'évolution. Ce n'est pas rien et cela suscite inévitablement de sérieuses questions. Par quel chemin tortueux en sommes-nous arrivés là ? En tant que cosmologiste, je me rapproche de l'origine de l'Univers autant que me le permet la théorie. Quelle que soit celle que j'utilise, il y a toujours un point de départ. Nos connaissances en physique ne nous font pas aller plus loin. Avant cet instant du temps cosmique, toutes les lois de la physique ou de la chimie sont aussi évanescentes que des ronds de fumée. Les spéculations vont bon train parmi les théologiens et les philosophes tout autant que parmi les astrophysiciens.

Au début, il y avait le royaume de la théologie. Puis il y a eu aussi ceux de la philosophie et de la cosmologie. Ces disciplines abordent l'origine de l'Univers dans des perspectives très différentes. Un philosophe peut ainsi dire : « OK, s'il y a un commencement, il y avait quelque chose avant. Autrement la notion de commencement n'a pas de sens. » Mais le scientifique (ou le théologien) répond : « Ce qui s'est produit avant n'est par définition pas de la science (ou de la théologie). » La nouvelle cosmologie part d'une origine, à un moment où il n'y avait rien. Ou tellement proche de rien qu'on ne peut l'en distinguer. Rien qui soit sous forme de matière. Il y avait l'espace, mais il était vide. Et l'instant que nous désignons comme le commencement pourrait avoir été très long en fait, assez long pour que puissent se produire des choses assez étranges, des violations de la conservation de la masse et de l'énergie. On nous apprend tous à l'école que l'énergie se conserve. Mais la théorie quantique nous permet d'emprunter de l'énergie pourvu que nous la rendions avant d'être observés. Notre compréhension du début de l'Univers repose à la fois sur la théorie de la nature fondamentale de la matière et sur l'observation par les astronomes des confins de l'Univers.

L'art de la cosmologie

> « Ce que je vais vous dire est ce que nous enseignons à nos étudiants de troisième cycle... C'est à moi de vous convaincre de ne pas laisser tomber parce que vous ne comprenez pas. Voyez-vous, mes étudiants de physique ne le comprennent pas... Parce que je ne le comprends pas. Personne ne le comprend. »
>
> Richard FEYNMAN

La branche des sciences qui s'occupe de nos origines cosmiques à des instants aussi éloignés dans le temps et l'espace s'appelle la cosmologie. La théorie du Big Bang en est la pierre d'angle actuelle. Mais quelle est la part des spéculations ? Quels sont les faits établis concernant le début de l'Univers ?

La cosmologie est l'étude de l'Univers : sa structure, son commencement, son destin. Je raconterai ce que nous savons vraiment de la théorie du Big Bang. Nous aborderons des questions comme l'évolution à grande échelle : de la genèse de la matière jusqu'à la naissance et à la mort de galaxies entières d'étoiles. Définir les questions difficiles est la première étape vers leur réponse. Munis de ces connaissances, les questions ultimes sur l'Univers deviennent accessibles. Même si nous ne pouvons y répondre, nous pouvons en apprendre beaucoup.

Les galaxies sont très éloignées. Leur lumière a voyagé des millions d'années avant de nous parvenir. L'espace est une machine à remonter le temps qui nous donne une image du passé. Cela a changé notre point de vue de façon spectaculaire. Au milieu du XVIIᵉ siècle, l'archevêque d'Irlande James Ussher fit la surprenante annonce que Dieu avait créé la Terre et le Ciel le 22 octobre 4004 avant J.-C. à huit heures du soir ! Cette date a été ultérieurement corrigée par un érudit anglais de la Bible, le Dr John Lightfoot, qui a donné la date de la création d'Adam, le 23 octobre 4004 avant J.-C. à neuf heures du matin.

Un géologue creuse de plus en plus profond pour sonder le passé géologique. Les plus anciennes roches sur Terre ont environ 3 milliards d'années. Il en trouve même de plus vieilles, les météorites, les plus anciennes du système solaire, qui sont âgées de 4,6 milliards d'années.

Mais le cosmologiste peut faire encore mieux en regardant simplement l'espace. Le centre de notre Voie lactée est à quelque 20 000 années-lumière de nous. La galaxie Andromède, notre voisine la plus proche comparable en taille, visible à l'œil nu, est à 2 millions d'années-lumière. Nous la voyons comme la voyaient les premiers hommes. Les plus lointaines galaxies connues sont à plus de 10 milliards d'années-lumière. Leur lumière a été émise bien avant que le système solaire se soit formé, bien avant même la formation de notre galaxie. L'Univers est de grande taille. Mais pas au point de nous faire renoncer à comprendre son origine et son évolution. On peut assister à la création avec les télescopes actuels. Le Big Bang est notre mythe moderne, scientifique, de la création. Il remplace Zeus et Thor, Adam et Ève. Mais, à la différence du mythe, la science repose sur des faits. Ce n'est pas le genre de preuve que vous pouvez tenir dans votre main mais certainement celle que vous pouvez voir à travers un télescope.

Les éléments de base de la cosmologie

> « La difficulté ne vient pas des nouvelles idées mais de savoir comment échapper aux anciennes qui se ramifient, pour ceux qui ont été élevés comme la plupart d'entre nous, dans chaque coin de notre esprit. »
>
> John Maynard KEYNES

Les galaxies sont les éléments de base, donc je commence par elles. Nous sommes entourés de nuages d'étoiles, autrefois appelés « univers îles » et de fait nous habitons dans l'un de ces nuages, la Voie lactée. Une centaine de milliards de soleils tournoient dans cet espace inexploré, confinés pour la plupart dans un mince disque de plusieurs dizaines de milliers d'années-lumière de large sur quelques centaines d'épaisseur. Les étoiles sont les vestiges d'un glorieux passé quand les galaxies brillaient des centaines de fois plus qu'aujourd'hui. Les astronomes ont accumulé des montagnes de données sur presque tout le spectre électromagnétique qui leur permettent de dresser la carte des étoiles jusqu'au cœur des galaxies. Il reste relativement peu d'inconnues et nous comprenons, au moins en première approximation, les secrets intimes des galaxies. Nous pouvons retracer l'évolution de la Voie lactée depuis une époque largement antérieure à la formation du Soleil.

J'utiliserai les galaxies comme des indices du temps, comme le moyen de remonter jusqu'au Big Bang. Nous pouvons voir des galaxies géantes très éloignées et leur naissance éclaire les ténèbres de l'Univers lointain. Pour paraphraser Isaac Newton qui s'exprimait à propos d'un rival ayant l'aspect d'un nain, Thomas Hooke, nous sommes comme des nains qui peuvent voir beaucoup plus loin en se tenant sur les épaules de géants. Je décrirai dans les derniers chapitres l'Univers avant la formation des galaxies, là où les spéculations prennent le relais. Cela nous mènera inévitablement aux premiers instants de l'Univers et, au-delà, dans le royaume des ultimes questions.

Principes

« Il n'est jamais trop tôt pour apprendre que la chose la plus utile dans un principe, c'est qu'il peut être sacrifié à l'opportunité. »

Somerset MAUGHAM

« Le seul principe qui ne fait pas obstacle au progrès est : tout passe. »

Paul FEYERABEND

Les cosmologies des mythes se caractérisaient par l'invention de divinités pour rendre compte des phénomènes tels que les étoiles ou les planètes. Il y avait une loi pour les cieux où les dieux séjournaient la plupart du temps et une autre pour le simple humain. Le scientifique moderne, et nous pouvons déjà considérer Aristote comme le premier grand physicien, commence son étude de l'Univers en supposant que les lois de la nature sont universelles. Nous n'avons pas besoin d'une loi pour le mouvement des planètes et d'une autre pour marcher dans la rue. C'est avec cet esprit que la cosmologie, l'étude scientifique de l'Univers, s'est développée en extrapolant les lois de la physique vérifiées localement à des endroits éloignés dans le temps et l'espace. Nous n'avons pas besoin d'Atlas pour soutenir les cieux mais l'orbite des planètes suffit à les empêcher de tomber sur Terre comme tant d'étoiles filantes. Autrefois, pour expliquer le déplacement des planètes, il fallait imaginer des sphères cristallines ayant des ensembles complexes de mouvements épicycliques. Il a fallu attendre près de deux mille ans pour que la révolution copernicienne chasse les épicycles de l'univers géométrique et détrône la Terre du centre du cosmos pour planter le véritable décor de l'astronomie moderne.

La théorie du Big Bang donne un cadre pour étudier le passé et prédire le futur. C'est une version moderne du mythe de la création. C'est à la fois une théorie et un modèle fermement ancré dans les observations actuelles. C'est par-dessus tout une simplification de la complexité de la nature astronomique qui révèle son élégante symétrie et sa beauté sous-jacentes. Dans la meilleure tradition des sciences, c'est enfin une théorie hautement prédictive qui a été systématiquement perfectionnée au fil des observations.

Simplicité

Voyons d'abord ce que simplifie la théorie. Prenons une vaste image du ciel fournie par un grand télescope. L'Univers fourmille de galaxies. Notre coin d'Univers est clairement rempli de grumeaux. Prenons un peu de recul et comparons des images prises dans différentes directions. Tant que nous nous tenons à l'écart de la Voie lactée, l'Univers semble très comparable de quelque point que ce soit.

Cela nous mène à une conclusion simplificatrice. Imaginons que nous lissions les images en les regardant, par exemple, à travers un objectif déréglé : les détails sont dégradés. Imaginons que nous regardions les clichés à travers un filtre embué : toute la structure est perdue. Mais la configuration générale des lumières dues aux galaxies, demeure. L'Univers semble maintenant presque uniforme et identique dans toutes les directions. En effet, on filtre la structure observée pour ne retenir que l'information assez grande pour passer au travers. Une uniformité approximative apparaît lorsque l'Univers est lissé sur quelques millions d'années-lumière.

Quand on a estompé les galaxies et les amas de galaxies, l'Univers lointain est approximativement uniforme ou homogène. Il est aussi isotrope en première approximation, sans direction apparente. On ne peut s'orienter vers un point et dire « le centre de l'Univers est par là » ni en trouver un où la densité de galaxies semble augmenter. Ces observations sont bien sûr faites à partir de notre position. Le principe cosmologique généralise l'aspect homogène et isotrope à des observateurs qui seraient répartis aux quatre coins de l'Univers.

L'une des raisons du principe cosmologique est la nécessité de nous détrôner de notre position d'observateurs privilégiés en tant que terriens. On suppose que l'Univers est en moyenne isotrope à tout moment pour des témoins fondamentaux. Il en résulte notamment que l'Univers doit, en gros, être aussi homogène.

Si jamais il s'avère que la physique locale n'est pas adaptée pour décrire l'Univers, nous avons la liberté de développer de nouvelles lois qui peuvent correspondre à des généralisations de cette physique. Les grands succès de la physique moderne, comme la généralisation de la gravité newtonienne à la relativité générale et le modèle standard de la physique des particules, se caractérisent par leur simplicité. De telles considérations sur la simplicité d'une bonne théorie peuvent s'appliquer à un principe cosmologique simple servant à construire un modèle de l'Univers. Au bout du compte, nous devrons vérifier expérimentalement ce principe.

Les principes sont le pain quotidien de la cosmologie. Tout commença peut-être avec Platon, qui avait des idées assez arrêtées sur les lois invisibles qui devaient régir l'Univers. Il voulait que les orbites des planètes fussent des cercles parfaits, et ses idées ont perduré pendant près de deux mille ans avant que Kepler, en utilisant les données laborieusement accumulées par Tycho Brahé, ne montrât qu'elles étaient fausses. Ce qu'il faut retenir, c'est bien sûr que les données empiriques doivent être prises en compte en premier lieu mais aussi qu'elles ne peuvent être comprises qu'à l'aide de lois ou de principes fondamentaux. Newton, puis Einstein, l'ont démontré dans le cas des orbites planétaires.

La théorie du Big Bang a pour point de départ la relativité générale d'Einstein combinée au principe cosmologique. La relativité générale est une théorie de la gravité qui part du concept que l'espace est mesurable quelle que soit l'échelle. Ce n'est pas forcément le cas et certainement pas pour l'infiniment petit. Mais cela ne doit pas nous gêner pour le moment, tant que nous ne choisissons pas d'y incorporer le phénomène exotique de la théorie quantique. La relativité générale a maintenant été vérifiée avec une haute précision *via* l'observation de pulsars binaires. Le principe cosmologique a aussi été confirmé avec une extrême précision, aussi loin que nous le pouvons.

Le principe cosmologique affirme que l'Univers est approximativement le même dans toutes les directions. Nous ne pouvons pas dire « regarde par là », ou trouver que l'Univers est plus chaud ici que là. Nous disons que l'Univers est statistiquement isotrope. Le principe cosmologique exige aussi que l'Univers soit approximativement uniforme. Nous ne pouvons observer aucun gradient important dans la densité comme ce serait le cas si nous étions au centre d'un très grand trou dans la répartition des galaxies. On dit que l'Univers est homogène pour tout observateur. Le fond diffus cosmologique de micro-ondes a montré une isotropie à un niveau de une partie pour 100 000. Il n'y a aucune direction privilégiée comme celle qui pourrait être associée à un centre géométrique de l'Univers.

Les cartes tridimensionnelles de l'Univers fournies par l'étude des galaxies ont montré qu'il était homogène. On peut déduire du spectre lumineux des galaxies qu'elles ne sont jamais au repos mais s'éloignent généralement de nous, leur lumière se déplaçant vers des longueurs d'onde plus élevées, vers le rouge, que celles des galaxies plus proches. Ce décalage permet de calculer les distances. Et ces dernières sont énormes si l'on se fie à la forte corrélation empirique découverte par Edwin Hubble en 1929 entre décalage vers le rouge et distance. Nous reviendrons sur cette relation plus en détail.

L'exploration de plus en plus profonde de l'Univers, à des distances aussi grandes que des milliards de parsecs (1 parsec = 3,2 années-lumière), montre que la densité des galaxies est uniforme. Nous sommes loin d'habiter un Univers de très faible densité moyenne comme certains l'avançaient. On peut fixer une limite d'environ 10 % de la densité moyenne à toute non-uniformité de grande échelle, car autrement la relation liant le décalage vers le rouge des galaxies et la distance serait nettement perturbée.

Ce que Copernic nous apprend

Le principe cosmologique peut se réduire à l'énoncé que l'Univers, en moyenne, paraît identique de n'importe quel endroit. Il n'y a pas de direction particulière : l'Univers est isotrope. Nous ne pouvons pas prouver ce principe : c'est une question philosophique ou de foi même si cette dernière a de sérieuses motivations.

Le principe cosmologique est motivé par la notion copernicienne que la Terre n'a pas une position privilégiée au centre de l'Univers. Pourquoi en aurait-elle une ? C'est un point de départ peu crédible pour une théorie fondée sur des faits objectifs. Sans compter que toute théorie géocentrique est horriblement compliquée. Ptolémée a construit un univers géocentrique formé d'une multitude de sphères de cristal concentriques tournant sur différents axes et centrées sur la Terre. À l'époque de Copernic, la théorie des épicycles avait multiplié de façon incroyable le nombre de sphères transparentes pour expliquer le mouvement des planètes. Les calculs mathématiques associés étaient vraiment affreux.

Copernic s'est débarrassé de la plupart de ces sphères pour construire une cosmologie bien plus simple et élégante qui ne fut confirmée que bien plus tard par les astronomes. En 1728, James Bradley découvrit le déplacement apparent de la position des étoiles dû au mouvement de la terre autour du Soleil. Il fallut encore un siècle avant que Friedrich Bessel ne mesure la première parallaxe stellaire, celle de 61 Cygni, une l'étoile proche du Soleil. Ces mesures étaient des preuves indépendantes du mouvement de la Terre autour du Soleil. Des siècles plus tard, les astronomes ont confirmé que la Terre tournait autour du Soleil.

Mais pourquoi ne pas appliquer le même raisonnement au Soleil ? Pourquoi ne pas continuer avec l'Univers entier ? Il n'y a nul besoin de donner une place particulière au Soleil ou à une galaxie comme la nôtre. Imaginez que vous regardiez l'Univers de n'importe quel point dans l'espace. S'il n'y a aucune direction privilégiée à partir de chaque point, l'Univers est localement isotrope et doit aussi être uniforme dans l'espace. Le principe cosmologique dit que l'Univers vu par n'importe quel observateur au repos est approximativement isotrope et homogène.

Cette version du principe cosmologique est la pierre angulaire de la cosmologie moderne. Comment pouvons-nous vérifier un tel concept ? Les astronomes du début du XXᵉ siècle avaient un Univers solidement ancré dans la galaxie de la Voie lactée et autour d'elle. La notion d'un Univers en expansion aurait été complètement hérétique. L'avancée majeure qui devait suivre en cosmologie exigeait un changement de paradigme dû aux nouvelles données. Le principe cosmologique a d'abord apporté les fondations essentielles au cadre de toute cosmologie moderne.

Au début, les arguments en sa faveur étaient plutôt maigres. Il a fallu attendre un demi-siècle avant d'obtenir sa confirmation par l'observation du fond diffus cosmologique. À l'origine, Einstein utilisa en 1916 ce principe pour déduire que l'Univers était statique. Il y avait après tout peu d'éléments crédibles en faveur d'une expansion systématique de l'espace. Cela semblait de fait contraire à l'intuition des gens éduqués dans une conception cartésienne du monde.

Le plus fort argument en faveur du principe cosmologique est relativement récent. Il est venu des mesures montrant le caractère remarquablement lisse du fond diffus cosmologique. Ce dernier provient de l'Univers à un stade précoce et montre que la répartition de la matière a répondu à un même degré d'homogénéité au cours des premiers millions d'années de l'histoire cosmologique. Nous reviendrons en détail sur ces observations.

En un demi-siècle, le principe cosmologique est devenu un fait. Une version plus forte, le principe cosmologique parfait, va plus loin : l'Univers apparaît le même de tous les points et en tout temps. En d'autres termes, il peut n'y avoir eu aucune évolution : l'Univers doit toujours avoir été le même, au moins si on le considère avec un recul suffisamment long. Le principe cosmologique parfait s'oppose en ce sens à sa version plus modérée qui permet l'existence d'états de l'Univers très différents par le passé et dans le futur. Le principe cosmologique parfait a donné naissance à une théorie dans laquelle l'aspect de l'Univers n'a jamais changé malgré son expansion. La matière venait littéralement de rien pour remplir le vide laissé par la matière en expansion et maintenir une densité moyenne constante. Cette théorie dite de l'Univers stationnaire postulait que de la matière était créée en permanence, un concept discrédité depuis longtemps. Nous voyons une forte évolution de l'Univers en l'observant dans le lointain et donc dans le passé.

Universalité

> « Ce résultat est trop beau pour être faux ; la beauté est plus importante dans une équation que sa vérification par l'expérimentation. »
>
> Paul DIRAC

Les physiciens ont longtemps cru que les lois de la physique qui gouvernaient l'évolution de l'Univers devaient être simples. À leurs yeux, la simplicité est la beauté et garantit la vérité. Ce n'est pas forcément vrai pour un artiste, bien sûr. La simplicité est de rigueur en physique. Si une théorie a trop de fioritures, elle meurt de mort naturelle. Ce fut le cas de la théorie du mouvement des planètes fondée sur les épicycles d'inspiration platonicienne. Les cercles, considérés comme une forme parfaite, ont inspiré une hiérarchie complexe d'épicycles qui permettaient aux planètes de se mouvoir en orbite autour d'une Terre fixe. Même avant les preuves évidentes fournies par l'observation, les astronomes, avec l'exemple le plus notable de Copernic, étaient de plus en plus insatisfaits par le modèle géocentrique du système solaire hérité de Ptolémée.

Le point de départ de la cosmologie moderne, même avant l'adoption du principe cosmologique, est de postuler que les lois de la physique sont universelles dans le temps et dans l'espace. Si ces lois variaient de façon aléatoire d'un endroit à l'autre, nous pourrions aussi bien retourner à la mythologie pour avoir un modèle pareillement convaincant de l'Univers. On peut tester les conséquences les plus simples des lois de la physique, comme de possibles variations des constantes de gravitation et de structure fine en un lieu et un intervalle très limités, mais pas des changements éloignés dans des régions extrêmes du temps et de l'espace. Nos lois de la physique pourraient bien sûr s'arrêter au niveau de la singularité prédite à l'origine du Big Bang. Ce qui constitue en tout cas la marque d'une inadéquation de notre théorie.

Un espoir de futur progrès réside dans la découverte un jour de l'ultime Théorie du Tout. Elle sera peut-être capable de traiter le commencement de l'Univers de façon cohérente. Elle pourrait n'être que la théorie de la gravité quantique, l'union tant recherchée entre la théorie de la gravitation d'Einstein et celle des quanta inspirée par les travaux de Planck. Le danger existe, avec la totale liberté d'imaginer des variations dans les constantes fondamentales et les lois de la physique, de passer dans le domaine de la métaphysique, c'est-à-dire au-delà de la science et du testable. C'est pourquoi nous préférons supposer que, mis à part la singularité initiale qui a duré 10^{-43} seconde, les lois et constantes de la physique restent les mêmes.

La cosmologie est, à la différence d'autres domaines scientifiques, unique en ce sens qu'il n'y a qu'un seul univers disponible. Nous ne pouvons pas prendre une loi de la physique, en ajouter une autre et finir avec un système différent sur lequel expérimenter. Nous ne pourrons jamais savoir combien notre Univers et les lois qui le gouvernent sont uniques car nous n'avons aucun autre univers auquel le comparer. Cet Univers montre tout ce qui est et sera à jamais accessible à l'observation.

Sommes-nous essentiels à l'Univers ?

> « Nous sommes des morceaux de matière stellaire qui ont pris froid par accident, des morceaux d'une étoile qui a mal tourné. »
>
> Arthur EDDINGTON

Les cosmologistes ont une imagination fertile. Nous pouvons imaginer d'autres univers possibles. On pourrait en avoir un où les conditions sont si turbulentes qu'aucune galaxie ne puisse s'y former. Il n'y aurait ni étoiles ni planètes. Inutile de dire qu'aucun homme ne pourrait y exister. Le fait même que notre espèce ait pu évoluer sur la planète Terre pose des contraintes significatives sur les manières possibles dont a pu évoluer notre Univers.

Une telle approche anthropomorphique pourrait être la seule manière possible d'aborder des questions comme de savoir pourquoi le proton a une masse beaucoup plus grande (exactement 1 836 fois) que celle de l'électron, ou pourquoi le neutron est plus lourd que le proton de juste 0,14 %. Si ces rapports de masse étaient différents, nous ne serions certainement pas là. L'idée que notre existence même pose certaines contraintes aux lois de la physique et à la nature de l'Univers est résumée par un principe cosmologique dit « anthropique ». Il stipule que notre Univers doit convenir à la naissance et au développement de la vie. C'est pourquoi nous observons l'Univers qui est le nôtre. D'autres peuvent ou doivent exister, mais ils sont dépourvus de vie et non observés.

L'immensité de l'Univers nous fait penser qu'il pourrait y avoir de la vie ailleurs. Les cosmologistes peuvent expliquer la taille énorme de l'Univers et même prédire qu'elle est beaucoup plus grande que tout ce que nous pouvons voir en postulant qu'il y a eu un bref et unique moment où l'expansion s'est trouvée fortement accélérée. Cette phase d'« inflation », comme on l'appelle, a eu des conséquences spectaculaires. Les grands espaces se sont encore élargis. La lumière a le temps de voyager sur des millions ou des milliards d'années-lumière bien que l'Univers n'avait qu'une minuscule fraction de seconde-lumière au début de l'inflation. Nous ne voyons pas de limites à la propagation de la lumière. Cela n'est pas de la magie ni n'implique de vitesse plus rapide que la lumière, mais simplement un raccourci dans l'espace qui est devenu accessible lors de la période d'inflation.

Imaginez un univers où le court moment d'inflation, par lequel jurent beaucoup de cosmologistes et qui explique l'immense taille de l'Univers, ait été différent. Normalement, l'inflation explique aussi la structure de l'Univers. Elle s'empare des fluctuations de densité à la plus petite échelle, l'échelle quantique, et les étend sur d'énormes distances où elles servent, à l'échelle macroscopique, de graines autour desquelles se forment les galaxies. Mais ces graines auraient pu être trop rares et petites pour permettre la formation de galaxies, d'étoiles et de planètes. Aucun astronome ne pourrait alors observer cet univers. Et que se serait-il passé si les fluctuations avaient été trop grandes au contraire ? Les trous noirs se seraient formés en grand nombre. Ils auraient été plus nombreux que les étoiles. Il pourrait y avoir des planètes, car après tout on a pu en trouver gravitant autour d'endroits aussi inattendus que des étoiles à neutrons. On ne pourrait donc pas exclure des formes de vie. Mais l'Univers serait bien différent de celui que nous observons.

Quels univers bizarres ! Nous y avons clairement échappé, mais pourquoi ? Une réponse est que l'Univers a en quelque sorte été fait pour nos besoins. Le Big Bang a été ni trop fort ni trop faible, ni trop chaud ni trop froid, inhomogène mais pas trop grumeleux sans être non plus trop lisse. C'est la solution offerte par le principe de Goldilocks ou anthropique sous son nom scientifique. De tous les univers possibles qui existent dans des régions éloignées de l'espace et du temps, ou plus précisément dans le superespace, seul un nombre infime peut abriter la vie. Le fait que nous sommes ici sélectionne ce groupe d'univers possibles ; les autres peuvent exister ou pas mais ils vont leur chemin, à l'écart de toute observation.

Bien sûr, il n'y a aucune physique dans ce raisonnement. Il se réfère à la chance dans la grande loterie cosmique. Le principe cosmologique anthropique n'explique rien et n'a aucune signification fondamentale. Il ne permet pas de distinguer une puce d'un éléphant, encore moins d'un homme.

Le principe cosmologique anthropique avance que l'Univers doit avoir été fait de manière à permettre le développement de l'intelligence, afin que des observateurs puissent exister. Il fait dépendre la probabilité du développement de la vie et de l'évolution de l'Univers observable de conditions initiales aléatoires appropriées. Cette question devrait pouvoir se résoudre par la physique plutôt que par décret.

Négligeant la nécessité de les étayer par la physique, beaucoup de cosmologistes ont été séduits par la facilité avec laquelle les arguments anthropiques peuvent répondre à des questions aussi délicates que : pourquoi cet Univers est-il tel qu'il est ? Pourquoi sommes-nous ici maintenant ? Pourquoi sommes-nous ici, ou pourquoi ces lois de la nature ? Selon le cosmologiste britannique Brandon Carter, beaucoup d'autres coïncidences autrement inexpliquées concourent pour rendre la vie possible. Elles sont toutes des conditions nécessaires à la vie. Mais Carter a franchi une étape de plus. Pour lui, la seule conclusion de tout cela était que tôt ou tard une vie intelligente devait apparaître.

Les scientifiques, et plus particulièrement les cosmologistes, aiment les principes. Après tout, le principe cosmologique a mené Einstein assez loin, même si ce fut d'abord dans la mauvaise direction. Le principe anthropique affirme que l'Univers est ainsi parce que nous y sommes. S'il était différent de quelque manière que ce soit, il n'y aurait pas de cosmologistes pour l'observer. On peut alors ajouter au jardin cosmique ce principe et notre Big Bang même peut émerger. On nous raconte que l'on peut alors comprendre pourquoi l'Univers est si vaste et relativement uniforme, et pourquoi il commence par une phase d'accélération juste après le Big Bang.

Cela semble se tenir. Peu importe, nous dit-on, que les plus brillants esprits en physique aient travaillé pendant deux décennies sur une théorie des particules élémentaires qui annonce l'existence de structures allongées à plusieurs dimensions, appelées supercordes, où sont intégrées les particules et leurs interactions. La théorie des supercordes est élégante du point de vue mathématique, et même très séduisante, bien qu'il nous reste à en voir une prédiction sans équivoque et vérifiable par l'expérience. Certes, il s'agit d'une théorie extrêmement difficile. Le principe anthropique fait-il partie de la solution ? Je ne veux pas jouer les rabat-joie mais j'en doute.

Le principe anthropique est l'une des plus grandes escroqueries intellectuelles de la physique. C'est en fait de la métaphysique, ce qui explique au fond pourquoi la plupart des physiciens ont du mal à l'accepter. Le principe anthropique est soit énormément subtil en avançant que nous, par notre simple existence, contrôlons le cosmos, soit d'une naïveté déconcertante en faisant l'économie de toute explication scientifique que l'on pourrait raisonnablement attendre d'une théorie ultime de la physique. La métaphysique manque de force prédictive, qui est au cœur même de la physique. Le principe anthropique est une expression sans vergogne de notre ignorance.

Voici un argument simple qui démolit le principe anthropique. Supposons que nous soyons convaincus que l'émergence de la vie, dotée de conscience et d'intelligence, requière une constante de structure fine égale à 1/137 et non pas, disons, 150. On peut montrer que si cette constante avait été de 150, les molécules carbonées ne se seraient pas assemblées, les noyaux atomiques du carbone ne se seraient jamais formés, donc un composant vital de la vie manquerait. Cela joue-t-il en faveur du raisonnement anthropique ? Non, cela désigne au contraire une erreur radicale, car les expériences montrent que la constante de structure fine est égale à 137,03599911. L'origine de la vie ne peut pas dépendre d'une façon aussi précise d'une constante physique. Une telle précision va bien au-delà de tout raisonnement ou logique anthropiques. L'explication d'une telle valeur doit donc se trouver ailleurs.

Il se peut bien que la théorie ultime de la cosmologie ait des développements anthropiques. Nous n'en sommes pas encore là. La plupart des cosmologistes préfèrent cependant croire qu'il y a des théories physiques sous-jacentes que nous ignorons encore largement et qui règlent l'Univers de façon à le rendre plus accueillant. Il pourrait y avoir une foule d'univers complètement différents dont nous n'avons pas à nous soucier. Un univers initialement chaotique, avec des conditions et même des particules fondamentales différentes, a pu évoluer selon la physique de la gravité quantique pour finalement faire place à notre Univers.

La puissance de la gravité

La gravité est la plus faible des forces fondamentales de la nature. Nous la devons à Isaac Newton lorsque, fuyant la peste à Cambridge en 1665, il passa ses journées à spéculer sur la raison du mouvement de la Lune autour de la Terre et eut sa légendaire révélation lors de la chute d'une pomme. Comparée aux forces interatomiques, la gravité est plus faible de 10 puissance 40. Les charges électriques s'annulent puisque les atomes sont neutres. La force électromagnétique exercée par le Soleil sur la Terre est négligeable.

La gravitation, c'est une autre histoire. Les atomes agissent de concert pour contribuer à l'attraction gravitationnelle du Soleil sur la Terre et de cette dernière sur une pomme. La gravité joue un rôle sur Terre seulement parce que celle-ci comporte environ 10^{+80} atomes, tirant tous dans la même direction.

Newton montra que la gravité aplatissait la Terre en rotation, à la grande consternation des astronomes français. À Paris, on pensait avec Jean-Dominique Cassini et son fils Jacques que la Terre avait la forme d'un œuf comme prétendaient le démontrer les expériences. Newton a gagné le combat, même s'il fallut attendre un siècle avant qu'il ne soit complètement terminé.

Newton poursuivit ses travaux avec l'invention du calcul infinitésimal bien que les Allemands en attribuèrent la primauté à Gottfried Wilhelm Leibniz. Le dernier mot sur la gravité revint à l'Allemagne lorsque Albert Einstein, établi à Berlin de 1914 à 1933, remplaça la théorie de la gravité newtonienne par celle de la relativité générale présentée en 1916. Selon la théorie géométrique d'Einstein, la gravité agit en courbant l'espace de sorte que les particules de matière suivent les trajectoires d'un espace courbe. Sir Arthur Eddington adopta avec enthousiasme la nouvelle théorie. Il monta une expédition dès la Première Guerre mondiale terminée pour aller observer une éclipse solaire totale en 1919.

De gros titres saluèrent les résultats stupéfiants que révéla, à la surprise générale, Eddington. La gravité courbe l'espace, ce qui entraîne une déviation de la lumière d'une étoile vue au voisinage du Soleil deux fois plus importante que celle prévue par la théorie corpusculaire dans un espace plat. Einstein avait raison, l'espace était courbe.

La gravité déformait non seulement l'espace mais aussi le temps. Les montres ralentissaient. La fréquence d'une lumière émise dans un champ gravitationnel diminue lorsqu'elle est vue par un observateur distant. L'effet que l'on peut en déduire à la surface de la Terre est faible, seulement d'environ une partie pour un milliard. Il a pourtant été mesuré dans une série d'expériences menées initialement à l'Université de Harvard. On a construit un laboratoire de physique sans un seul clou dans le sol ou les parois pour éviter de faibles effets magnétiques qui auraient pu perturber les instruments de mesure ultra précis utilisés. Un rayon de lumière qui s'élève dans un champ gravitationnel subit une perte d'énergie qui peut être mesurée comme un décalage vers le rouge. Cette prédiction issue de la théorie de la gravitation d'Einstein a été mesurée pour la première fois en laboratoire sur une hauteur de 22 mètres, au moyen d'un isotope radioactif du fer qui s'est désintégré en émettant des rayons gamma. La fréquence des rayons gamma a pu être mesurée avec une précision d'un millionième de milliard.

La dilatation du temps s'est avérée avoir des effets pratiques. L'un d'eux concerne les missiles de croisière. Le calcul de la trajectoire utilise le temps donné par le *Global Positioning System*, GPS (voir p. 71). Sans une correction apportée par la relativité générale, un missile de croisière raterait sa cible de plus d'un kilomètre après un vol intercontinental.

L'attraction due à la gravité est inévitable, quoique rarement fatale. Elle fait tourner notre monde autour du Soleil et nous aide à comprendre le cosmos.

Notre voisinage

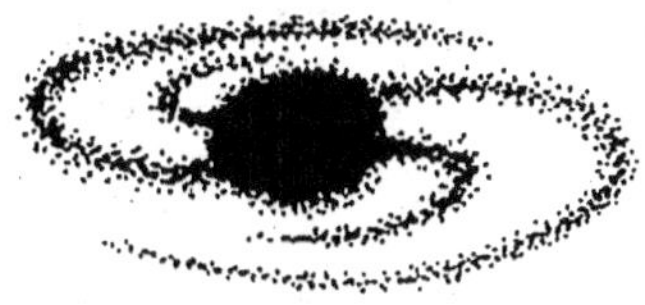

« Les hommes qui font des expériences sont comme des fourmis, ils ne font que recueillir et utiliser ; ceux qui raisonnent ressemblent à des araignées qui font des toiles de leur propre substance. Mais l'abeille est entre les deux : elle rassemble sa matière des fleurs des jardins et des champs mais la transforme et la digère grâce à un pouvoir qui lui est propre. Le véritable métier de la philosophie (science) n'est pas différent ; car il ne repose pas seulement ou principalement sur les pouvoirs de l'esprit ni ne prend la matière qu'il collecte de l'histoire naturelle et d'expériences mécaniques et dépose dans la mémoire comme il la trouve, mais il la range une fois modifiée et digérée par la compréhension. Donc, par l'alliance plus étroite et plus pure de ces deux facultés, l'expérimentale et la rationnelle (comme cela ne l'a jamais été), on peut espérer beaucoup. »

Francis BACON

Regardez le ciel par une nuit noire. Les milliers de points scintillants que vous pouvez voir sont des étoiles, pour la plupart voisines du Soleil. La notion de voisinage est relative. Elle s'entend ici pour des distances de quelques centaines d'années-lumière. Les étoiles se présentent sous diverses formes, du rouge au bleu, et même au-delà du spectre visible. Plus la couleur est bleue, plus l'étoile est chaude.

On détermine la distance des plus proches étoiles par la parallaxe. Au cours d'une année, la position apparente d'une étoile sur la sphère céleste se déplace notablement, jusqu'à une distance d'environ cent années-lumière. On peut déduire la distance qui nous sépare d'une étoile en mesurant son déplacement angulaire dû à la parallaxe. Une fois que cette distance est connue, on peut estimer la luminosité de l'étoile. Notre Soleil fournit un rayonnement (et une énergie) à un taux de quelque quatre cents milliards de milliards de mégawatts. Les plus puissantes centrales énergétiques sur Terre produisent une puissance qui se compte en dizaines de mégawatts. Il est dommage que la plus grande partie de l'énergie solaire soit rayonnée en pure perte dans l'espace vide.

Les astronomes mesurent aussi la couleur des étoiles. Certaines sont rouges, d'autres bleues ou jaunes comme notre Soleil. En fait, ils mesurent la distribution de la lumière selon des longueurs d'onde, c'est le spectre de l'étoile, pour obtenir une couleur précise.

Quand on les compare, les étoiles rouges sont plus brillantes aux grandes longueurs d'onde, les bleues aux courtes. On peut déduire de sa couleur ou de son spectre la température régnant à la surface de l'étoile. La lumière qui quitte la surface donne la température effective. Le Soleil, par exemple, a une température effective de six mille degrés Kelvin. Les étoiles les plus froides sont à environ deux mille degrés Kelvin et les plus chaudes à cinquante mille degrés Kelvin. Leurs couleurs s'étalent sur tout le spectre, de l'infrarouge à l'ultraviolet : le Soleil est une étoile jaune. L'intérieur d'une étoile sera bien sûr beaucoup plus chaud sous les énormes pressions du gaz qui la constitue.

La luminosité et la température d'une étoile sont aussi en rapport avec sa surface. À une température donnée, plus grande est la surface, plus lumineuse sera l'étoile. On en déduit que la plupart des étoiles sont à peu près de la taille du Soleil. Certaines sont beaucoup plus grandes, de véritables géantes bien plus lumineuses, d'autres beaucoup plus petites, de vraies naines nettement moins brillantes. La population d'étoiles qui nous environne contient quelques géantes et quelques naines dispersées çà et là. Les étoiles typiques brûlent de l'hydrogène dans leur réaction nucléaire. Les géantes ont épuisé leur noyau d'hydrogène et ont commencé à utiliser l'hélium comme combustible. Les naines ont pratiquement fini leurs réserves et brillent de leurs derniers feux.

La théorie de l'évolution stellaire nous dit que ce qui distingue les étoiles normales à hydrogène, c'est la taille de leurs réserves en combustible. Plus elle a de masse, plus sa gravité est forte. Et plus de masse signifie plus de force gravitationnelle à la surface de l'étoile et plus de pression et de température en son centre. Il en résulte que les étoiles massives sont chaudes, lumineuses et de durée relativement courte. Elles brûlent plus et avec plus d'éclat lorsque vient le tour de l'hélium et qu'elles se consument, brièvement, sous forme de géantes. Dans cette phase hautement lumineuse, la majeure partie de la masse est déversée sous forme de vent et lorsqu'il n'y a plus rien à brûler ce qui reste de l'étoile se rétracte en une naine. Les étoiles de masse similaire à celle du Soleil sont vieilles de plusieurs milliards d'années tandis que les plus massives brillent de tous leurs feux et sont vouées à disparaître en quelques millions d'années.

La mort des étoiles se caractérise par une phase transitoire géante ou même supergéante. Prenons le cas de l'étoile Bételgeuse. Cette géante rouge a gonflé jusqu'à la taille de notre système solaire, au-delà de l'orbite de Jupiter. L'expansion refroidit, aussi les plus géantes sont-elles rouges. La contraction réchauffe, aussi les naines commencent-elles dans le bleu ou même l'ultraviolet avant de s'éteindre dans le noir après des milliards d'années.

Une plus large image

La plupart des étoiles voisines autour de nous bougent avec le Soleil, tournant dans la Voie lactée à la vitesse de 200 kilomètres à la seconde. Notre galaxie est en fait un disque géant d'étoiles, sur 100 000 années-lumière environ, qui a effectué près de 70 révolutions autour de son centre. En faisant l'analogie avec la Terre tournant autour du Soleil, nous pouvons considérer que la Voie lactée est vieille de 70 années galactiques. Elle existe depuis 14 milliards d'années. Les plus vieilles étoiles qui sont dans les amas globulaires sont presque aussi âgées et certaines d'entre elles ont dû être les premières étoiles. Le Soleil est une étoile d'âge moyen, née il y a environ 4,6 milliards d'années ou 25 années galactiques, dans une galaxie d'âge moyen, et il a un âge qui est la moitié de celui de la plupart des autres étoiles de la galaxie.

Certaines étoiles sont très jeunes. Elles naissent dans des nébuleuses disséminées dans la Voie lactée. Ces nuages de gaz se sont condensés à partir du milieu interstellaire et finissent par acquérir assez de masse, en agrégeant des nuages plus petits, pour s'effondrer sous leur propre poids : ils sont gravitationnellement instables. Dans cet effondrement, ils se fragmentent en paquets de gaz denses qui se condensent ensuite en étoiles. Ces dernières, dont certaines sont massives et lumineuses, illuminent la nébulosité ambiante. Le gaz placentaire réfléchit la lumière des étoiles. Nous pouvons voir au cœur même des nuages à l'origine des étoiles en observant le rayonnement infrarouge ou les rayonnements radio. Aucun nuage, même le plus sombre, n'a de secrets pour nous. Le pourquoi et le comment de la formation d'étoiles d'une certaine masse à partir d'un nuage et à quelle allure cela se passe restent objet de conjecture. Le milieu interstellaire est complexe. Turbulent. Il est traversé de champs magnétiques qui jouent un rôle dans son évolution. Prédire ce qui se produit dans un nuage est plus difficile que prévoir le temps, une tâche qui donne des résultats encore peu fiables sur le long terme.

Les étoiles vieillissent et meurent, certaines terminent leurs jours dans de spectaculaires explosions. Les enveloppes de gaz qui s'étendent à des vitesses de plusieurs milliers de kilomètres à la seconde interagissent avec le gaz interstellaire et les débris des phases antérieures de l'évolution stellaire. Il en résulte une nébulosité complexe, une toile d'enveloppes, de feuilles et de filaments gazeux qui imprègnent l'espace interstellaire.

Les pouponnières d'étoiles sont denses et donnent un spectacle impressionnant de l'évolution au travail. L'un des sites de ces naissances les plus proches de nous est le cœur de la constellation d'Orion, connu sous le nom du « Trapèze », où des milliers d'étoiles sont réunies dans une région de quelques années-lumière, la distance qui nous sépare de l'étoile la plus proche, Proxima du Centaure. Il s'agit d'un amas d'étoiles. Elles sont nées ensemble il y a quelques millions d'années et toute la gamme des masses possibles y est représentée. Il y a des étoiles cinquante fois plus grosses que le Soleil qui brillent une centaine de milliers de fois plus que lui. Cette débauche d'énergie ne peut être soutenue que quelques millions d'années, après quoi ces étoiles massives explosent avec fracas.

Il y a des étoiles, du dixième de la masse du Soleil, qui ont juste réussi à démarrer leur combustion thermonucléaire et qui brillent d'une luminosité mille fois inférieure à la sienne. Ces étoiles vivront des centaines de milliards d'années avec un rayonnement aussi parcimonieux.

Toutes ces étoiles ont un ancêtre commun. Il y a environ 10 millions d'années, un nuage interstellaire d'Orion s'est effondré et a généré spontanément, en se fragmentant, des milliers d'étoiles. Nous n'en comprenons pas les détails, mais les éléments qui en témoignent sont clairement inscrits dans le ciel.

Il existe nombre de régions comme celle-ci disséminées à travers la Voie lactée. Ces sites se trouvent dans des motifs en spirale créés par la rotation du disque de la Voie lactée et qui correspondent à la vague de propagation d'un gaz comprimé. Dans un stade plein avec uniquement des places debout, comme c'était le cas dans les anciens stades de football anglais, lorsque la foule à l'arrière se penchait pour acclamer un but, les rangées plus en avant suivaient un peu après et le mouvement se propageait jusqu'au-devant. L'onde galactique est entraînée vers l'extérieur en spirale à cause de la rotation du disque. Les étoiles se forment au sommet de la vague. Lorsque celle-ci se poursuit, les régions voisines sont comprimées et d'autres étoiles se forment. On a pu comparer la formation des étoiles à une épidémie s'étendant à travers la galaxie.

Qu'est-ce qui déclenche la vague ? C'est probablement dans beaucoup de cas le passage non loin de là d'une galaxie satellite qui cause une onde de raréfaction quand la matière passe sous son attraction gravitationnelle. Le Grand Nuage de Magellan remplit ce rôle pour la Voie lactée. Dans d'autres cas, l'onde de densité est générée par l'ébranlement du cœur central d'étoiles allongé en forme de barre. Comme la barre branle autour de son centre de masse, cela attire et repousse les étoiles voisines dans la galaxie. Lorsque la barre tourne, elle exerce une force de marée sur le disque galactique où elle se trouve incluse. Cette force varie en intensité entre le moment où la barre est orientée vers une région voisine du disque et celui où elle lui est perpendiculaire. Ce qui fait que la barre produit aussi une onde de densité qui génère une structure en spirale. Près de la moitié des galaxies spirales ont une concentration centrale d'étoiles en forme de barre proéminente qui est à l'origine de nombre de bras de spirales.

La matière brute à l'origine des étoiles est le gaz interstellaire. Celui-ci se rassemble en nuages qui acquièrent de la masse au cours de leur déplacement dans la galaxie. Ces nuages finissent par avoir une telle masse qu'ils deviennent instables sous leur propre gravité et s'effondrent en fragments qui donnent naissance aux étoiles. La formation des étoiles est un processus peu efficace. Seulement un pour cent environ du gaz donne des étoiles à chaque rotation. Les nuages se reforment et le cycle des naissances reprend. Une galaxie comme la Voie lactée peut former des étoiles pendant des centaines de cycles avant que la source de gaz soit épuisée. Il y a même une réserve supplémentaire de gaz qui vient lentement se joindre au disque. Ce sont des nuages reliques laissés dans le halo il y a dix milliards d'années, quand la galaxie s'est d'abord contractée, et qui continuent à s'y déplacer. Un tel apport prolonge la longévité de la Voie lactée.

Tous ces feux s'éteindront un jour. Le gaz qui alimente la formation des étoiles va finir par s'épuiser. Aucune étoile ne se formera plus. Les vieilles étoiles mourront progressivement. Seules les plus faibles, les plus obscures, subsisteront, mais elles aussi devront disparaître. La Voie lactée tombera lentement dans l'oubli. Cela prendra des centaines de milliards d'années mais c'est inévitable.

Le cœur de la matière

La Voie lactée est plus qu'un disque d'étoiles. Même dans les années 1920, il était clair que des amas sphériques d'étoiles, les amas globulaires stellaires, étaient des satellites de notre galaxie, répartis dans une gigantesque région sphérique centrée sur un coin obscur du ciel dans la constellation du Sagittaire. Il devint progressivement évident que le centre de notre galaxie se trouvait dans le Sagittaire, à quelque 25 000 années-lumière en utilisant l'échelle de distance actuelle. Ce centre n'était pas facilement visible en raison de poussières dans le plan de la Voie lactée. Les amas globulaires délimitaient un halo géant de 300 000 années-lumière qui correspondait, pensait-on, à notre univers île. Le centre de notre galaxie se situait dans le groupe dense et plutôt sphérique d'étoiles. Ce ne fut que lorsque les observations en infrarouge devinrent routinières que la configuration générale de notre galaxie émergea. On distingua un disque où les étoiles étaient nées et une vague sphère d'étoiles plus anciennes se distinguant par leur couleur rouge. Le sphéroïde s'est formé quand notre galaxie a émergé comme une entité distincte après le Big Bang, il y a 12 milliards d'années environ.

Mais il y avait une surprise en réserve. Cinq années d'observations répétées dans l'infrarouge pouvant pénétrer la poussière galactique ont révélé que les étoiles proches du centre, dans un rayon de quelques années-lumière, se déplaçaient. Leur position change légèrement chaque année. Après cinq ans, on a pu tracer leur trajectoire, au moins perpendiculairement à la direction de l'observation. Au même moment, le décalage Doppler de leur spectre indiquait les composantes de la direction radiale de leur vitesse. Leur déplacement dans les trois dimensions a pu être déduit. Les étoiles se déplaçaient autour du centre de la galaxie à une vitesse qui n'était concevable que s'il possédait une masse extraordinaire. Cette masse dépassait de loin tout ce à quoi l'on pouvait s'attendre à partir des densités connues des étoiles et de leur champ de gravité.

Une seule conclusion était possible. Il devait y avoir une immense masse de matière noire dans une région ne dépassant pas une fraction d'année-lumière. La concentration de masse que l'on peut calculer est telle que même la lumière ne peut s'en échapper. C'est ce qu'on appelle un « trou noir ». De tels objets sont prédits par la théorie de la relativité générale d'Einstein et on sait qu'il en existe au sein même de notre galaxie. Mais celui situé en son centre est exceptionnel. Il ne peut s'agir que d'un trou noir supermassif pesant quelque 2,6 millions de masses solaires. Nous verrons que notre Voie lactée est loin d'être la seule dans ce cas. Il y a beaucoup de trous noirs supermassifs tapis au cœur de galaxies proches ou lointaines.

L'Univers des particules

Les étoiles et les trous noirs sont formés d'atomes, comme les gens. Nous sommes faits de ces particules élémentaires. Notre corps est l'assemblage de molécules complexes constituant les protéines, l'ADN et les cellules. Ces molécules sont composées d'atomes. Le carbone, l'azote et l'oxygène sont les plus importants bien que des traces de fer et d'autres éléments lourds soient également indispensables au fonctionnement et au bien-être de notre organisme. Chaque atome contient un noyau chargé positivement comportant des neutrons et des protons, entouré d'un nuage d'électrons chargés négativement. La plus grosse partie de l'atome est faite de vide. Un atome a une taille d'un cent millionième de centimètre mais le noyau n'en est que le dix millième.

Les électrons sont des particules élémentaires. Les protons et les neutrons, plus lourds, n'en sont pas. Quand un faisceau de protons subit une collision à très haute énergie, ces derniers sont pulvérisés. On trouve alors que les protons et les neutrons sont constitués de sous-particules appelées « quarks ». Ces quarks ont des charges égales à 2/3 et 1/3 de celle du proton ou de l'électron respectivement. Toutes ces particules sont appelées des « baryons ».

La matière ordinaire est faite de baryons. Tout être humain, toute planète, toute étoile est formée de baryons. Une surprise nous attend quand nous mesurons la masse d'une galaxie et plus particulièrement d'un amas de galaxies. Les baryons ne suffisent plus. Plus précisément, les baryons lumineux, ceux que nous voyons dans les étoiles et dans les lambeaux de gaz interstellaire ou intergalactique, ne permettent pas de rendre compte de toute la masse observée. La plus grosse partie de cette matière est invisible.

Et ce n'est pas la seule surprise. Environ cinq fois plus de baryons existaient au début de l'Univers qu'actuellement dans les galaxies. Quatre-vingts pour cent des baryons qui nous entourent sont noirs. Nous ne pouvons tout simplement pas les détecter directement. Plus surprenant encore, si une partie de la matière noire est baryonique, la majorité ne l'est pas. Il y a bien trop de matière noire, comparée à la valeur du nombre total de baryons dans l'Univers générés lors de la nucléosynthèse primordiale. Au moins 80 % de la matière dans l'Univers n'est ni baryonique ni visible.

Tout cela est confondant pour l'astronome traditionnel. Il est habitué à l'idée que la Voie lactée est pleine d'étoiles et pas plus. Or cette idée se trouve dépassée par les résultats modernes de l'interface entre astrophysique et physique des particules. Une discipline entièrement nouvelle a émergé, l'astrophysique des particules. Le physicien des particules a rarement des soucis existentiels. Pour lui, il est parfaitement naturel que l'Univers grouille de particules exotiques qui interagissent si faiblement qu'elles restent encore à découvrir.

Pour un tel physicien, toute particule qui peut exister doit avoir déjà existé. Cela peut exiger les conditions les plus extrêmes mais elles ont été présentes dans le chaudron du Big Bang. Les particules dont nous sommes formés interagissent entre elles par des forces à la fois électromagnétiques et nucléaires. L'électromagnétisme contrôle le monde des atomes et des molécules et il est à l'origine de la chimie. Les interactions fortes réunissent le noyau et sont responsables en dernier ressort de notre stabilité. Mais les interactions faibles sont aussi importantes quoique plus cachées à notre regard. Les particules comme les neutrinos interagissent faiblement et peuvent passer sans encombre à travers la Terre. Ce sont des particules fantômes, que l'on pense sans masse, et qui sont produites dans les réactions nucléaires.

Les physiciens pensent qu'au début de l'Univers, toutes les particules étaient sur un même plan, indépendamment de la nature de leur interaction actuelle, forte, faible ou électromagnétique. À des énergies assez fortes, toutes les formes d'interactions fusionnent en une seule.

En fait, une théorie dite de « supersymétrie » (SUSY en abrégé) énonce qu'à chaque particule connue correspond une particule superlourde avec laquelle elle interagit faiblement. De ce vaste zoo de particules, peu ont survécu. La plupart ont des durées de vie d'une minuscule fraction de seconde. La plus légère de ces particules est stable et connue sous le nom de « neutralino ». Un neutralino n'a aucune charge électrique autrement il aurait déjà été détecté. De telles particules constituent la matière noire de l'Univers. Nous reviendrons sur la quête de l'insaisissable neutralino.

CHAPITRE 4

L'Univers des galaxies

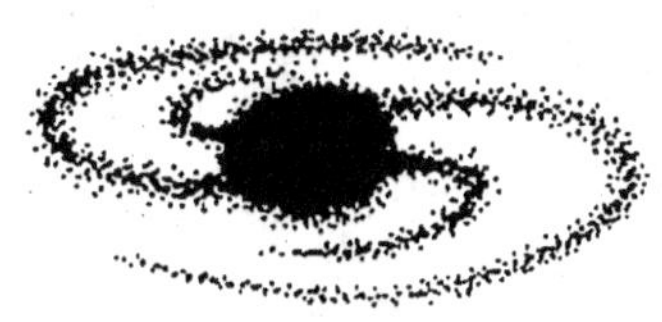

« Les neutrinos, ils sont tout petits.
Ils n'ont ni charge ni masse,
Et n'interagissent pas du tout.
La Terre n'est pour eux
Qu'un stupide ballon qu'ils traversent
Comme des domestiques indolentes dans un hall poussiéreux,
Ou des photons à travers une vitre.
Ils se moquent du plus subtil des gaz,
Dédaignent la paroi la plus solide. »

John UPDIKE

« Ô noir, noir, noir. Ils vont tous dans le noir.
Les espaces vides interstellaires, le vide dans le vide. »

T. S. ELIOT

Les galaxies comme notre Voie lactée ont réussi d'une certaine manière à garder une apparence jeune pendant des milliards d'années. Le Soleil met environ 250 millions d'années pour tourner autour de la Voie lactée et nous pouvons assimiler ce parcours solaire à la durée d'une année galactique. Notre galaxie est ainsi vieille d'environ 50 années galactiques. Elle devrait être un assemblage décrépit d'étoiles âgées et sur la fin, pourtant elle fait montre d'une vitalité de jeune galaxie où naissent de nouvelles étoiles. Notre Voie lactée est en fait un incubateur prolifique d'étoiles. Or toutes les mesures du taux d'effondrement des nuages de gaz indiquent qu'il ne devrait plus y en avoir beaucoup.

Quel est le secret de cet aspect d'éternelle jeunesse ? Toutes les galaxies ne contiennent pas des étoiles jeunes et on en connaît trois sortes. Les sphéroïdes rouges car elles n'ont que de vieilles étoiles et sont pauvres en gaz. Les galaxies en forme de disque, bleues car elles forment des étoiles massives, chaudes et possèdent des réserves en gaz à partir desquels apparaissent de nouvelles étoiles. Elles ont pour trait dominant une forme en spirale avec des sortes de bras qui marquent les régions où se forment les nouvelles étoiles. Et puis il y a les autres galaxies, irrégulières.

Les étoiles massives ont une courte durée de vie et meurent dans de violentes explosions. Les étoiles de masse plus faible sont des survivantes. Il y a bien longtemps, des étoiles se sont reformées à partir des débris laissés par des étoiles mourantes mélangés au gaz interstellaire. La Voie lactée prenait forme.

Il y a bien longtemps, les galaxies ont connu une orgie de formation stellaire. La plupart des étoiles sont vieilles et se sont créées au début de l'Univers. Cette nouvelle éclosion résultait de la fusion avec une autre galaxie riche en gaz. Autrefois, quand les galaxies étaient proches, les fusions étaient courantes. Maintenant elles sont rares. L'Univers a ainsi contenu beaucoup de jeunes galaxies à ses débuts mais on peut s'attendre à ce que cette situation soit plutôt rare de nos jours. Les galaxies irrégulières prédominent dans l'Univers précoce, leur irrégularité témoignant de rencontres récentes.

Comment les galaxies restent jeunes

Le secret de la jeunesse est un apport de matière pour former des étoiles. Le gaz est fourni par le nuage environnant d'où la galaxie est née. Une quantité modeste suffit. Les galaxies restent jeunes en consommant avec parcimonie leur source de gaz. Une autorégulation explique pourquoi les galaxies restent riches en gaz. Notre Voie lactée est en équilibre précaire entre la vie et la mort, entre la gloire de la formation des étoiles et l'inévitable processus de vieillissement stellaire. Une théorie élégante explique la longévité des galaxies. Une galaxie typique consiste en une composante sphéroïde d'étoiles rouges nichée au sein d'un disque d'étoiles bleues. Les étoiles rouges sont généralement des étoiles moins chaudes, moins lumineuses et plus durables tandis que les bleues sont chaudes, lumineuses et massives. Ces dernières consument leur combustible nucléaire rapidement et ont une durée de vie courte, de l'ordre de quelques dizaines ou centaines de millions d'années dans leur phase brillante.

C'est le disque des galaxies qui paraît jeune. Pourquoi ? La lumière du disque vient principalement des étoiles bleues à courte durée de vie. Ces étoiles doivent se former en permanence pendant l'existence du disque, c'est-à-dire plusieurs milliards d'années. Un disque contenant de grandes quantités de gaz est instable. Ce gaz se disloque en nuages sous les secousses incessantes de la gravité et ceux-ci se fragmentent à leur tour en étoiles qui peuplent le disque. Les disques d'étoiles sont régénérés en permanence par l'arrivée de gaz issu des alentours. Le secret de la jeunesse éternelle a été résolu, au moins jusqu'à l'épuisement du réservoir de nouveau gaz.

Mais une fois que le gaz s'en est allé, l'avenir ne peut qu'être sombre pour la galaxie.

Les galaxies elliptiques ne contiennent que de vieilles étoiles rouges formées il y a longtemps, ont une masse faible comparable à celle du Soleil et une durée de vie de dix milliards d'années ou plus. Les étoiles que nous voyons aujourd'hui dans les galaxies elliptiques se sont formées au début de l'Univers. Nous pensons que ce qui a provoqué leur forme en ellipse a été la fusion de deux galaxies en forme de disque riches en gaz. Le résultat net en a été une forme arrondie vouée à former une galaxie elliptique.

Il est tentant de chercher des motifs dans le ciel. Après tout, c'est ainsi que l'on a donné un nom aux constellations. Les scientifiques ont recours à la classification pour mettre un semblant d'ordre dans les objets qu'ils étudient. Cette méthode fournit invariablement de premiers indices sur les origines. Les botanistes classent les plantes, les astronomes les galaxies et les étoiles.

Edwin Hubble a d'abord classé les galaxies suivant un plan qui contient des spirales peu enroulées autour de corps géants (galaxies Sa) et des spirales bien serrées autour de corps minuscules (galaxies Sc).

Il y avait aussi des galaxies sphéroïdes (elliptiques), en disque sans structure spirale ou formation d'étoile discernable (S0) et bien sûr des galaxies irrégulières. Ces dernières ont une histoire plus complexe que nous commençons à décrypter à l'aide des clichés du champ profond pris par le télescope spatial Hubble.

Les télescopes terrestres ont leur capacité à résoudre les fines structures des images de galaxies limitée par les turbulences atmosphériques, dont une manifestation est le scintillement des étoiles les beaux soirs d'été. La taille typique d'une image obtenue dans de bonnes conditions par ces télescopes est d'une seconde d'arc, bien que l'on puisse arriver à la moitié par des nuits exceptionnellement calmes. Une seconde d'arc est le diamètre apparent d'une pièce de deux centimes d'euro à une distance d'un kilomètre. Au-dessus de l'atmosphère terrestre, on peut faire beaucoup mieux.

Avec la résolution (environ un dixième de seconde d'arc) et la sensibilité (d'une magnitude de 29 dans le visible, ce qui correspond à la détection sur Terre du flux de lumière émis par une bougie sur la Lune) inégalées du télescope spatial Hubble, on peut classer les galaxies lointaines par leur morphologie. On trouve que les proportions des différents types de galaxies changent avec la distance. Les spirales dominent dans le proche Univers, suivies par les elliptiques (30 %) et les irrégulières (15 %). Dans l'Univers lointain, la plupart des galaxies ont un aspect irrégulier, ce qui suggère que la morphologie évolue avec le temps.

Mais comment cette évolution a-t-elle pu se faire ? La réponse n'est pas si simple car les galaxies irrégulières sont beaucoup moins massives que les autres. C'est le télescope Hubble qui a permis de répondre. En examinant les images détaillées de galaxies, on trouve que des rapprochements et même des fusions deviennent beaucoup plus fréquents dans les galaxies au fur et à mesure que l'on remonte dans le temps. Quand l'Univers n'avait que la moitié de son âge actuel, il y avait une probabilité d'au moins un cinquième qu'une galaxie quelconque subisse une violente fusion avec une galaxie de masse comparable. C'est beaucoup moins fréquent de nos jours, environ 1 % des cas à un moment donné. Nous en déduisons que les galaxies accumulent de la masse à la suite des fusions.

Quelques pour cent des galaxies proches ne peuvent pas être facilement classées. Elles ne sont à première vue ni chien ni chat, ni en forme de disque ni elliptiques. Les astronomes rangent ces ensembles inclassables dans la rubrique des galaxies irrégulières. Leur nombre s'accroît nettement lorsqu'on regarde plus loin dans l'Univers. Elles ont pu être l'espèce dominante lorsque l'Univers n'avait qu'un tiers de sa taille actuelle.

Pourquoi dans l'Univers précoce, les galaxies typiques ressemblent-elles à des galaxies irrégulières de faible masse ? Nous pensons que ces dernières doivent probablement leur caractère irrégulier au fait qu'elles sont plus vulnérables à des fragmentations partielles sous l'effet d'une formation soutenue d'étoiles et de l'activité de supernovae. Les galaxies massives au contraire ont une gravité suffisamment forte pour déployer une morphologie bien plus régulière.

Les galaxies irrégulières riches en gaz sont en fait typiquement en forme de disque mais celui-ci est masqué par des gaz turbulents. Cette turbulence a plusieurs sources. Les étoiles qui explosent remuent le gaz interstellaire. Le disque de gaz lui-même peut être gravitationnellement instable et se fragmenter spontanément en nuages plus petits si la fraction froide du gaz est suffisamment importante. Et il n'est pas rare d'avoir des collisions entre deux galaxies. Même si l'une des galaxies est beaucoup plus petite, l'étroite interaction qui résulte souvent de la fusion exerce une forte influence sur le gaz. Concernant les étoiles, elles sont tellement compactes qu'elles entrent rarement en collision excepté dans les régions les plus denses. Le gaz répond dans tous les cas beaucoup plus fortement aux changements du champ de gravité parce qu'il peut perdre de l'énergie en se refroidissant.

La fusion de deux galaxies de ce type est un événement violent. Les ensembles ont beaucoup de degrés internes de liberté et répondent très bien aux intenses forces de marée actives durant la fusion. Sous l'effet du choc, le gaz monte à une température élevée et rayonne librement. Il en résulte qu'il se trouve très comprimé. Il est également déplacé dans les filaments et les queues produits par les interactions de marée entre deux galaxies en cours de collision. Au même moment, une structure dense en forme de barre se constitue à partir des noyaux d'étoiles des galaxies en fusion. Dans son mouvement, la barre exerce des forces de torsion élevées sur le gaz. Cela a pour conséquence que le moment angulaire est transféré vers l'extérieur par le gaz d'une manière très efficace. La barrière pour un apport en gaz est ainsi levée et une masse centrale et dense de gaz se développe. Elle devient bientôt tellement massive qu'elle ne peut pas tenir par sa propre gravité. L'effondrement s'ensuit. Le gaz se fragmente inévitablement pour former des étoiles. L'épisode de formation des étoiles est tellement intense par rapport à sa vitesse habituelle dans le disque que le phénomène a été baptisé « flambée d'étoiles ». Les fusions induisent de telles flambées.

Dans les spirales typiques telles que la Voie lactée, la formation des étoiles se déroule au taux de quelques masses solaires par an. Environ la moitié de la luminosité des étoiles de la galaxie est absorbée par les poussières interstellaires et réémise dans l'infrarouge lointain. Le satellite Infrared Space Observatory lancé par l'Agence spatiale européenne (ESA) en novembre 1995 et finalement mis hors service en avril 1998 a fourni de belles images infrarouges des galaxies proches. Une grosse partie du rayonnement des étoiles est voilée par la poussière interstellaire. L'observation dans l'infrarouge donne une vue nouvelle et complémentaire des galaxies en action.

Le télescope à infrarouge à bord de l'Infrared Space Laboratory a découvert beaucoup de galaxies où se produisaient d'intenses et forcément courtes flambées d'étoiles. Une flambée n'a pas lieu dans tout le disque de la galaxie mais dans les quelques centaines de parsecs centraux où la masse des gaz accumulée suite à la fusion est équivalente à celle de l'ensemble du milieu interstellaire de la Voie lactée. Le taux de formation des étoiles dépasse souvent des dizaines voire des centaines de fois celui de la Voie lactée. Plus de 90 % de cette luminosité est absorbée par la poussière interstellaire et réémise dans l'infrarouge lointain.

Il y a des exemples proches de flambées d'étoiles induites par des fusions. Leur luminosité est primairement dans l'infrarouge lointain en raison des concentrations intenses de poussières interstellaires dans le noyau central avec le gaz. En fait, les galaxies les plus lumineuses dans l'Univers sont inévitablement associées à des fusions en cours. La signature d'une fusion se trouve immanquablement les queues de marée, formées par des étoiles et du gaz éjectés, qui sont clairement visibles sur les images.

Le domaine de la matière noire

Beaucoup de galaxies ont bien moins d'étoiles que notre Voie lactée. Ce sont des galaxies naines sombres. La plupart des galaxies dans l'Univers sont tellement sombres et diffuses qu'elles ont échappé à toute détection pendant des années. Les efforts déployés dans la recherche d'indices subtils d'une matière virtuellement invisible ont finalement payé. L'hydrogène sous forme atomique est le principal constituant du milieu interstellaire. Son atome possède un électron disposé à un niveau fixe d'énergie. Un rayonnement est émis ou absorbé quand il passe d'un niveau à un autre. Un quantum fixe d'énergie est ainsi émis si l'électron passe sur une orbite de plus faible énergie. Ces transitions produisent normalement des photons optiques ou ultraviolets. Noyau et électron ont aussi un spin qui est quantifié et doit être parallèle ou antiparallèle. La différence d'énergie entre les deux états de spin est minime et résulte en un photon émis dans les fréquences radio, à une longueur d'onde de 21 cm, où le ciel est très sombre.

La percée sur la matière noire est venue de la détection de gaz interstellaire, luisant à la longueur d'onde radio de 21 cm et s'étendant bien au-delà du pourtour des galaxies. Cette détection a révélé la présence d'une grande quantité de masse cachée. Le décalage Doppler de l'émission radio a également permis de mesurer la masse dans les étoiles. De tels ensembles d'étoiles brillant faiblement pourraient en fait dépasser en nombre les galaxies lumineuses du type de notre plus proche voisine Andromède qui était considérée comme la norme par les astronomes. La plupart des galaxies se sont révélées comme de pâles reflets des belles spirales largement représentées dans les catalogues les plus courants de l'Univers.

Mais on découvrit bien plus que des étoiles sombres. Même avec les galaxies lumineuses, leur équivalent sombre est comme la partie cachée d'un gigantesque iceberg. Les astronomes ont été surpris et stimulés d'apprendre que 90 % de la masse d'une galaxie est en fait invisible à n'importe quelle longueur d'onde. La matière noire domine les régions externes, ou halos, des galaxies. Quelle est la nature de cette matière insaisissable ?

Les particules de matière ordinaire sont appelées « baryons ». Cela comprend les protons, les neutrons et les électrons à partir desquels tout atome ou molécule sont construits. Nous voyons quelques étoiles noires qui ont épuisé leur combustible nucléaire. Il est très probable qu'une partie de la matière noire, notamment dans les halos de galaxies, est faite de matière « baryonique » conventionnelle formant les étoiles. Cependant, il y a tant de matière noire, près de 90 % de la masse de l'Univers, qu'on peut raisonnablement penser à une explication plus exotique. Une grosse partie de la matière noire est certainement constituée de particules élémentaires faiblement interactives encore inconnues.

La matière noire ordinaire

Le seul halo de matière noire détecté à ce jour est baryonique. Les candidats favoris pour la matière noire baryonique sont des objets de type étoile baptisés MACHOs pour Massive Compact Halo Objects. Ils ont été découverts grâce à deux expériences remarquables. L'une des techniques utilisées est l'effet de microlentille gravitationnelle. Les MACHOs se déplacent dans le halo de notre galaxie. Si un MACHO passe très près de la ligne de visée d'une étoile lointaine, il agit comme une lentille gravitationnelle qui amplifie temporairement la lumière de l'étoile lorsqu'il passe dans le halo de la Voie lactée. La durée d'une telle amplification est de quelques semaines pour un MACHO de la taille du Soleil mais ce type d'événement est très rare. Seulement une étoile sur plusieurs millions dans l'arrière-plan montrera un tel effet à un moment donné. L'étude des millions d'étoiles du Grand Nuage de Magellan pendant six ans a révélé vingt événements qui montraient la signature caractéristique d'augmentation et de diminution attendue pour cet effet. Sa durée nous donne la mesure de la masse du MACHO tandis que le nombre de ces événements nous renseigne sur la proportion d'objets compacts dans le halo. Les événements détectés correspondent à 20 % au plus de la masse de halo noir à environ 50 kiloparsecs autour du Soleil. Leur durée suggère une masse caractéristique des MACHOs de près de 40 % de celle du Soleil.

On aurait pu prendre de rares étoiles un peu particulières pour des MACHOs et des étoiles sombres dans le Grand Nuage de Magellan lui-même pourraient faire office de lentilles. Mais les données actuelles ne vont pas dans ce sens. Une expérience indépendante a révélé la présence de vieilles naines blanches dans la population d'étoiles du halo et ce sont les meilleures candidates pour jouer les MACHOs.

Ces naines blanches sont les reliques calcinées d'étoiles comme le Soleil. Elles ont épuisé leur combustible et ne brillent plus que par leur énergie thermique résiduelle. Les naines blanches dans le halo se sont refroidies depuis dix milliards d'années ou plus et sont donc excessivement sombres, irradiant une luminosité inférieure à un centième de pour cent de celle du Soleil. Ce dernier est destiné à subir le même sort dans environ 5 milliards d'années.

Les étoiles voisines dans le disque se déplacent lentement dans leur mouvement de corotation avec le Soleil autour du centre de la galaxie. Les étoiles du halo sont rapides car elles évoluent dans un sphéroïde et coupent le disque de la Voie lactée et en particulier le voisinage du Soleil dans toutes les directions. On pense que quelques naines blanches relativement sombres sont des objets proches appartenant au halo en raison de leurs déplacements dans le ciel par rapport à des étoiles fixes lointaines. Peut-il y avoir assez de naines blanches rapides dans le halo pour rendre compte des MACHOs ?

Les vieilles naines blanches ne peuvent être détectées que si elles ne sont pas trop éloignées, c'est-à-dire à quelques centaines d'années-lumière du Soleil. Ce volume contient déjà un bon échantillon du halo local. Les astronomes ont découvert en utilisant les données de plusieurs années d'étude des déplacements angulaires des étoiles sombres proches que les naines blanches représentent 5 % au plus de la masse du halo. Cela signifie qu'elles ne sont probablement pas les MACHOs. Il faut quelque chose de plus exotique.

La matière noire exotique

Si l'on accepte les résultats sur les MACHOs, on a besoin d'une population d'objets compacts de la masse du Soleil dans le halo, mais même eux ne sont pas les principaux contributeurs à la matière noire du halo. Ce qui la compose reste encore à identifier. Cela pourrait être de la matière ordinaire, les baryons, pour autant que cette matière est sous une forme exotique qui n'est pas détectée par l'effet de microlentille. On pourrait imaginer une vaste population de comètes et d'astéroïdes interstellaires. Tout objet de masse inférieure à 1 % de celle de la Terre n'aurait pas été détecté par les expériences de lentille gravitationnelle. Les effets auraient été trop faibles. Mais de tels objets seraient primairement constitués d'hydrogène puisque les étoiles n'ont pas pu exister en nombre suffisant pour produire assez d'éléments lourds et former la matière noire. Les « boules de neige » d'hydrogène se seraient évaporées dans les profondeurs de l'espace interstellaire car la température doit être inférieure à 3 degrés Kelvin pour qu'il soit sous forme solide.

Il reste la possibilité de nouveaux états de la matière baryonique, comme des pépites de matière dite « étrange », une forme de quark. Les quarks sont les ultimes constituants des protons et des neutrons à la base de la matière baryonique. Sous certaines conditions de très hautes énergies, les quarks peuvent s'agréger en matière étrange qui pourrait, en principe, s'être condensée aux premiers moments du Big Bang quand les quarks étaient la principale forme de baryons. De telles spéculations n'ont cependant pas reçu de confirmation, par exemple, lors de nos tentatives de reproduire un plasma de quarks dans les accélérateurs nucléaires pour étudier expérimentalement les états possibles de la matière aux premiers instants de l'Univers.

Ce qui est beaucoup plus probable toutefois, c'est que la majeure partie de la matière noire du halo consiste en particules bien distinctes dans leurs interactions des baryons et qui interagissent très faiblement avec les baryons formant la matière lumineuse de l'Univers. Ces particules connues sous le nom de « WIMPs » (pour « particules massives faiblement interactives ») constituent la masse de la matière noire dans l'Univers. La physique théorique des particules fournit plusieurs candidats pour cette matière noire non baryonique. De fait, de nouveaux types de particules élémentaires très faiblement interactives sont naturellement évoqués dans le cadre de ce que les physiciens appellent le « modèle standard ». Ce dernier rend compte de toutes les propriétés connues des particules élémentaires.

Le modèle standard a été remarquablement efficace dans sa prédiction des propriétés des quarks. Les particules appartiennent ainsi à trois familles de quatre membres. Dans chacune d'elles, les particules les plus légères sont les leptons, soit l'électron, le muon et le tau. Chaque famille contient aussi deux types de quarks. Ce sont les baryons, plus lourds que leurs frères leptoniques et éléments de base des protons et des neutrons. Il y a finalement les neutrinos, une autre particule fondamentale sous trois formes partenaires de l'électron, du muon et du tau.

Tous les atomes que nous pouvons voir sont formés d'électrons et de quarks. Mais les autres particules fondamentales sont cruciales pour expliquer les propriétés des noyaux atomiques et de leurs interactions ainsi que les forces qui empêchent leur dislocation. Tout ça se trouve dans le modèle standard. Mais certaines choses y restent pourtant inexpliquées. La plus frappante est peut-être l'origine des différences de masse entre électrons et quarks. Pourquoi les leptons sont-ils légers et les baryons lourds ?

Les physiciens cherchent à dépasser le modèle standard. Mais les données ont été jusqu'à présent assez limitées et peu instructives. L'un des principaux objectifs d'un accélérateur géant de particules tel que le Large Hadron Collider (LHC) en construction au CERN sera d'explorer la physique au-delà du modèle standard. Sans données, on doit utiliser la théorie pour se guider.

Une idée simple est celle de la perfection des débuts de l'Univers, une sorte de paradis où tout était égal. À chaque particule correspondait son antiparticule. Les propriétés de la matière étaient autrefois symétriques. Aujourd'hui, elles ne le sont manifestement plus. Pourtant, à des densités et des températures suffisamment élevées, tous les détails des particules individuelles étaient oblitérés. L'Univers a eu des propriétés qui étaient symétriques. Les physiciens vont même plus loin. Ils pensent que la Nature elle-même doit être fondamentalement symétrique. L'approche peut sembler très platonicienne, mais elle a été utile. La symétrie est une forme de beauté et peut-être Keats avait-il raison :

> *« La beauté est vérité, la vérité est beauté »*, c'est tout ce que nous savons sur Terre et tout ce que nous devons savoir.

L'idée de symétrie, incontournable, a donné lieu au modèle standard de la physique des particules.

L'extension la plus naturelle de ce modèle consiste à essayer d'incorporer des idées encore plus abouties sur la symétrie dans un modèle amélioré. La nouvelle théorie est connue sous le nom de « supersymétrie » et postule l'existence de nombre de particules massives faiblement interactives partenaires de chaque particule connue. Ces neutralinos sont nos meilleurs candidats pour les WIMPs. Le plus léger représentant aurait une vie assez longue et serait resté en nombre suffisant après le Big Bang pour avoir une densité actuelle comparable ou même supérieure à celle de la matière ordinaire. De futures expériences en accélérateur pourront donner des indications sur l'existence ou non de ces reliques de la supersymétrie. Les WIMPs sont pour le moment une lueur d'espoir pour les théoriciens.

À des températures suffisamment hautes, les particules, avec leur partenaire antiparticule, sont créées et détruites. Les photons énergétiques produisent des paires de particules et ces paires s'annihilent en retour en donnant des photons. À ce niveau du Big Bang, nous disons que les particules étaient autrefois en équilibre thermique avec le bain de chaleur des rayonnements cosmiques que nous voyons maintenant sous forme de fond diffus cosmologique. Comme le nombre de photons disponibles excède largement celui des particules environnantes que nous pourrions déduire en extrapolant la densité présente à partir du passé, les WIMPs étaient autrefois abondants, même éphémères. Avec l'expansion de l'Univers et son refroidissement, les conditions de création de nouveaux WIMPs sont devenues défavorables. Il y a eu une réduction drastique du contenu en particules de l'Univers quand la température est devenue trop basse pour leur production. En fait, le destin des WIMPs était de s'annihiler quand ils trouvaient un partenaire WIMP. Quelques WIMPs ont survécu pour former la matière noire parce qu'ils n'ont pas réussi à s'annihiler entre eux lorsque la température et la densité ont chuté.

Les WIMPs sur le carreau sont des reliques du passé. Leur abondance est déterminée par le nombre de ceux qui ont survécu et cela dépend de leur force d'interaction qui reste inconnue en physique des particules élémentaires. Les survivants étaient peu nombreux mais leur masse très importante par rapport à celle du proton. Un nombre suffisant de WIMPs stables, très probablement les neutralinos survivants de la théorie de la supersymétrie, constituent la matière noire.

Les neutralinos s'annihilaient à grande vitesse autrefois. Très peu survivaient mais il y en avait assez pour largement dépasser les protons dans leur contribution à la densité de masse de l'Univers. Bien que les rencontres entre neutralinos soient maintenant rares, le taux auquel ils s'annihilent, s'il est petit, n'est pas totalement négligeable. Des neutralinos disparaissent occasionnellement dans le halo de nos jours. La matière noire ne l'est pas complètement.

Les neutralinos sont partout. Le halo de la Voie lactée en a environ 100 par mètre cube. Près d'un million d'entre eux nous traversent chaque seconde. Ce n'est pas facile d'en piéger un puisqu'ils interagissent si faiblement. En fait, s'ils étaient très interactifs, peu auraient survécu. La plupart se seraient autoannihilés. Des particules interagissant fortement ne peuvent constituer la matière noire.

On a conçu des expériences assez sensibles pour détecter les neutralinos passant à travers nos laboratoires. L'idée est d'aller en profondeur, idéalement au fond d'une mine, où l'on est efficacement protégé des rayons cosmiques. Ces rayons sont faits de protons ou de noyaux lourds qui interagissent fortement et sont ainsi retenus avant de parvenir en sous-sol où se font les expériences.

Une telle expérience est menée à un kilomètre de profondeur dans la mine de potasse de Boulby dans le Yorkshire au Royaume-Uni. Une autre se déroule sous une masse équivalente dans un laboratoire creusé à partir d'une route de maintenance dans le tunnel du Mont-Blanc. Leur but est de rechercher une modulation du flux cosmique des neutralinos par le mouvement de la Terre. L'effet est comparable à ce que l'on ressent en conduisant une voiture sous la pluie. L'eau tombe selon un angle qui dépend de la vitesse et de la direction du véhicule. Le mouvement de la Terre atteint seulement 10 % de la vitesse caractéristique des WIMPs partout présents. Aussi la modulation de cet effet ne dépasse pas 10 %. Pendant sa rotation autour du Soleil, la Terre traverse un « vent » de matière noire. Chaque année, le signal atteint un maximum puis un minimum six mois plus tard. De cette manière, en détectant une telle modulation, on peut être sûrs que les neutralinos sont d'origine extrasolaire.

Une expérience prétend observer cet effet. Un vaste réservoir contenant dans sa plus récente version un quart de tonne de liquide scintillant, une solution diluée d'iodure de sodium, qui est situé au cœur du laboratoire souterrain du Gran Sasso dans les Abruzzes en Italie, a permis de faire des enregistrements pendant sept ans. Les scientifiques, dirigés par Rita Bernabei de l'Université de Rome Tor Vergata, apportent des preuves de la modulation annuelle tant recherchée causée par le passage d'un vent de WIMPs et due au mouvement de la Terre. Les lourdes particules de WIMPs rentrent dans les atomes de sodium qui génèrent en réaction de minuscules flashes de lumière dans le liquide scintillant. Mais d'autres expériences, qui se targuent d'une meilleure sensibilité aux WIMPs, notamment aux États-Unis, en France et au Royaume-Uni, n'ont pas réussi à confirmer les résultats du groupe italien. Il faudra des expériences encore plus sensibles pour pouvoir conclure définitivement à l'avenir.

Il n'y a bien sûr aucune garantie que les neutralinos existent. D'autres particules candidates au rôle de matière noire ont des masses qui pourraient aller d'un milliardième de fois celle du proton à mille milliards de fois ou plus. Les expériences de détection directe ne sont cependant sensibles que pour une gamme étroite de masse des neutralinos, entre une et quelques centaines de fois la masse du proton. La gamme inférieure est exclue par les expériences des accélérateurs. Nous savons que les neutralinos doivent peser au moins cinquante fois la masse protonique. L'intervalle accessible à la détection est donc très limité. Cela me rappelle l'histoire de l'homme saoul qui a perdu ses clés et va les rechercher sous le lampadaire le plus proche. La plupart des gens ne parieraient rien sur de telles tentatives. Cela n'a pourtant pas dissuadé les partisans des techniques de détection des neutralinos d'aller voir, peut-être pour rien. On doit être excessivement patient. Cela peut prendre des semaines ou des mois avant qu'un neutralino n'entre en contact avec le matériel de détection. La plupart passent directement au travers et même au travers de toute la Terre.

Imaginez l'excitation parmi les scientifiques quand on détectera quelque chose. Nombre de simulations auront été faites pour repérer les fausses alertes. Mais le signal insaisissable du neutralino peut encore être facilement confondu avec des signaux externes. Même si on a éliminé les sources d'événements non pertinents comme les rayons cosmiques, certaines ne peuvent être évitées. Un élément commun, le potassium, a un isotope radioactif instable. Sous une montagne ou en profondeur, sous un kilomètre de roche, la faible lueur du potassium se désintégrant illumine à peine l'obscurité mais c'est encore trop pour l'expérimentateur à la recherche de signaux lumineux très faibles.

Un exemple plus courant est l'émission due au radon dans les roches. Celle-ci et d'autres radioactivités à bas bruit sont communes, même dans les briques. Les maisons faites avec ce matériau ont des contaminations en radon mesurables. Cela pourrait contribuer au bruit de fond général au milieu duquel il faut chercher le signal des WIMPs. Il est même possible qu'il y ait des variations saisonnières induites par les changements de température qui puissent mimer les modulations attendues du signal. La plupart des signaux terrestres ne devraient toutefois pas montrer une telle modulation annuelle.

Il sera nécessaire d'analyser le signal en détail et de développer des techniques de détection sensibles à l'énergie et à la direction de l'interaction excessivement rare d'un neutralino massif entrant en collision avec les atomes refroidis cryogéniquement de cristaux de germanium. La variation annuelle est le meilleur moyen d'identifier un WIMP. Mais la recherche sera longue et difficile, elle comportera probablement de nombreuses fausses alertes. Les chercheurs persévèrent néanmoins et construisent des détecteurs toujours plus élaborés et importants dans des sites souterrains reculés.

Un neutralino typique pourrait avoir cent fois la masse d'un proton. Imaginez un neutralino en rencontrant un autre dans le halo de la Voie lactée. La rencontre doit être autodestructrice. C'est comme si un proton devait fusionner avec un antiproton ; mais l'événement est beaucoup plus violent parce que la masse libérée en énergie est beaucoup plus importante. Les produits qui en résultent incluent des particules très énergétiques, comme des paires de protons et d'antiprotons, d'électrons et de positons, ainsi que des rayons gamma. On peut prédire une lueur diffuse de rayons gamma dans le halo si les neutralinos sont la principale composante de la matière noire. Les télescopes à rayon gamma sont conçus pour la recherche de tels signaux.

D'autres particules rares comme les rayons cosmiques énergétiques d'antiprotons et de positons sont aussi produits dans le halo par l'annihilation des photinos. Les rayons cosmiques de protons interagissant avec les atomes lourds interstellaires engendrent aussi secondairement des antiprotons et des positons. Il faut arriver à démêler la signature de l'annihilation primaire du signal secondaire. C'est possible par l'étude détaillée de la distribution d'énergie des rayons cosmiques. Des satellites détecteurs rechercheront au-dessus de l'atmosphère absorbante de la Terre de telles particules.

Une autre signature possible vient des neutrinos de haute énergie qui résultent aussi des annihilations. Quand un neutrino interagit avec la matière, de brefs flashes lumineux sont produits. Ils sont très faibles et on doit surveiller un grand volume de matière pour trouver ce signal. Ces flashes sont visibles dans l'atmosphère mais ils sont d'abord induits par les rayons cosmiques. Les neutrinos peuvent traverser la Terre et donnent un unique signal ascendant dans une expérience où la direction est mesurée. Des expériences contrôlant de vastes zones d'eau ou de glace sont en train d'être montées pour rechercher des neutrinos de haute énergie. Celle d'ANTARES, au large de Toulon, porte sur un dixième de kilomètre carré de la Méditerranée, avec dix séries de photomultiplicateurs à une profondeur pouvant atteindre le tiers de kilomètre. Le projet IceCube, au pôle Sud, a des ensembles de photomultiplicateurs enfouis dans la glace jusqu'à une profondeur de 1,5 kilomètre, où l'obscurité est totale, et surveille un kilomètre cube de glace. La détection de la direction s'effectue en observant les séquences des flashes de lumière lorsque les détecteurs réagissent sur des séries adjacentes.

Il y a des détections indirectes de neutralinos qui s'annihilent soit dans la Terre soit dans le Soleil et engendrent des neutrinos de haute énergie. Des observations directes sont aussi possibles, comme nous l'avons vu, dans des détecteurs cryogéniques sensibles de laboratoires installés en profondeur pour éviter la contamination de signaux induits par les rayons cosmiques. Cela prendra toutefois une autre décennie avant que les expériences actuellement conçues atteignent une sensibilité suffisante pour rendre faisable une détection directe et claire des neutralinos. Il se peut que le signal indirect soit le grand vainqueur dans cette course à l'identification de la matière noire.

Les premiers indices de l'existence des neutralinos pourraient pourtant venir d'ailleurs. Dans le même temps, des accélérateurs de particules, notamment le Large Hadron Collider (LHC) du CERN, seront capables de rechercher des preuves de l'existence des neutralinos. Les collisions de haute énergie produisent dans ces machines des jets de particules et d'antiparticules énergétiques. Pour conserver leur quantité de mouvement, les jets partent dans des directions opposées et perpendiculaires à la direction de la collision. Bien qu'une particule WIMP faiblement interactive soit en principe invisible, elle déplace une force qui a pour contrepartie un jet de particules de haute énergie, lui-même détectable. Un jet de particules sans contrepartie symétrique signerait donc la présence de particules de très faible interaction, comme le prédit la théorie de la supersymétrie et serait en faveur de l'hypothèse des neutralinos ou des WIMPs. Si tout WIMP faiblement interactif est invisible, il va à une vitesse qui doit se traduire par un jet détectable de particules. Un jet unilatéral serait la preuve d'une particule supersymétrique et donc en faveur de l'hypothèse des neutralinos ou des WIMPs.

Un autre axe de recherche dans l'étude de la matière noire non baryonique est venu de la cosmologie avec la théorie de la formation des structures à grande échelle de l'Univers. Les simulations de ces formations cosmiques donnent des éléments convaincants en faveur de l'idée que la matière noire est faite de particules très faiblement interagissantes qui seraient apparues à l'origine bien plus froides que les baryons. La faiblesse de leurs interactions signifie qu'elles ont été libérées de l'emprise de la boule de feu rayonnante du Big Bang bien plus tôt que les particules ordinaires et qu'elles sont donc beaucoup plus froides. Ces particules constituent la « matière noire froide », dont la condensation est bien plus instable que la matière ordinaire relativement chaude au début de l'Univers. Les forces de pression stabilisent la matière contre la condensation gravitationnelle et seule la matière froide peut s'agréger librement. Comme la matière noire est le principal constituant de la matière, elle est à l'origine du champ de gravité local et donc de la formation de structures par instabilité gravitationnelle. Les particules supersymétriques pourraient bien fournir la « matière noire froide » exigée par la cosmologie.

CHAPITRE 5

Le cosmos invisible

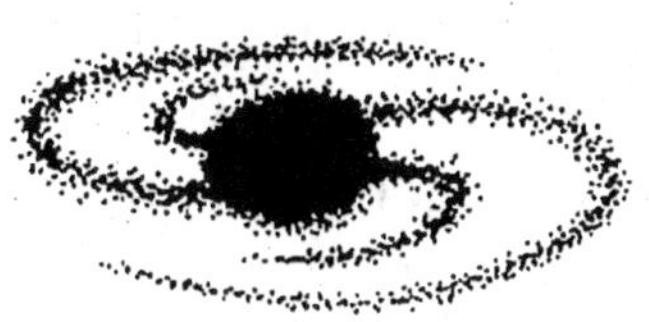

« Il est étrange de le dire, le monde lumineux est le monde invisible, le monde lumineux est celui que nous ne voyons pas. Nos yeux de chair ne voient que la nuit. »

Victor HUGO

« Arrêtez-vous devant un fait comme un petit enfant, soyez préparé à abandonner toute notion préconçue, suivez humblement la nature dans quelque abîme qu'elle vous mène, ou vous n'apprendrez rien. »

Thomas HUXLEY

Les astronomes ont une vue extraordinairement biaisée des choses. Nos yeux et nos télescopes, au moins jusqu'à il y a cinquante ans, étaient limités aux longueurs d'onde optiques. En fait, la part visible du spectre que couvrent les couleurs de l'arc-en-ciel n'est qu'une minuscule partie des ondes électromagnétiques. La lumière invisible à l'œil humain est produite par des sources cosmiques sur une large gamme électromagnétique, des dizaines aux milliardièmes de mètres, des ondes radio aux rayons gamma. Un relevé des rayons X du ciel donne un aspect complètement différent de celui que peut voir l'astronome en optique la nuit. Et l'image des infrarouges donne encore quelque chose de totalement différent.

Si l'on observe l'Univers dans l'infrarouge lointain, on ne voit d'abord que les émissions dues à la poussière. Celle-ci est partout, mais elle s'accumule dans les régions où naissent les étoiles jusqu'à une telle densité qu'elle voile complètement ces naissances à l'observation optique. La poussière absorbe la lumière optique, la diffuse et réémet une lumière dans la partie infrarouge du spectre. Il y a aussi de très vieilles étoiles froides qui ont une faible lueur dans l'infrarouge. Mais on voit le plus souvent le côté jeune de l'Univers.

Aux fréquences des rayons gamma, on peut voir les événements spectaculaires à l'origine des plus lumineux objets dans l'Univers. Ce sont de vrais phares, des sources très compactes et focalisées mais pourtant immensément plus brillantes que tout autre objet. Dans le noyau de presque toutes les galaxies voisines se trouvent des trous noirs monstrueux. On ne peut les voir directement bien sûr, ni même le plus souvent indirectement. Leur présence se déduit de la nécessité qu'une masse très importante doit être concentrée dans un minuscule volume.

La Voie lactée est un fascinant sujet d'étude. J'ai décrit comment on observe les étoiles se déplaçant vers le centre de la galaxie à des vitesses toujours plus grandes au fur et à mesure que l'on s'en rapproche. Au centre de la galaxie, la concentration atteint presque trois millions de masses solaires dans un centième d'une année-lumière. Seul un trou noir supermassif pourrait être à l'origine d'une telle concentration de masse au centre. Immense, il est pourtant virtuellement invisible malgré les étoiles et les nuages de gaz qui l'entourent. Les trous noirs supermassifs se retrouvent partout en fait dans l'Univers, au centre des galaxies. Dans presque tous les exemples proches, ils sont cependant quiescents et sombres : seul leur effet gravitationnel les trahit. On aurait pu s'attendre à des indices de rayonnement, dans la fréquence des rayons X, par les gaz en accrétion. Normalement, un trou noir est supposé illuminer son environnement. Le gaz se rassemble, s'échauffe sous l'influence de la gravité du trou noir et se trouve comprimé. Il devrait largement rayonner dans les X mais ce n'est pourtant pas ce que l'on observe. À notre époque dans l'Univers, les trous noirs supermassifs sont des objets remarquablement passifs.

La situation a dû être bien différente autrefois. Au début de l'histoire de chaque galaxie, les étoiles se formaient et mouraient à un rythme élevé. D'immenses quantités de débris gazeux étaient produites. Elles tombaient au centre des galaxies et alimentaient le trou noir central. Voici comment le trou noir a dû grandir, en accumulant la matière alentour. Le feu d'artifice autour de notre trou noir a dû être particulièrement spectaculaire dans la jeunesse de notre galaxie. Les trous noirs étaient boulimiques.

L'Univers a autrefois été actif telle une ruche. En regardant en arrière dans le temps, jusqu'au moment où l'Univers avait moins du tiers de son âge actuel, nous pouvons voir de nombreuses galaxies au noyau actif. En fait, certains noyaux étaient si brillants que c'est tout ce que nous en voyons. C'est comme si l'on était aveuglé en pleine nuit par une forte source de lumière. De tels objets ont été baptisés « quasars » pour « objets quasi stellaires ». Nous pouvons voir beaucoup de quasars dans l'Univers lointain alors que des exemples plus proches sont rares. Les quasars sont des galaxies avec des noyaux tellement brillants qu'elles ressemblent à des étoiles. L'éclat de l'objet central est tellement éblouissant que la galaxie hôte ne peut être vue. L'énergie déversée par un quasar excède largement tout ce que peuvent fournir les étoiles ordinaires. On peut assister à des luminosités équivalentes à des dizaines de milliers de fois celle de la Voie lactée et produites dans une région beaucoup plus petite que le système solaire. Seul un trou noir supermassif peut fournir la source d'énergie nécessaire en captant la matière.

Dans sa jeunesse, notre Voie lactée a été un quasar. Beaucoup de nos voisines, des galaxies d'apparence normale, ont été autrefois des quasars. Elles ont eu un passé mouvementé. La phase quasar n'a pas duré longtemps, peut-être cent millions d'années, mais pendant cette période les galaxies ont vécu leur période de gloire. Les quasars sont les sources à la fois les plus lumineuses et les plus stables de l'Univers. De brèves explosions d'étoiles peuvent dépasser un quasar en luminosité comme dans le cas des sursauts gamma, mais elles ne durent que quelques minutes.

Les quasars sont vraiment des productions spectaculaires. Le fait que notre propre Voie lactée en a hébergé un, bien que des plus faibles dans la gamme, doit nous faire réfléchir. Le centre de notre Voie lactée contient un trou noir supermassif qui a dû être non le plus lumineux des quasars, cela demande des trous noirs ayant des milliards de masse solaire, mais néanmoins un vrai quasar. Il est probable qu'un tel événement se produisant juste après la naissance de la galaxie ait pu influencer ce qui a suivi et culminé dans la formation d'étoiles ordinaires comme le Soleil. Tout cela n'est plus que souvenir. Les conditions ambiantes sont bien moins extrêmes et le trou noir se tient tranquillement pour quelque raison au centre de la galaxie, attendant peut-être un nouvel approvisionnement en combustible. Les trous noirs supermassifs se trouvent au cœur de nombre de galaxies proches et tous sont en général passifs aujourd'hui. On ne peut pas dire qu'ils sont là si ce n'est par l'influence indirecte qu'ils exercent sur l'orbite des étoiles voisines.

Pourquoi les choses étaient-elles si différentes il y a dix milliards d'années, quand les galaxies étaient jeunes ? À cette époque, l'approvisionnement des trous noirs supermassifs ne manquait pas. Les galaxies avaient beaucoup plus de gaz, dont une grosse partie a donné par la suite des étoiles. Le réservoir de gaz à l'origine des quasars est le milieu interstellaire ordinaire. Un événement catastrophique, on pense aux conséquences d'une collision ou d'une fusion avec une autre galaxie, a ensuite dirigé du gaz vers le centre. Une fusion est probablement le résultat de la rencontre étroite de deux galaxies. Les galaxies qui entrent en collision sont comme des bateaux se croisant dans la nuit. Leurs étoiles ne se rencontrent pas. Il y a assez d'espace entre elles pour que cela ne se produise pas. Mais une rencontre étroite se traduit par de fortes torsions gravitationnelles qui s'exercent sur chacune des galaxies. Il en résulte une perte de l'énergie de déplacement. Les galaxies sont destinées à se rencontrer à moins que la rapidité de leur rencontre initiale soit tellement grande que les interactions ultérieures soient faibles. Les rencontres étaient plus communes par le passé, tout simplement parce que les galaxies étaient beaucoup plus proches les unes des autres.

Une collision entre deux galaxies est plus catastrophique qu'entre deux voitures. Une meilleure analogie pourrait être le passage de deux nuages très rapprochés : la fusion est inévitable. L'étroite proximité des deux galaxies se traduit par de fortes forces gravitationnelles s'exerçant sur chacune d'elles. Les composantes stellaires répondent par leur fusion en un sphéroïde dense d'étoiles. Les disques des galaxies sont détruits et les trajectoires des étoiles deviennent relativement chaotiques. Les mouvements circulaires ordonnés dans le plan du disque sont perdus. Les nuages de gaz fusionnent et s'échauffent.

Leur énergie de déplacement est perdue et irradiée par le gaz. Une grosse partie du gaz tombe dans le centre du sphéroïde en formation. Il se rassemble là en un nuage dense qui s'écroule sous son propre poids. Le gaz est plus réactif à la fusion que les étoiles parce qu'il est capable de perdre de l'énergie en la rayonnant sous le choc.

Est-ce que les sphéroïdes centraux des galaxies se forment de cette manière ? Le résultat d'une fusion est inévitablement une grande concentration de gaz dans le noyau. Le nuage de gaz se fragmente en un nombre énorme d'étoiles. Certaines sont massives et à courte durée de vie. Il y a même tant d'étoiles massives qui explosent sous forme de supernovae que cela entraîne une réaction en retour. Les étoiles envoient en explosant des ondes de choc qui accélèrent le gaz environnant. La rétroaction des débris accélérés sur le gaz ambiant fait cesser l'effondrement du gaz. La formation des étoiles s'achève. Sa durée aura été celle d'une brève et intense explosion d'activité durant quelques dizaines de millions d'années. C'est relativement court à l'échelle galactique. La vigoureuse période de formation d'étoiles qui suit une fusion galactique annonce l'apparition des amas galactiques et des galaxies elliptiques.

Comment savons-nous que tout cela n'est pas qu'un mythe ? Les astronomes ont pris des galaxies en fusion sur le fait. La rencontre produit d'impressionnants panaches d'étoiles et de gaz éjectés sous l'effet des forces de marée. Et une partie du gaz tombe dans le noyau de la galaxie où se jouent des feux d'artifice cosmiques alimentés par l'apport en gaz frais. Des rencontres aussi spectaculaires sont rares parmi les galaxies proches. Peut-être qu'une galaxie sur cent montre les traces d'une récente collision ou fusion.

Mais il y a longtemps et dans le lointain, les galaxies étaient bien plus rapprochées. Les rencontres étaient fréquentes. Les observations montrent que les galaxies éloignées sont plus petites que les proches et que leur forme est souvent bien moins régulière. Tout cela atteste de la prévalence passée des fusions. Les galaxies ont commencé sous la forme de petits nuages de gaz qui se sont agrégés, ont développé des étoiles et concentré plus de gaz jusqu'à ce que les grandes lignes des galaxies matures proches finissent par apparaître.

Les galaxies changent de forme, un peu comme des caméléons. Elles commencent typiquement par un disque. Le gaz se met naturellement en place dans un disque en raison de sa vitesse angulaire résiduelle. Mais après une fusion majeure, tout est remis en cause. Le disque a des chances d'être détruit avec la forte chaleur dynamique et les tendances à la dislocation manifestées par les champs gravitaires varient rapidement. Le gaz s'écoule vers le centre.

La concentration de gaz est telle qu'une grande flambée de formation d'étoiles est inévitable. Il en résulte une distribution dense, en forme de sphère, des étoiles, c'est la galaxie elliptique. Ce qui se produit ensuite dépend de l'environnement. Si la galaxie est isolée, le gaz du halo s'écoule lentement sur des milliards d'années. Il se dispose en un disque. Le gaz forme des étoiles et elles restent dans le disque, sur des orbites circulaires dans le plan de symétrie. Cela se traduit par une galaxie en forme de disque avec une masse centrale. Beaucoup de galaxies ont une telle masse centrale, parfois proéminente. La morphologie des galaxies garde l'enregistrement fossile de leur passé.

Si la galaxie est proche d'autres galaxies, comme dans le cas des amas, le réservoir de gaz dans le halo est disloqué par les interactions avec l'environnement immédiat. Dans un grand amas, les collisions sont fréquentes entre les galaxies mais à des vitesses relatives trop élevées pour que des fusions puissent se produire. Les systèmes stellaires passent les uns à travers les autres comme des fantômes à travers un mur. Mais pour les nuages de gaz, l'histoire est toute autre. Les nuages entrent en collision. Le gaz se réchauffe et se disperse dans le milieu intergalactique. Un grand amas de galaxies contient de fait d'énormes quantités de gaz chaud intergalactique. La masse du gaz est plusieurs fois celle des étoiles. Le gaz dans l'amas est celui qui n'a pu former des étoiles. Il reste chaud pendant des milliards d'années. Nous observons le gaz diffus sous forme d'un plasma émettant faiblement des rayons X et qui imprègne l'espace dans l'amas galactique.

L'Univers des rayons X

Regardez l'Univers à travers un télescope à rayons X et les perspectives diffèrent radicalement de ce que peut voir l'observateur terrestre. Les rayons X des sources cosmiques sont, heureusement pour nous, bloqués par l'atmosphère terrestre. Même le Soleil, notamment durant ses phases les plus actives, est une source de rayons X qui auraient des conséquences délétères pour la vie sur Terre si nous n'avions pas notre bouclier atmosphérique.

Concernant les hautes énergies, l'Univers s'avère contenir des fournaises de gaz déchaînées. Les plus vastes sont les grands amas de galaxies. Les physiciens mesurent les températures en degrés Kelvin, zéro Kelvin correspondant à – 273 degrés Celsius. Les énergies des photons se mesurent en électronvolts ou kilo-électronvolts. La lumière visible a des énergies photoniques de quelques électronvolts, les rayons X de quelques kilo-électronvolts et les rayons gamma de quelques méga-électronvolts.

Le gaz dans les amas est à une température de cent millions de degrés Kelvin, il émet des rayons X d'une énergie de plusieurs kilo-électronvolts. Malgré cette énorme température, comparable à celle régnant au centre du Soleil, le gaz est à une pression inférieure à celle du vide le plus poussé que l'on puisse faire sur Terre. Il est toutefois étalé sur une zone couvrant des millions d'années-lumière. La masse de gaz chaud dans un amas s'élève à cent mille milliards de masses solaires. Pour un observateur des rayons X, de tels amas représentent l'une des sources les plus communes émanant des lointaines galaxies. Le gaz est chaud à ce point en raison du fort champ gravitationnel dans l'amas. Les galaxies et les noyaux individuels de gaz se déplacent de façon aléatoire à des vitesses de milliers de kilomètres à la seconde. Pour le gaz, la température reflète simplement ces déplacements aléatoires. Nous mesurons le mouvement des galaxies d'après leur décalage Doppler et pour les noyaux de gaz d'après leur spectre dans les rayons X qui nous permet aussi de déduire la température du gaz. Les déplacements aléatoires des noyaux correspondent parfaitement à ceux des galaxies. Si le gaz était trop froid, il tomberait au centre et s'il était trop chaud il s'évaporerait de l'amas. Le gaz est simplement comprimé et réchauffé par la gravité, qui a elle-même été augmentée avec la formation de l'amas. Ce qui est remarquable, c'est la quantité énorme de gaz en jeu. La formation des galaxies est un processus très inefficace. Seulement 10 % environ de ce gaz est transformé en étoiles.

Des résultats inattendus sont apparus lorsqu'on observa avec la nouvelle génération de télescopes modernes et perfectionnés pour les rayons X le gaz diffus des amas. Le gaz chaud n'était pas une sphère homogène, il apparaissait plutôt très structuré en de nombreuses régions. On peut y distinguer la trace de fusions passées entre amas. Le temps pris pour le mélange des gaz est très long, notamment dans les régions externes. On peut souvent voir des structures secondaires décentrées. Les grumeaux et filaments de gaz chaud sont les vestiges de fusions. On peut voir aussi des bulles géantes suggérant un chauffage par les lobes radio et les chocs frontaux associés provenant d'une galaxie radio centrale.

Les amas sont des structures relativement jeunes. Certains sont encore en train de se former. Le temps pour les traverser se compte en milliards d'années ou plus. Ce type de structure n'est finalement pas surprenant. Le gaz garde une mémoire de l'histoire passée. Sa température peut varier d'un côté à l'autre parce que le mélange n'a pas encore eu le temps de se faire.

Le gaz diffus des amas est enrichi en éléments lourds qui ont dû être produits dans l'explosion de supernovae. En effet, celles-ci génèrent et expulsent du fer et d'autres éléments dans le milieu interstellaire des galaxies. Lorsque les galaxies entrent en collision, le milieu interstellaire est chauffé et éjecté dans le gaz de l'amas. Lorsque ce gaz s'accumule, sa pression devient beaucoup plus importante que celle du gaz interstellaire qui n'est qu'à la température de dix mille degrés Kelvin. Le gaz de l'amas se rue dans le gaz interstellaire quand la galaxie se déplace dans l'amas. La pression due à ce déplacement enlève le gaz interstellaire et l'apporte au milieu régnant dans l'amas. Le résultat net en est que le gaz dans l'amas se trouve enrichi en éléments lourds comme le fer.

Ces éléments sont détectés par les télescopes à rayons X. Un noyau d'atome de fer qui a un seul électron en orbite émet une raie d'émission comme l'atome d'hydrogène, sauf que la haute charge du noyau fait que le niveau d'énergie de l'électron est bien plus élevé que celui de l'hydrogène. Le niveau d'énergie le plus bas pour un électron dans un atome d'hydrogène, connu sous le nom de « Lyman alpha », est à 10 électronvolts tandis que l'émission de type Lyman alpha par le fer est à 5 kilo-électronvolts. La raie d'émission du fer se détecte au télescope à rayons X et nous en déduisons que la quantité de fer dans le milieu de l'amas est d'environ le tiers de celle présente dans le Soleil par rapport à l'hydrogène. Cela représente une énorme quantité de fer quelle que soit l'échelle. Il a fallu l'explosion et le rejet des débris dans le milieu de l'amas de trois fois plus de supernovae que ce qu'on pouvait attendre de l'abondance actuelle des étoiles. Formation et mort des étoiles se sont produites à des vitesses bien plus élevées qu'aujourd'hui.

Il y a eu une phase très lumineuse dans l'activité galactique à une époque lointaine. Nous pouvons l'observer en scrutant les profondeurs de l'Univers. Durant ces périodes d'intenses formations d'étoiles, les galaxies sont très lumineuses. Les concentrations de gaz et de poussières dans les régions centrales voilent à notre vue la majeure partie de ces feux d'artifice cosmiques. Mais tous leurs secrets sont maintenant connus avec l'aide des télescopes à infrarouge. Nous voyons toute la luminosité produite par les étoiles en formation.

L'Univers infrarouge

L'Univers est un endroit poussiéreux. Notre Voie lactée en est un bon exemple, tout comme notre système solaire. La poussière interstellaire commence son cycle de vie avec ce qu'éjectent les étoiles évoluées, les géantes rouges. Lorsque les étoiles vieillissent, la température des réactions thermonucléaires en leur centre va croissant. Le carbone et d'autres éléments lourds sont synthétisés jusqu'à ce que l'étoile épuise son combustible nucléaire. L'effet de cette énorme chaleur centrale est de faire gonfler l'atmosphère de l'étoile qui devient alors une géante rouge. Les couches superficielles de l'étoile sont finalement expulsées. Une naine blanche se crée au centre. L'enveloppe expulsée forme ce qu'on appelle une « nébuleuse planétaire ». L'expression a été forgée par William Herschel qui, à l'époque des simples télescopes optiques, ne voyait qu'une vague apparence de planète.

Les couches de gaz éjectées se refroidissent et les éléments lourds non volatiles se condensent en minuscules particules solides de graphite et de matière comparable au quartz. Ils constituent les grains de poussière ou du moins les noyaux réfractaires des grains que l'on trouve dans l'espace. Ces grains baignent dans l'espace interstellaire et sont parfois capturés par l'atmosphère supérieure. Les petits grains se retrouvent dans les nuages interstellaires de gaz qui se refroidissent à des températures tellement basses que même les éléments les plus volatils et les plus abondants forment des grains de poussières. Les cœurs réfractaires sont recouverts de glace. Environ 1 % de la masse du milieu interstellaire est constitué de minuscules particules solides qui ont un diamètre environ mille fois plus petit que celui d'un grain de sable.

L'espace entre les étoiles contient des nuages de gaz diffus et de poussière. La plus grande partie de la matière interstellaire se trouve dans les nuages, bien qu'il y en ait aussi entre les nuages. Les astronomes détectent les agrégats de gaz et de poussière ressemblant à des nuages car la poussière diffuse et absorbe à la fois la lumière des étoiles. Cette diffusion rougit l'aspect des étoiles en arrière-plan.

Il en résulte que certains nuages interstellaires sont si denses qu'ils sont complètement opaques à la lumière des étoiles. La poussière diffuse et absorbe tout le rayonnement visible. Mais il est rediffusé dans l'infrarouge où les nuages de poussière luisent. Les étoiles se forment dans des nébuleuses imprégnées de poussière. Nous ne pouvons pas voir en optique la formation des étoiles. Comme la nébuleuse est en rotation, la poussière s'agrège en un disque entourant l'étoile qui se forme au centre.

Le disque est froid et dense. Les poussières se positionnent dans le plan central, comme du sable qui repose après une tempête. Quand le système solaire s'est constitué, une ceinture de poussière s'est accumulée autour du Soleil en formation. Des grains de plus en plus gros se sont agglomérés. Des roches de la taille de minuscules astéroïdes ont fini par se développer. On les appelle des « planétésimaux » et ils seraient le lien manquant entre les grains de poussière et les planètes ou les astéroïdes typiques. Les planétésimaux sont les blocs élémentaires de la construction du système solaire dont certains pourraient subsister à l'état de reliques aujourd'hui dans les ceintures d'astéroïdes.

Les planètes finissent par naître de la poussière. Des traces de cette dernière sont restées dans le plan de l'écliptique et au cours d'une nuit noire nous pouvons voir cette poussière réfléchissant la lumière solaire comme une sombre lueur de la lumière zodiacale. Mais dans l'infrarouge, ce serait une ceinture éblouissante de lumière qui prendrait près d'un quart du ciel pour l'observateur. Dans l'infra-rouge lointain, la poussière locale est invisible et on peut regarder beaucoup plus loin.

Dans la Voie lactée, l'accumulation de poussières dans le plan galactique nous empêche de voir la lumière optique au-delà d'un mil-lier d'années-lumière. Ce n'est qu'une fraction de la distance qui nous sépare du centre de la galaxie. La lumière visible est diffusée par la poussière. Dans l'infrarouge, tout est révélé. Nous pouvons voir les étoiles qui tournent autour du noyau même de notre galaxie où se tient un trou noir supermassif. Nous pouvons même déduire l'exis-tence de ce monstre en étudiant le déplacement de ces étoiles dans l'infrarouge.

Dans l'Univers lointain, les étoiles naissantes sont cachées par la poussière. Il nous faut observer l'Univers dans l'infrarouge pour pou-voir étudier la formation des étoiles. La moitié au moins de toute la lumière des étoiles est absorbée et réémise par la poussière. L'astro-nomie infrarouge joue un rôle essentiel en fournissant un recense-ment complet de la formation des étoiles distantes dans l'Univers. Mais le spectacle ne s'arrête pas là, notamment quand les étoiles meurent. Les violents phénomènes comme la mort explosive des étoiles sont associés à des émissions d'ondes radio et de rayons gamma. Les événements précurseurs peuvent toutefois s'observer dans l'ultraviolet.

L'Univers ultraviolet

La formation des étoiles proches peut être suivie dans l'ultra-violet où les plus chaudes et les plus massives émettent le gros de leur rayonnement. La lumière des galaxies où se forment les étoiles est principalement due aux étoiles massives et aux nébuleuses qu'elles excitent. Les atomes les plus abondants dans l'Univers, l'hydrogène et l'hélium, ont leurs plus fortes caractéristiques spectrales dans l'ultra-violet. Il en est de même d'autres éléments abondants comme le car-bone ou l'oxygène. Un électron est excité par une collision et saute à un niveau supérieur d'énergie. Ce processus résulte de l'absorption d'un quantum de lumière, il est inévitablement suivi d'une émission de photon lorsque l'électron revient à son niveau initial.

L'émission par un électron redescendant à son niveau d'énergie le plus faible s'effectue habituellement dans l'ultraviolet. La majeure partie du gaz froid dans l'Univers est à son plus bas niveau d'énergie. Quand un photon arrivant sur un atome d'hydrogène provoque le saut d'un électron à un niveau d'énergie plus élevé, les caractéristiques de cette absorption se trouvent dans l'ultraviolet.

Heureusement pour les observateurs sur Terre, il y a des étapes intermédiaires dans la cascade d'électrons passant des niveaux d'énergie les plus élevés aux plus faibles qui se traduisent par des raies dans le visible. Pour l'absorption de la plupart des éléments, ce n'est toutefois pas le cas. Seuls des éléments relativement rares, tels que le sodium ou le potassium, ont une absorption dans les longueurs d'onde optiques. Ces éléments sont néanmoins communs dans les espaces interstellaires et en délimitent les nuages. L'élément le plus commun, l'hydrogène, est beaucoup plus insaisissable.

Les raies d'absorption de l'hydrogène sont observées par les télescopes spatiaux pour les gaz interstellaire et intergalactique. Mais l'absorption par le milieu galactique lointain est décalée dans le spectre de l'ultraviolet vers la lumière visible. Nous savons qu'à de forts décalages, l'Univers a de grandes quantités de gaz intergalactique, au moins deux fois supérieures à celles présentes localement. C'est la matière brute à partir de laquelle beaucoup d'étoiles se sont formées lorsque le gaz a été capté par les galaxies. Nous pouvons mesurer le contenu en éléments lourds du gaz intergalactique en examinant les raies d'absorption du fer ou du carbone. On trouve que ce gaz est pollué relativement à l'hydrogène par ces éléments à des taux de 1 à 2 % relativement à ceux trouvés dans des étoiles typiques comme le Soleil. C'est exactement ce que l'on pouvait attendre de la matière brute qui a servi à la formation des étoiles.

La formation précoce d'étoiles massives a pu se produire très tôt, peut-être à un décalage vers le rouge de 10, ce qui a suffi à polluer le gaz intergalactique avant que ne se forment les grandes galaxies. Une vue ultraviolette de l'Univers contient d'autres surprises. Les naines blanches sont très chaudes. Sombres dans le visible, elles ressortent fortement dans l'ultraviolet. Les galaxies qui forment des étoiles ont un aspect en spirale plutôt régulier dans le visible alors que les choses sont bien différentes dans l'ultraviolet. L'effet obscurcissant de la poussière joue un grand rôle. Des nœuds brillants où se forment les étoiles dominent et le milieu interstellaire a une apparence chaotique impressionnante, plein de bulles et de filaments. Cette émission est principalement le fait du gaz porté à des centaines de milliers de degrés. Le rayonnement de ce gaz chaud dans le visible est négligeable comparé à celui dans l'ultraviolet.

L'Univers radio

La poussière n'arrête pas les ondes radio. L'Univers des ondes radio ne fut découvert qu'au milieu du XXe siècle. On découvrit que la Voie lactée était la source d'un bruit radio. Le Soleil émet occasionnellement des bouffées de bruit radio. Avec les progrès de la technologie, les astronomes ont trouvé que l'Univers entier baignait dans une mer d'ondes radio. Les sources de ces ondes radio allaient des restes des explosions d'anciennes supernovae aux nébuleuses entourant les jeunes étoiles massives de notre Voie lactée, en passant par des galaxies éloignées. Les galaxies typiques comme la nôtre sont de relativement faibles émettrices, à la différence de celles qui se trouvent dans un état de fusion apparente et qui comptent parmi les plus brillantes des sources radio extragalactiques.

L'étude des ondes radio a permis de découvrir de nouveaux phénomènes, les plus connus étant les pulsars et les quasars. Un pulsar est une étoile à neutrons très magnétisée tournant rapidement sur elle-même et qui émet d'intenses faisceaux d'ondes radio rencontrant l'observateur terrestre comme le projecteur d'un phare cosmique. Des milliers de pulsars ont été découverts dans la Voie lactée, avec des périodes de rotation s'étalant de quelques secondes à quelques millisecondes. Les étoiles à neutrons se forment à la suite de l'explosion d'étoiles massives. Une telle explosion a été suffisamment récente pour être notée par l'homme : il s'agissait de la supernova du Crabe observée le 4 juillet 1054 par des astronomes chinois comme étoile « invitée » dans la constellation du Taureau et qui fut visible deux semaines. Les observations modernes de la nébuleuse du Crabe révèlent que la nébulosité s'étend à des milliers de kilomètres seconde, ce qui concorde avec une explosion ayant eu lieu en 1054. L'étoile à neutrons a été identifiée, d'abord comme pulsar radio puis comme source pulsant dans le visible. Le pulsar du Crabe est aussi détecté dans les rayonnements X et gamma, émettant des pulsations à la fréquence caractéristique de 30 millisecondes.

Les quasars sont des sources intensément lumineuses non élucidées dans les noyaux des galaxies distantes. À l'origine, les quasars furent découverts sous la forme de sources radio ponctuelles extragalactiques. Lorsque leur position fut identifiée, les équivalents optiques étaient à de forts décalages vers le rouge et avaient un spectre dominé par des raies inhabituellement larges. On s'aperçut que la région d'origine contenait des nuages de gaz filant à des vitesses du dixième de celle de la lumière. La luminosité équivalait à des milliers de Voie lactée mais se trouvait confinée dans une région plus petite qu'une année-lumière. La seule interprétation plausible est que nous assistions à la libération d'une vaste quantité d'énergie suite à la capture de gaz et d'étoiles disloquées par un trou noir supermassif sous l'effet de son champ de gravité. Les observations des rayons X ont récemment fourni les premières indications de la présence d'un trou noir supermassif en rotation qui imprime sa marque unique sur les raies spectrales. Les quasars sont alimentés par la capture de gaz par des trous noirs supermassifs.

Une nouvelle classe de quasars a été découverte ; on peut l'observer dans le visible et les rayons X. Les émissions radio ne sont pas toujours un guide fiable car elles sont très directionnelles. Elles émergent sous forme de faisceaux dont nous ne pouvons voir la forte émission radio lorsqu'ils pointent dans notre direction.

Les quasars, rares dans notre Univers proche, ont été communs autrefois. Leur nombre augmente rapidement lorsque nous remontons dans le temps. Il est si élevé à une époque où l'Univers était au quart de sa taille actuelle que nous en déduisons que toute galaxie géante a dû abriter autrefois un quasar dans son noyau. Les trous noirs supermassifs fossiles se trouvent en effet dans les galaxies proches et même dans le noyau de notre propre galaxie. On a maintenant découvert des quasars à des décalages vers le rouge de 6, ce sont les témoins directs les plus probants à ce jour des débuts de l'Univers.

L'Univers des hautes énergies

Les objets les plus lumineux de l'Univers brillent seulement quelques secondes mais produisent de copieuses quantités de rayons gamma. Une étoile explose sous forme de supernova presque toutes les secondes quelque part dans l'Univers. Une sur mille est particulièrement forte. Nous les appelons les « hypernovae ». Ce sont des étoiles massives, pesant au moins 25 soleils, qui s'écroulent violemment. Le cœur forme un trou noir et d'énormes quantités d'énergie sont libérées, projetant les couches superficielles de l'étoile. Une hypernova libère jusqu'à cent fois plus d'énergie cinétique qu'une supernova normale. Dans certains cas, une grosse partie de l'énergie est évacuée sous la forme d'une violente bouffée de rayons gamma.

Les sursauts de rayons gamma durent quelques secondes. Leur luminosité est prodigieuse. Elle est mille milliards de fois plus élevée qu'une supernova. Les sursauts furent découverts par les satellites lancés par les États-Unis et l'Union soviétique dans les années 1960 pour rechercher des preuves d'essais clandestins d'armes thermonucléaires dans l'espace. Les satellites modernes en détectent à peu près un par jour. Les rayons gamma sont probablement des faisceaux très orientés, aussi leur fréquence doit être des centaines de fois plus élevée. Leur spectre montre l'empreinte caractéristique d'éjectas enrichis issus d'étoiles massives et partant à la vitesse d'un dixième de celle de la lumière. On peut détecter des sursauts gamma aux plus lointaines extrémités de l'Univers. Une lueur résiduelle persiste dans le visible pendant quelques semaines après l'explosion. Dans un cas, cette lueur fut détectée presque simultanément avec le sursaut et atteignit une luminosité stellaire de magnitude 9 avant de disparaître. Le sursaut gamma était pourtant à un décalage vers le rouge supérieur à 1,6. D'autres dépassaient 4. Il y a toutes les chances qu'avec le nouveau satellite dans les rayons X SWIFT lancé en 2004 pour détecter ces sursauts, on puisse en trouver quand les toutes premières étoiles se sont formées, dans un décalage vers le rouge de 10 ou plus.

Autres représentants de l'Univers à haute énergie : les particules venant de l'espace appelées « rayons cosmiques ». Ce sont des particules chargées, typiquement des protons ou des électrons, qui ont été accélérées à des énergies énormes. Ils ont été découverts par Wilbur Hess, un Américain qui exposa des plaques photographiques vierges à haute altitude à bord de ballons-sondes durant les années 1920. Lorsqu'il les développa, il fut abasourdi de constater que les émulsions photo étaient striées. Il s'avéra qu'il s'agissait des traces laissées par les particules de haute énergie qui avaient ionisé l'émulsion argentique.

Des expériences ultérieures ont montré que la Terre est bombardée de rayons cosmiques, la plupart, heureusement pour nous, ne pénétrant pas la basse atmosphère. S'ils le faisaient, le nombre de mutations génétiques et de cancers augmenterait sûrement. Les rayons cosmiques ont été un terrain fertile d'exploration pour les physiciens des particules à une époque où l'on commençait à peine la construction de puissants accélérateurs de particules sur terre. De fait, une nouvelle particule élémentaire, le muon, dont la masse est intermédiaire entre celle de l'électron et du proton, a d'abord été découverte dans ces rayons. C'est une particule secondaire, à durée de vie normalement très brève, produite au cours des collisions entre les rayons cosmiques et les molécules de l'atmosphère. Les muons ne furent redécouverts que bien plus tard dans les accélérateurs où les faisceaux de haute énergie s'entrechoquent et leurs débris sont étudiés.

Nous pouvons voir les muons dans les rayons cosmiques en raison du phénomène de dilatation du temps. Produits en hauteur dans l'atmosphère, les muons prennent quelques millisecondes pour parvenir au sol. Ils auraient dû avoir disparu car au repos un muon ne survit qu'une microseconde avant de s'évanouir spontanément. Mais les muons des rayons cosmiques ont une telle énergie que, comme le prédit la théorie de la relativité générale d'Einstein, le temps est ralenti dans le référentiel de l'observateur. On voit un muon de haute énergie avant qu'il ait le temps de disparaître spontanément comme il le ferait s'il était au repos, en seulement un millionième de seconde.

Les éléments lourds sont aussi présents en quantité accrue dans les rayons cosmiques. Cela veut dire que l'accélération s'est produite au voisinage d'étoiles en explosion, peut-être dans l'explosion elle-même. Les plus énergétiques de ces particules ont des énergies de milliards d'ergs. Cela signifie qu'un seul proton de rayon cosmique a la même énergie que celle d'un rocher d'un kilo tombant du sommet de la tour Eiffel. Nous sommes heureusement protégés des impacts par le bouclier atmosphérique. Les plus énergétiques de ces rayons sont aussi assez rares. Et seulement un sur cent kilomètres carrés arrive par an sur Terre. Chaque collision au sommet de l'atmosphère produit une averse de particules énergétiques, dont les muons qui peuvent la pénétrer.

Les expériences pour détecter les rayons cosmiques de haute énergie recherchent les muons produits dans l'air ainsi que les flashes de lumière provoqués par l'interaction des rayons avec l'atmosphère. Les détecteurs doivent couvrir des centaines de kilomètres carrés pour avoir une chance raisonnable de détecter les rayons les plus énergétiques. Dans une telle expérience, l'Observatoire Pierre Auger regroupe 1 600 détecteurs espacés de 1,5 kilomètre sur une surface de 3 000 kilomètres carrés à Mendoza en Argentine. Les détecteurs sont des réservoirs d'eau purifiée de 10 mètres carrés de surface tapissés d'un revêtement hautement réfléchissant. Ils sont conçus pour détecter les éclairs de lumière produits quand les particules voyagent plus vite que la lumière à travers l'atmosphère ou l'eau. Ce n'est que dans le vide que la lumière atteint sa vitesse maximale et qu'aucune particule ne peut la dépasser. Dans l'eau ou même l'air, cette vitesse est réduite. Les particules énergétiques comme les muons produits au cours d'interactions des rayons cosmiques avec l'atmosphère se déplacent ainsi plus vite que la lumière, ce qui a pour effet de provoquer l'émission par les atomes de l'air ou de l'eau d'un léger flash bleuté, la lumière Tcherenkov, un peu analogue à ce qui se passe lorsqu'un avion franchit le mur du son. L'effet est plus concentré dans l'eau et ne dure qu'une nanoseconde. Les muons frappent l'eau et émettent un flash de lumière Tcherenkov qui est détecté par des cellules photosensibles. Le système **GPS** (*Global Positioning System*) par satellite est utilisé pour donner un compte rendu précis dans le temps de l'activité de chaque détecteur, ce qui permet de reconstituer le trajet du rayon cosmique au sommet de l'atmosphère avec une précision angulaire d'un tiers de degré.

Les rayons cosmiques ultra-énergétiques témoignent de la physique particulière qui se déroule dans les noyaux des galaxies les plus actives. Les conditions sont sûrement extrêmes au voisinage des trous noirs supermassifs. Il est probable que c'est seulement là que les conditions se trouvent remplies pour que les rayons cosmiques soient accélérés aux énergies que nous observons.

CHAPITRE 6

Amas et formation d'amas

« Il y a d'un côté ces jeunes cosmologistes et physiciens théoriciens enthousiastes mais complètement irresponsables qui construisent des univers imaginaires qui n'ont aucune valeur scientifique ni artistique. Il manque simplement à ces hommes une bonne appréciation de la pauvreté en faits définitivement connus et la conviction que sans de tels faits toute spéculation est largement futile... Et d'un autre côté, il y a beaucoup trop d'observateurs, notamment parmi ceux qui font usage des plus grands télescopes, dont les connaissances en physique fondamentale sont maigres... Les interprétations qui sont faites sont trop souvent de type autiste plutôt que scientifique... »

Fritz Zwicky

Pour vraiment sonder le passé, nous devons étudier les galaxies. Elles en sont les fossiles parce que leurs propriétés ont peu changé depuis leur formation. Les amas de galaxies sont des ensembles de galaxies relativement vierges. Ils n'ont pas beaucoup changé depuis leur naissance et contiennent tous les débris que les galaxies ont pu éjecter dans leur jeunesse. Toutes les galaxies dans un amas sont plus ou moins contemporaines, contrairement à un lot pris au hasard dans l'espace. L'étude des amas de galaxies est une étape importante dans notre exploration du passé.

Les galaxies se rassemblent en amas sous l'attraction incessante de la gravité. L'astronome suisse Fritz Zwicky a été un pionnier dans le catalogage des galaxies et l'étude des amas. C'était un homme non conformiste qui avait parfois des idées radicales. Certaines ont résisté à l'épreuve du temps. Ce fut Zwicky par exemple, qui proposa l'existence des gremlins nucléaires, le nom qu'il avait trouvé pour ce que nous appelons maintenant des « étoiles à neutrons », les étoiles de loin les plus denses connues. Une étoile à neutrons est une sphère de matière pesant autant que le Soleil mais comprimée dans une région de la taille de Paris. Le Soleil a un rayon d'un demi-million de kilomètres avec la densité moyenne de l'eau, environ un gramme par centimètre cube. Une étoile à neutrons contient cette masse dans quelques kilomètres et une cuillère à café de cette étoile pèse environ dix milliards de tonnes. Il est clair que Zwicky avait de l'imagination. Il avait bien raison : notre galaxie contient un milliard d'étoiles à neutrons, que l'on peut distinguer quand elles sont jeunes à leurs variations radio uniques et régulières.

Zwicky a aussi été un pionnier de la matière noire. On lui doit la démonstration que les amas de galaxies consistent surtout en une matière que les astronomes ne peuvent pas voir. Les amas sont les plus larges entités ayant leur propre gravité dans l'Univers. Ce sont des laboratoires importants où les cosmologistes peuvent tester leurs spéculations sur ce que la matière noire peut être ou pas. Ils sont aussi d'une immense utilité pour cartographier l'Univers et retracer son histoire cosmique comme nous allons le voir ci-dessous.

Zwicky s'est rarement attaché à ses idées jusqu'au point de les tester en pratique : la matière noire et la formation des amas furent peut-être des exceptions. Beaucoup de ses suggestions n'ont pas eu d'écho et Zwicky est resté un marginal, mis au ban de la société des astronomes. Il a conclu l'un de ses traités sur la formation des amas de galaxies en se lamentant que « lorsque Pythagore a découvert son fameux théorème, les Grecs ont tué 150 bœufs et préparé une fête. Depuis cette joyeuse époque, toutefois, à chaque fois que quelqu'un a proposé quelque chose de vraiment nouveau, les bœufs ont mugi ».

Les amas de galaxies

Comprendre comment la gravité induit une structure est déterminant pour appréhender la formation des amas de galaxies. Ces amas sont les éléments autonomes les plus grands de l'Univers. Et ils sont jeunes, certains sont même encore en train de se former. Ils sont indépendants, se tenant par leur propre gravité comme le font les galaxies. Mais contrairement à ces dernières, les amas sont des systèmes relativement simples et peu évolués. Ils ont gardé une grande partie de leur matière noire initiale, qu'elle soit baryonique ou non. Ce sont donc nos meilleurs laboratoires pour tester la cosmologie.

Le gaz intergalactique dans les amas serait à une température de 100 millions de degrés. Cela se mesure dans les amas par l'émission de rayons X. Les amas contiennent d'immenses quantités de gaz chaud diffus : en fait, cette masse représente plusieurs fois celle des étoiles.

Les galaxies contiennent aussi de grandes quantités de gaz interstellaire, du moins quand elles ne sont pas piégées par le champ de gravité d'amas denses. Le milieu interstellaire pourrait représenter entre 1 et 10 % de la masse des étoiles. Les produits éjectés par les étoiles en évolution vont enrichir ce gaz. Dans un amas, la plupart du gaz interstellaire est soufflé hors des galaxies. Cette perte est due à deux effets. Le premier est dû à l'énorme pression qui se produit lorsque les galaxies traversent à une vitesse supersonique le milieu chaud et diffus. Le second résulte de l'explosion des étoiles massives, les supernovae, qui échauffent tellement le gaz interstellaire qu'une grande partie de celui-ci est éjectée de la galaxie sous forme de vent chaud. Ces gaz s'accumulent dans le milieu intergalactique. Le gaz intra-amas est le dépotoir des débris de galaxies.

Bien plus de matière noire que celle que l'on peut voir dans les halos occupe l'espace des amas. Elle y agit sur les galaxies comme une lentille gravitationnelle. Nous allons décrire comment la gravité dévie la lumière un peu comme une lentille. La lumière des galaxies en arrière-plan est amplifiée et déformée car la lentille est loin d'être parfaite. Grâce à cela, les astronomes peuvent étudier la distribution de la matière noire à travers les mégaparsecs de volume occupés par un amas.

Peser les amas de galaxies

Les amas de galaxies sont transparents. On peut voir des galaxies lointaines au fond de l'Univers à travers les amas. La lumière de ces galaxies répond au champ de gravité de l'amas qu'elle traverse. Aux yeux d'un physicien du XIXe siècle, les rayons de lumière seraient apparus courbés par la gravité. La théorie d'Einstein de la gravitation énonce quelque chose qui paraît à première vue opposé. Elle nous dit que c'est l'espace qui est courbe et que la lumière ne fait que le traverser. Il s'avère que cette façon simple en apparence de considérer l'espace a pu expliquer l'observation d'une anomalie dans l'orbite de la planète Mercure qui intriguait les astronomes depuis des siècles. Elle a permis de faire des prédictions sur la déviation des rayons lumineux dont la première confirmation spectaculaire fut apportée en 1919 par Eddington.

Si la galaxie en arrière-plan se trouve située exactement derrière le centre géométrique de l'amas, sa lumière est déviée en anneau auquel on a donné le nom d'Einstein. Le rayon de l'anneau d'Einstein donne la mesure de la force du champ de gravité de l'amas. En réalité, l'image de la galaxie en arrière-plan est souvent un arc. Et il y a souvent plusieurs arcs.

La valeur du décalage vers le rouge de ces arcs est bien plus élevée, et donc la vitesse de récession, que celle de l'amas. Nous avons sous les yeux une lentille gravitationnelle en action. D'après la loi de Hubble, nous pouvons déduire que les galaxies ainsi vues sont bien plus éloignées que l'amas. En mesurant l'emplacement et la taille des arcs ainsi que le décalage, nous pouvons calculer la masse de l'amas.

Les masses peuvent aussi se déduire par deux techniques différentes. L'une mesure seulement les décalages vers le rouge des amas de galaxies. On trouve que chacune d'entre elles a une vitesse légèrement différente selon la ligne de visée vers l'amas. La moyenne vaut exactement le décalage de l'amas mais la diffusion nous renseigne sur les mouvements aléatoires des galaxies. Cela reflète le champ gravitationnel de l'amas. Les galaxies doivent être en équilibre avec la force de gravité, autrement elles s'échapperaient. Du point de vue de l'énergie cinétique, nous pouvons déduire la masse de l'amas nécessaire pour les retenir.

Une autre approche utilise le rayonnement X du gaz chaud qui imprègne l'amas. Nous avons expliqué comment les amas se trouvaient être des sources diffuses et brillantes de rayons. Ces derniers proviennent de gaz à des dizaines de millions de degrés Kelvin. La mesure du rayonnement X nous renseigne sur la pression du gaz. Le gaz doit être en équilibre hydrostatique avec la force de gravité, autrement il s'effondrerait ou s'étendrait rapidement et s'évaporerait. Nous n'observerions pas de gaz chaud diffus. Cet équilibre nous permet de déduire encore la masse de l'amas.

Les trois manières d'estimer la masse concordent. Nous apprenons ainsi que les amas sont lourds en matière noire. Peut-être que 2 % de la masse d'un amas sont dus aux étoiles des galaxies et 10 % au gaz diffus. Le reste est noir et n'est essentiellement pas formé de baryons qui seraient détectables.

La hiérarchie de la formation d'amas

On peut voir la formation d'amas même quand il n'est pas possible de reconnaître des systèmes distincts. On y est arrivé par la méthode fastidieuse consistant à compter des millions de galaxies. Les astronomes Shane et Wirtanen du Lick Observatory ont compté un million de galaxies de magnitude 19 sur un demi-milliard d'années-lumière. Cela leur a pris dix ans. Trente ans plus tard, le procédé a été automatisé dans un appareil de mesure assisté par laser qui a permis à deux groupes d'astronomes à Édimbourg et à Cambridge de compter dix millions de galaxies par APM (pour « automated plate-measuring machine »). Résultat : l'Univers s'avère contenir des galaxies réparties avec la même densité partout et dans toutes les directions. L'Univers est uniforme et isotrope : est-ce une illusion d'optique ?

Des astronomes, particulièrement Vesto Slipher du Lowell Observatory en Arizona au début du XXe siècle, avaient déduit des spectres des galaxies lointaines typiques qu'elles semblaient systématiquement s'éloigner de nous. Le spectre était décalé vers les plus grandes longueurs d'onde ou plus vers le rouge par rapport au spectre d'une source standard en laboratoire. Comme nous le décrivons ci-dessous, Edwin Hubble a alors trouvé que plus la galaxie était lointaine, plus sa vitesse d'éloignement était élevée.

La loi universelle découverte par Hubble signifiait que pour obtenir la distance d'une galaxie, il nous suffit de mesurer le spectre de sa lumière et déterminer le décalage de l'une de ses raies. Les mesures du décalage vers le rouge donnent la vitesse d'éloignement, qui peut se traduire alors en distance par la relation de Hubble entre la distance et la vitesse d'éloignement pour l'Univers en expansion. On peut ainsi dresser des cartes en trois dimensions. Les travaux actuels utilisent les distances de dizaines de milliers de galaxies. Ils confirment l'homogénéité aux plus grandes échelles mais trouvent des vides et des superamas de galaxies. Dans la limite des plus puissants télescopes actuels (à environ magnitude 29), les astronomes estiment qu'il y a un milliard ou plus encore de galaxies jusqu'à dix milliards d'années-lumière.

Il nous faut cependant plus que des images. Il nous faut des spectres pour obtenir les décalages vers le rouge et prendre la mesure de l'Univers. En fait, nous avons besoin de millions de décalages pour effectuer des tests concluants sur la structure de l'Univers. En 2003, une telle étude, l'Anglo-Australian Two Degree Field Survey, a relevé le décalage de 250 000 galaxies, et une seconde étude, le Sloan Digital Sky Survey, est bien partie pour atteindre son objectif de un million de spectres de galaxies.

Le gaz dans les amas

Le gaz chaud diffus se détecte dans les groupes de galaxies et même dans les amas plus étendus et plus massifs. Ce sont des agrégats de centaines ou de milliers de galaxies, tenues ensemble par leur propre gravité et celle de la matière noire. Cette dernière doit être présente pour que l'on puisse simplement expliquer de tels regroupements stables de galaxies. La majeure partie de la masse de l'amas, environ 80 %, est noire. Sur le reste, environ 15 % est sous forme de gaz et quelques pour-cent sous forme d'étoiles. Il y a plus de gaz que d'étoiles.

Nous avons décrit comment le gaz est détecté par ses émissions de rayons X. Pour remplir le volume de l'amas, il faut beaucoup d'énergie et de mouvements particulaires pour le gaz. Cela crée un gradient de pression qui équilibre la gravité et signifie que le gaz dans l'amas est ionisé et très chaud. La température de ce gaz s'élève à près de 100 millions de degrés Kelvin et se traduit par un rayonnement X abondant. Le gaz contient des quantités considérables de fer et d'autres éléments lourds. Le gaz a été fortement enrichi probablement par des étoiles mortes depuis longtemps. Il doit être issu en grande partie des étoiles et avoir été ensuite éjecté des galaxies de l'amas.

Du gaz à l'oméga

La fraction baryonique d'un amas est un excellent outil de mesure. Un amas est le plus grand objet ayant une gravité propre dans l'Univers. C'est un objet simple où les forces gravitationnelles ont seulement joué un rôle lors de sa formation. Nous pouvons supposer que la quantité de gaz et d'étoiles dans un amas représente la fraction de baryons synthétisés au Big Bang. Comme nous connaissons la densité actuelle des baryons par notre calcul des abondances en éléments légers, nous pouvons exploiter cette information et déduire la densité de matière non baryonique dans l'Univers. La réponse est que la densité est le tiers de la valeur critique pour un univers plat. Nous appelons la densité relative à la valeur critique Ω. Si Ω était égal à 1, l'Univers serait sur le point de s'écrouler à l'avenir. Si Ω était plus grand que 1, l'Univers s'effondrerait. Si Ω était inférieur à 1, il s'étendrait à jamais. Il semble que Ω soit d'un tiers. L'Univers continuera son expansion pour toujours.

Compter les amas

Une conclusion aussi forte doit être vérifiée. On peut la tester en comptant les amas de galaxies lorsque nous regardons vers le passé. Un univers à la densité critique est dans un équilibre précis. On s'attend à ce que l'énergie soit conservée dans une région donnée. Quand on jette une pierre en l'air, on trouve que son énergie totale, déterminée lorsqu'elle est lancée, ne change pas. Bien sûr, son énergie cinétique est réduite et égale à zéro à l'altitude maximale mais elle se trouve compensée par l'augmentation de l'énergie potentielle de la gravitation. C'est la somme des deux qui ne change pas. Pour l'Univers, nous trouvons que l'énergie totale est inchangée et consiste en deux parties : l'énergie cinétique dans le mouvement des galaxies et l'énergie potentielle de la gravitation. Il s'avère que ces deux contributions énergétiques sont presque égales et opposées. En fait, dans un Univers plat, où Ω est exactement égal à 1, l'énergie totale est exactement égale à zéro.

Dans un tel univers, les énergies cinétique et potentielle gravitationnelle sont précisément en équilibre. Cela signifie que toute concentration locale est instable car l'énergie potentielle gravitationnelle à son voisinage l'emporte sur l'énergie cinétique. La réciproque est vraie dans le cas d'un trou : il sera créé par un excès d'énergie cinétique. Une densité excessive localement fait s'accumuler la matière issue de l'entourage et devient plus importante. Un déficit local verra la matière s'échapper et le vide s'installer. Cela ne se produirait pas dans un univers ayant une densité bien inférieure à la densité critique car l'excès d'énergie cinétique sur l'énergie gravitationnelle se traduit par une croissance retardée. Cependant, même dans un tel cas, une concentration assez dense surmonte toujours la tendance expansionniste de l'entourage et l'accumulation l'emporte.

Le processus de croissance par accumulation de masse de l'entourage est appelé « instabilité gravitationnelle ». Cette instabilité décrit précisément la croissance de structures dans l'Univers et l'accroissement de leur nombre ayant une masse de plus en plus élevée. Les astronomes trouvent des amas de galaxies à de grandes distances correspondant au moment où l'Univers avait la moitié de sa taille actuelle. Leur nombre est petit, mais il serait virtuellement impossible d'avoir de tels amas massifs et lointains dans un univers à la densité critique. L'instabilité de la croissance signifie que la plupart d'entre elles sont très récentes : elles seraient rares au point d'être inobservables aux très grandes distances. Si Ω est environ à un tiers de la densité critique, l'observation répétée des amas devient possible. Là encore, des éléments indépendants montrent que l'Univers est à une densité sous-critique.

Le mouvement aléatoire des galaxies

Un autre argument en faveur d'un Ω faible vient s'ajouter avec la confirmation qu'il est aussi exigé par une autre conséquence du développement des amas. Lorsque les galaxies se rassemblent, elles acquièrent un mouvement aléatoire. Si Ω était proche de 1, les pleins effets de la gravité se feraient sentir et les mouvements aléatoires seraient totalement libres. Leur vitesse serait de un millier de kilomètres par seconde ou plus. On peut facilement mesurer de tels mouvements car ils biaisent la détermination des distances fondée sur la loi de l'expansion de Hubble. Grâce à la mesure d'un quart de million de décalages vers le rouge des galaxies faite par le Two Degree Field Survey, les astronomes ont pu déterminer le flot de Hubble avec une précision inégalée. La conclusion en est qu'il y a bien une composante aléatoire dans les vitesses d'expansion systématique des galaxies. La vitesse aléatoire est traditionnellement pour les astronomes le mouvement particulier par rapport à l'expansion systématique de l'Univers. Ces mouvements particuliers existent bien, mais à une vitesse typique de 300 kilomètres par seconde. Ce qui peut se comprendre si Ω est d'environ un tiers.

Le milieu intergalactique

Les quasars sont des balises cosmiques qui illuminent l'espace intergalactique. Ce sont les objets les plus lumineux de l'Univers ; on pense qu'ils correspondent à une phase transitoire des premiers stades de sa formation. En étudiant l'absorption de la lumière des quasars, les cosmologistes peuvent détecter le gaz intergalactique. On n'a pas découvert de milieu intergalactique uniforme, mais des nuages ponctuels de gaz. Tout milieu intergalactique diffus remplirait l'espace entre les quasars et notre galaxie. Les raies d'absorption d'une lumière proche d'un lointain quasar seraient aussi très décalées vers le rouge mais une lumière absorbée par un milieu de plus en plus proche le serait de moins en moins. Il en découlerait une bande continue d'absorption. Au contraire, des nuages ponctuels de gaz atomique intergalactique produiront des raies spectrales étroites.

L'atome d'hydrogène absorbe la lumière à des longueurs d'onde uniques. En mesurant ces dernières, on peut identifier sans ambiguïté l'hydrogène et pour cette matière d'autres éléments. Ce qui est fascinant, c'est que le second élément le plus abondant dans l'Univers, l'hélium, a d'abord été découvert dans le Soleil en étudiant son spectre de lumière. L'élément le plus abondant dans le cosmos, l'hydrogène, montre l'absorption caractéristique ou la raie spectrale la plus forte à partir du gaz intergalactique. La transition atomique responsable de cette raie est la première dans la série de Lyman, le nom donné à toutes les transitions commençant ou finissant au plus bas niveau d'énergie de l'atome d'hydrogène. La raie spectrale qui en résulte, le Lyman alpha, est à une longueur d'onde de 1215 Angströms au repos dans l'ultraviolet lointain. Cette raie serait impossible à observer avec les télescopes terrestres dans l'Univers proche. Si une telle radiation avait pu atteindre la surface de notre planète sans entrave, il est peu probable que la vie telle que nous la connaissons aurait perduré. Heureusement pour nous, l'atmosphère terrestre réfléchit efficacement les ultraviolets.

Mais lorsque nous observons ces objets éloignés que sont les quasars, la lumière est décalée vers le rouge. La raie Lyman alpha est déplacée vers de plus grandes longueurs d'onde où elle peut être vue. On trouve effectivement de telles raies étroites à la longueur d'onde du Lyman alpha dans le spectre des quasars lointains. Elles proviennent des nombreux nuages d'hydrogène situés sur la ligne de visée, exactement comme les nuages de gaz interstellaire produisent les raies d'absorption dans les étoiles proches. On observe aussi les raies d'éléments plus lourds, mais nous savons grâce à la raie du Lyman alpha que la majeure partie de la matière absorbante est représentée par l'élément le plus abondant de l'Univers, l'hydrogène. Le gaz absorbant apparaît sous forme de filaments, de voiles et de nuages ponctuels et l'ensemble finit par représenter une part appréciable des baryons dans l'Univers. Les gaz absorbants se montrent peu contaminés par des éléments lourds. Ils ont un déficit de ces éléments et leur fraction métallique n'est guère que le centième des quantités trouvées dans le gaz diffus des grands amas de galaxies. On ne trouve aucun indice d'un regroupement dans l'espace. Cela suggère une distribution relativement uniforme à travers l'espace, qui ne privilégie pas les régions plus denses et plus évoluées de l'Univers. Ces nuages d'hydrogène paraissent ainsi être le matériau d'origine à partir duquel se sont formées les galaxies.

CHAPITRE 7

L'évolution

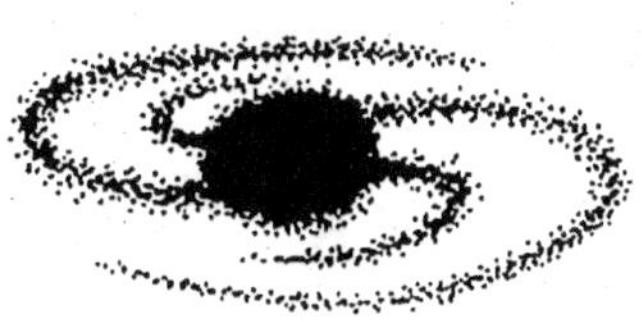

« L'évolution... est un changement d'une homogénéité indéfinie et incohérente en une hétérogénéité définie et cohérente. »

Herbert SPENCER

« Certains l'appellent évolution, d'autres Dieu. »

Willaim CARRUTH

Pour les astronomes de l'Antiquité et en fait jusque dans les années 1930, l'Univers était statique. Il était inconcevable de l'imaginer en expansion. Edwin Hubble lui-même, qui avait pourtant découvert la loi qui relie la distance et le décalage vers le rouge, refusa toute sa vie de l'admettre. Mais malgré lui, il y eut un changement de paradigme. Trop de faits s'expliquaient par l'hypothèse d'un univers en expansion. Et quelques décennies après l'annonce de la loi de Hubble, cela devint la norme en cosmologie. Comment ce changement radical de notre vision de l'Univers est-il intervenu ?

Le Big Bang dévoilé

L'idée que, en moyenne, l'Univers doit être uniforme et isotrope contenue dans le principe cosmologique a conduit à une remarquable simplification des équations décrivant le champ gravitationnel. En 1917, Einstein trouva un modèle statique cosmologique où l'Univers ne pouvait que s'effondrer sous l'effet incessant de la gravité s'il ne faisait pas intervenir une force de répulsion. Cette force était représentée par la constante cosmologique, un terme sans équivalent dans la gravité newtonienne mais important seulement aux échelles cosmiques. On assimile de nos jours la constante cosmologique à l'énergie du vide. C'est l'énergie dite « noire », uniforme dans tout l'espace et responsable de l'accélération de l'Univers que l'on observe.

Mais en 1917, il n'y avait aucune raison de croire en autre chose qu'en un univers statique. En fait, Einstein avait négligé la seule solution cosmologique aux équations de champ qui satisfaisait le principe cosmologique et qui n'exigeait pas l'introduction d'une constante cosmologique. Son erreur fut rapidement corrigée par Alexander Friedmann en 1924 et indépendamment par Georges Lemaître en 1927 qui découvrirent les modèles d'un Univers cosmologique en expansion.

L'histoire du Big Bang commence avec un mathématicien russe du nom d'Alexander Friedmann. Il travaillait comme météorologiste, à la dure. Il faisait ses observations dans des ballons à très haute altitude. Il détint un moment le record d'altitude pour un vol humain. Friedmann est mort en 1925 à l'âge de 36 ans, on suppose d'une pneumonie contractée au cours de l'une de ses observations. En 1923, il a découvert quelque chose qu'Einstein n'avait pas remarqué : la possibilité d'un Univers en expansion. Un jeune prêtre belge qui travaillait indépendamment, Georges Lemaître, arriva à des conclusions similaires en 1927.

En trois ans, Edwin Hubble, un ancien avocat que le droit ennuyait, réussit à mesurer les distances des galaxies voisines. Les vitesses avaient été mesurées auparavant par Vesto Slipher du Lowell Observatory de Flagstaff. Hubble observait les raies spectrales, caractéristiques du spectre des galaxies dues à la lumière absorbée par les atomes de l'atmosphère de leurs nombreuses étoiles. Il remarqua que ces raies d'absorption étaient systématiquement déplacées vers des longueurs d'onde plus vers le rouge pour nombre de galaxies proches, comparées aux longueurs d'onde des atomes au repos.

Ce décalage spectral était la manifestation de l'effet Doppler que l'on peut ressentir au niveau des ondes sonores. Dans une course de Grand Prix de voiture par exemple, le vrombissement d'une voiture a un ton plus élevé lorsque la voiture approche puis plus faible lorsqu'elle s'éloigne de l'observateur. Les ondes sonores ont subi un décalage Doppler : elles ont été à plus haute fréquence ou plus courte longueur d'onde à l'approche de la source de bruit, et à une fréquence plus faible ou à une plus grande longueur d'onde avec son éloignement. Le même principe s'applique à la lumière, sauf que les vitesses en jeu sont beaucoup plus grandes, celle de la lumière l'étant beaucoup plus que celle du son.

Hubble étudia des étoiles variables au cours des années 1920 au Mont Wilson Observatory. Il réussit à utiliser leur luminosité moyenne comme étalon de distance pour en déduire l'éloignement des galaxies. Celui-ci peut être mesuré si nous pouvons identifier une classe d'étoiles qui a la même luminosité. Dans la pratique, aucune étoile n'est ainsi mais les étoiles variables permettent de faire la meilleure approximation si l'on arrive à établir le lien entre la luminosité et sa variation dans le temps. Les céphéides, des étoiles à luminosité variable selon des modes propres, sont un outil idéal pour la mesure des distances. Ces étoiles géantes se dilatent et se rétractent selon des pulsations périodiques. La luminosité augmente avec la dilatation et sa valeur moyenne se trouve proportionnelle à la période de l'oscillation. On les désigne sous le nom d'« étoiles variables ».

L'astronome Henrietta Leavitt entreprit la tâche fastidieuse de répertorier toutes les céphéides qui se trouvaient dans le Grand Nuage de Magellan. Elle put établir la relation existant entre la luminosité et la période puisque ces étoiles sont toutes équidistantes du Soleil. On a identifié beaucoup de céphéides dans la Voie lactée. Cette relation a alors été utilisée pour définir la taille de notre galaxie et par la suite les distances qui nous séparent des galaxies voisines.

Hubble parvint au résultat étonnant que plus une galaxie est distante, plus elle s'éloigne de nous rapidement. Une galaxie est toutefois un objet ayant sa propre gravité et qui est parfaitement stable.

Lorsque l'espace s'étend, le centre de masse de la galaxie se déplace mais elle est tellement dense localement que son intérieur n'en est pas affecté. Une galaxie est suffisamment dense par rapport à son entourage pour que sa propre gravité surmonte la tendance de l'espace à s'étendre localement. La théorie de la gravité d'Einstein menait à l'interprétation que l'*espace* est en expansion : les galaxies elles-mêmes non !

L'Univers en expansion fut bien plus tard surnommé par dérision « Big Bang » par le cosmologiste Fred Hoyle, partisan convaincu de la théorie stationnaire sans singularité, pour la simple raison qu'il s'étendait à partir d'une singularité ponctuelle de densité infinie. Au final, on s'est rendu compte que cette singularité était un artifice mathématique témoignant de lacunes en physique qui ne furent comblées qu'un demi-siècle plus tard. Dans ce modèle, en accord avec la théorie de la gravité d'Einstein, l'espace lui-même était uniforme, sans limites et en expansion. L'espace n'avait ni centre ni bord. L'expansion de l'espace a une conséquence absolument incroyable : tout est parti à un instant donné d'un état singulier de densité extrême.

La naissance de la cosmologie physique

La théorie du **Big Bang** prédisait bien l'expansion de l'Univers, un résultat suffisamment radical au début du XXᵉ siècle pour que beaucoup, Hubble compris, ne l'acceptent jamais. Les galaxies se sont bien éparpillées à toute allure depuis quinze milliards d'années à la suite d'une vigoureuse explosion. Qu'est-ce qui a provoqué le passage à ce paradigme d'un Univers en expansion ?

La confirmation se fit en plusieurs étapes. Durant les trois premières minutes de l'Univers, l'hélium, le deutérium et le lithium furent synthétisés alors que l'Univers était pour un temps bref plus chaud que l'intérieur du Soleil. L'hélium est le second élément le plus abondant, représentant près de 30 % de la masse de toute la matière observée. Il est abondant quel que soit l'endroit où nous pouvons le détecter. Cela suggère une origine prégalactique. Il n'y a eu du temps que pour la synthèse de quelques pour cent d'hélium dans les étoiles.

Le Big Bang donne juste la quantité requise s'il a été assez chaud lors des premières minutes. Le deutérium est aussi détruit uniquement par les étoiles. Le deutérium ainsi que le lithium sont des produits secondaires du Big Bang.

George Gamow, physicien d'origine russe, avança que l'Univers avait commencé dans un état chaud pour pouvoir synthétiser les éléments chimiques par réactions nucléaires. Rétrospectivement, il avait partiellement raison : seuls les éléments les plus légers furent produits par le Big Bang. Cela mena toutefois ses collaborateurs, Ralph Alpher et Robert Herman, à prédire que la température présente de l'Univers devait être de 5 degrés Kelvin. Une décennie s'écoula avant que le rayonnement fossile du corps noir ne fût découvert par hasard par Arno Penzias et Robert Wilson en 1964, ce qui était prédictif d'une phase chaude précoce. Il y avait maintenant trois éléments en faveur de la théorie du Big Bang qui attestaient d'une origine éloignée dans le temps et venant d'un état incroyablement dense et chaud.

L'expansion de l'Univers s'imposait. Aucune autre explication ne faisait le poids. L'Univers est en expansion car il fut autrefois hautement comprimé. Dans les années 1970, Stephen Hawking et Roger Penrose ont montré qu'une singularité passée ou un état de densité presque infinie était inévitable étant donné ce qu'on comprenait de la gravité. Seule l'existence possible d'une constante cosmologique apportait une solution dans leur raisonnement.

L'expansion de l'Univers devint de plus en plus évidente. Avec le recul, il est remarquable qu'un jeune chercheur postdoctoral qui était un véritable outsider parmi les astronomes professionnels, Georges Lemaître, ait formulé l'une des plus grandes prédictions de la physique moderne, que l'Univers doit être en expansion, dans une relation qui exprimait la proportion existant entre la vitesse d'éloignement d'une galaxie lointaine et sa distance. En 1929, Hubble vérifia la relation entre le décalage vers le rouge et la distance. Elle fut bientôt consacrée sous le nom de « loi de Hubble de la proportionnalité entre la vitesse de récession et la distance de la luminosité ».

Hubble utilisa les étoiles les plus brillantes des galaxies les plus lointaines comme indice de base des distances. Il explora une région qui s'étend jusqu'à l'amas de galaxies de la Vierge. Nous savons maintenant que ses indices étaient en partie faux, car il ne pouvait distinguer les régions de gaz ionisé des étoiles. Nous savons aussi que la région qui nous sépare de l'amas de la Vierge, où se trouvaient les galaxies de Hubble, est dominée par des mouvements aléatoires. L'uniformité de l'Univers ne devient manifeste qu'au-delà de l'amas de la Vierge. Hubble annonça néanmoins sa découverte en 1929. Le décalage vers le rouge était produit par effet Doppler et se traduisait par un déplacement systématique du spectre vers de plus grandes longueurs d'onde pour les galaxies qui s'éloignaient. Le décalage vers le bleu devait indiquer un rapprochement mais seules quelques-unes des galaxies les plus proches le présentent dans leur spectre.

Comme nous l'avons vu, la prévalence du décalage vers le rouge des galaxies a été découverte dans les premières décennies du XXe siècle. Plus la galaxie apparaît faiblement, plus son décalage est en général important. Mais les observateurs qui ont essayé de comprendre la relation entre la distance et le décalage ont accordé trop d'attention aux cosmologistes théoriciens, qui ne connaissaient la possibilité de décalage vers le rouge que dans un univers de de Sitter. Le modèle cosmologique de de Sitter était une bête étrange. C'était un univers vide dans lequel les distances augmentaient rapidement avec le décalage vers le rouge. Les galaxies proches présentaient dans ce modèle une relation entre la distance et le décalage telle que la première augmentait d'une façon non linéaire en fonction de la seconde.

Hubble, et c'est à mettre à son crédit, ne se souciait pas tellement de théorie. Pour lui, les données expérimentales primaient. Il a réévalué les distances plus précisément que ses prédécesseurs et déduit la relation linéaire que nous connaissons sous le nom de « loi de Hubble ». Jusqu'à sa mort, il est resté réticent à l'idée que l'Univers fût en expansion malgré les prédictions de Lemaître et de Friedmann faites avant lui. Mais dans les années qui suivirent la découverte de Hubble, la plupart des cosmologistes se servirent de sa loi pour en déduire que l'espace était en expansion.

Il est difficile de comprendre rétrospectivement comment Hubble a pu trouver une loi linéaire étant donné l'énorme quantité d'incertitudes qui existait sur les distances des galaxies et le fait que Hubble avait étudié à l'origine un si petit volume de l'Univers. La constante de Hubble se mesure en unité de vitesse par unité de distance, elle est donc inversement proportionnelle au temps. Hubble a déduit une valeur d'environ 600 kilomètres par seconde par mégaparsec. La valeur moderne de H_O est plus petite d'un ordre de magnitude, s'élevant à

70 kilomètres par seconde par mégaparsec avec une incertitude d'environ 15 %. L'échelle de temps déduite $1/H_O$ est la mesure de l'âge de l'Univers si aucune accélération (ou décélération) n'est intervenue. Avec la valeur de Hubble, cet âge était d'environ 1,5 milliard d'années et beaucoup plus faible que l'âge connu de la Terre. C'est pourquoi beaucoup d'astronomes furent d'abord réticents à accepter cette interprétation d'un Univers en expansion.

Qu'est-ce qui a changé ? D'abord, les cosmologistes furent très malins. Sous l'influence de Lemaître, la constante cosmologique introduite par Einstein pour rendre l'Univers statique, fut réintroduite. Un modèle hybride fut retenu. Eddington et Lemaître défendirent un univers qui commençait par une phase statique durant aussi longtemps que nécessaire avant le début de l'expansion. Lemaître montra que les galaxies pouvaient se former dans un tel univers. Il y avait une variante où l'Univers en expansion passait par une phase à vide sous l'effet de la constante cosmologique avant que l'expansion ne prenne le dessus. De telles approches furent psychologiquement utiles pour faire la transition d'un Univers statique à un Univers en expansion. Et elles allongèrent bien sûr de beaucoup l'âge de l'Univers.

De manière beaucoup plus significative cependant, ceux qui observaient le ciel révisèrent les échelles de distance. Cela découla en partie de la reconnaissance de l'erreur importante commise par Hubble lorsqu'il avait confondu les étoiles les plus brillantes avec des nuages géants de gaz ionisé, appelés les « régions HII ». Dès 1960, Alan Sandage fut responsable du développement d'un nouveau calibreur de distance qui utilisait les plus brillantes étoiles et les régions HIII des galaxies comme des bougies standard. Cela lui permit de sonder l'Univers sur de grandes distances et de réduire la constante de Hubble à 200 kilomètres par seconde par mégaparsec.

Une percée majeure eut lieu dans les années 1950 quand Walter Baade s'aperçut qu'il y avait deux types de céphéides. La confusion entre les deux ne fut reconnue que lorsque Baade réussit à identifier deux populations distinctes d'étoiles, chacune associée à une céphéide, dans la galaxie d'Andromède. Il comprit qu'il y avait deux types d'étoiles variables avec des luminosités bien différentes. Baade put doubler l'échelle de distance. Les améliorations suivantes prirent plus de temps. Pendant presque quarante ans, les cosmologistes ont débattu de la constante de Hubble dans un intervalle de 50 à 100 kilomètres par seconde par mégaparsec.

Tout ceci fut résolu lorsque le télescope spatial Hubble put distinguer des céphéides dans plusieurs galaxies à l'extérieur de notre Groupe local, où l'on trouva aussi des supernovae. Ces dernières sont d'un type associé à la fusion d'une paire de naines blanches qui explosent d'une manière catastrophique. La masse critique, qui doit son nom à son inventeur, Subrahmanyan Chandrasekhar, est d'environ 1,4 masse solaire. Si une naine blanche prend de la masse et dépasse cette limite, une violente explosion a lieu. La masse est l'élément crucial car elle indique une énergie d'explosion critique qui peut à son tour donner une luminosité standard très élevée. On avait alors le moyen de calibrer et de mesurer la distance des galaxies lointaines. En effet, une luminosité standard, ou « bougie standard » comme on l'appelle pour une raison obscure, est un système de mesure pour les distances des galaxies proches et lointaines fondé sur une source universelle de lumière.

Pour que ce soit concluant, on doit pouvoir distinguer la bonne supernova de la mauvaise et même de la pourrie, une tâche pas toujours facile quand on a affaire à des galaxies très faibles. Toutes les supernovae ne pouvant pas être des bougies standard, on doit avoir un moyen de les classer. On le fait à partir de leur spectre, et du taux de décroissance de leur brillance, de leur luminosité, c'est-à-dire de leurs courbes de lumière. Les supernovae de type Ia s'avèrent plus particulièrement dotées de propriétés uniformes et constituent les meilleurs outils en cosmologie. Les courbes de décroissance de leur lumière sont reproductibles d'une supernova à une autre.

Le spectre des supernovae de type Ia est dominé par les raies d'absorption du fer. Cette prédominance est attendue pour les explosions d'étoiles naines blanches qui sont caractéristiques des vieilles populations stellaires. Ces surpernovae se trouvent à la fois dans les galaxies spirales et elliptiques et elles sont assez lumineuses pour être détectables jusqu'aux frontières de l'Univers observable. Leurs propriétés sont suffisamment uniformes pour qu'elles puissent servir d'indicateurs fiables des distances. Les supernovae de type Ia semblent avoir des luminosités identiques, s'élevant au maximum à celle d'un milliard de soleils. Leur lumière s'estompe après une année. La courbe de lumière qui en résulte est interprétée comme étant due à la décroissance radioactive de six dixièmes d'une masse solaire de nickel 56. La naine blanche précurseur avait seulement un sixième de masse solaire, le maximum pour la stabilité.

La fusion avec une géante rouge compagne déclenche le plus probablement l'effondrement initial. Le nickel radioactif est produit quand la naine blanche implose. L'immense énergie libérée par le nickel se désintégrant en fer provoque l'explosion catastrophique du cœur de l'étoile. Cette séquence d'événements, et en particulier la libération d'une quantité précise d'énergie, l'équivalent d'un millième de masse solaire convertie en énergie pure, fournit la source d'énergie pour une bougie standard idéale.

Une autre avancée majeure fut de comprendre que l'abondance en hélium est universelle. La fraction d'hélium est essentiellement la même quel que soit l'endroit que nous observons et les quantités sont bien supérieures à la capacité de synthèse des étoiles ordinaires. L'hélium doit avoir une origine prégalactique et le Big Bang initial est son environnement logique. Il n'a pu être produit qu'à de très hautes densités obtenues au moment de l'explosion initiale si l'Univers a été autrefois très chaud, plus chaud que le centre du Soleil, pour que la conversion thermonucléaire de l'hydrogène en hélium ait pu se produire. Cela semblait hautement plausible mais n'était pas forcément inéluctable jusqu'à ce que le troisième élément du puzzle cosmique ne vienne prendre place. Ce fut la découverte du champ de rayonnement fossile par Penzias et Wilson en 1964 qui témoignait de l'existence d'une fournaise cosmique primordiale. Ce rayonnement fossile est universellement connu sous le nom de « fond diffus cosmologique » ou « rayonnement micro-onde cosmologique » car son énergie de rayonnement est pour l'essentiel dans les fréquences micro-ondes.

La boule de feu primordiale

On s'attendait à ce que la radiation fossile ait la distribution spectrale d'énergie d'un corps noir parfait, réfléchissant son origine de la fournaise idéale du Big Bang. En 1990, le spectre parfait de corps noir fut confirmé par le satellite COBE (pour Cosmic Background Explorer) : on mesura une température de 2,726 degrés Kelvin. La même température se retrouvait précisément dans toutes les directions. Aucune déviation de cette température d'au moins un centième de degré ne pouvait être détectée. Le rayonnement de corps noir doit avoir été produit dans une fournaise cosmique : l'Univers a été autrefois plus brûlant que l'enfer !

Ce rayonnement vestigial est le meilleur corps noir connu. Son spectre est une preuve indiscutable d'une origine dense et ardente. Le rayonnement de corps noir est le dernier niveau dans la perte de contenu en information. Tout est aléatoire, tout ordre a disparu. Prenez par exemple une Rolls-Royce et une épave. Pulvérisez les deux voitures et on peut encore les distinguer à leurs matériaux. Mais si vous les mettez dans une fournaise jusqu'à ce que tout ce qui en reste ne soit que des protons, des neutrons, des électrons et du rayonnement, ce dernier aura atteint un état de corps noir et communiquera librement l'énergie avec les particules et son environnement. Il n'y aura plus aucune trace de l'information introduite dans la fournaise. Le rayonnement de corps noir est le *nec plus ultra* en démocratie : toutes les sources sont équivalentes et identiques, température exceptée.

Aujourd'hui, le rayonnement nous arrive librement des galaxies lointaines. Les conditions dans l'espace intergalactique sont bien éloignées d'une production de rayonnement de corps noir. Un tel rayonnement demande un contact intime entre la matière et les photons. Cela se passe par exemple dans une fournaise idéale ou au centre du Soleil. Dans l'Univers des premiers instants aussi, aucune radiation ne pouvait traverser la moindre distance avant d'être immédiatement absorbée et réémise. Matière et rayonnement étaient en contact thermique. Leur température était identique. Un corps noir est à une température unique. L'équilibre thermique complet est précisément ce qui est requis pour créer un rayonnement de corps noir. Au tout début, l'Univers a dû ressembler à l'intérieur d'une fournaise.

En retraçant dans le temps les progrès de l'expansion, nous pouvons prédire la densité moyenne de la matière dans l'Univers à chaque époque et en particulier bien avant la formation des galaxies. De la température de corps noir que l'on mesure, on peut maintenant extrapoler à toute densité dans le passé. Ce n'est que dans les premiers mois après le Big Bang que l'Univers prit la forme d'un plasma assez dense et chaud pour créer un rayonnement de corps noir. Bien que le rayonnement continue d'interagir avec la matière par la diffusion d'électrons libres, les photons ne sont pas absorbés et de nouveaux photons ne sont pas produits. Cependant, le rayonnement produit la première année reste sous forme de rayonnement de corps noir : rien ne peut le détruire. L'expansion de l'Univers se traduit par un refroidissement progressif de la température de rayonnement mais le spectre garde la forme d'un corps noir. Le rayonnement cosmique de fond est un vestige direct de la boule de feu primordiale, générée en l'espace de quelques mois après le Big Bang et n'a aucune autre explication plausible.

L'âge de l'Univers

On a pu détecter l'existence de supernovae de type Ia jusqu'à l'époque où notre Univers avait la moitié de son âge actuel, lorsque le décalage des longueurs d'onde du spectre de la lumière vers le rouge s'élève à un facteur 2. Les mesures de distance sont assez précises (jusqu'à 15 %) pour que l'on ait pu confirmer l'accélération de l'Univers. Une loi parfaitement linéaire ne peut s'appliquer que s'il n'y a aucune accélération ni décélération. On trouve des écarts à la loi linéaire de Hubble pour les supernovae les plus éloignées. L'âge de l'Univers déduit de la constante de Hubble et de l'accélération que l'on mesure est de 15 milliards d'années.

Il y a deux mesures complètement indépendantes de l'âge de l'Univers. La datation radioactive par les isotopes de l'uranium ou du thorium est appliquée aux vieilles étoiles du halo. Le thorium 232 avec une demi-vie de 14 milliards d'années et l'uranium 238 avec une demi-vie de 4,5 milliards d'années ont été détectés dans deux de ces étoiles et mesurés avec les plus grands télescopes du monde. La théorie astrophysique nucléaire donne une estimation de leur abondance initiale relativement au fer. Les rapports observés permettent d'estimer le temps écoulé depuis l'explosion de la supernova qui a synthétisé ces éléments. Cela représente déjà une grosse partie de l'âge de l'Univers. Nous avons juste à ajouter le temps pris par la galaxie pour se former et par la supernova pour exploser après le Big Bang et nous pouvons en déduire l'âge de l'Univers. L'explosion a éjecté les éléments lourds mélangés aux débris de la supernova. Tout cela fut finalement incorporé dans les nuages moléculaires à partir desquels des étoiles comme le Soleil se sont formées.

Un autre moyen de déterminer l'âge vient de l'application de la théorie de l'évolution stellaire aux amas globulaires. Les amas globulaires d'étoiles sont des systèmes de millions d'étoiles antérieurs à la plupart des étoiles de notre galaxie. Nous savons qu'elles sont âgées car les quantités de métaux que l'on mesure à partir de leurs spectres stellaires sont faibles comparées à celles présentes dans le Soleil. Les amas globulaires ont donc dû se former bien avant celui-ci.

La luminosité des étoiles évolue au fur et à mesure de leur combustion thermonucléaire de l'hydrogène en hélium. Elles deviennent plus brillantes avec l'épuisement progressif du combustible fossile et leur température augmente au centre. Les éléments les plus lourds sont brûlés, d'abord l'hélium puis le carbone, pour assurer la température et la pression au centre. Une fois qu'hydrogène, hélium et carbone sont épuisés, l'étoile est à court de combustible.

Si l'étoile pèse initialement moins de huit masses solaires, son enveloppe se met à gonfler avec l'augmentation de la température du cœur. L'étoile devient une supergéante lumineuse. L'enveloppe externe est expulsée et devient visible sous forme de nébuleuse planétaire. L'éjecta se dissipe lentement après quelques centaines de milliers d'années et il ne reste qu'une naine blanche. Si l'étoile pèse initialement plus de huit masses solaires, sa pression centrale s'élève jusqu'au moment où le cœur implose par capture des neutrons et émission de neutrinos. Une étoile à neutrons se forme dans le noyau et la libération de l'énergie de liaison conduit à une explosion de supernova dont le précurseur est une étoile massive, c'est-à-dire de type II.

Dans un amas globulaire, les étoiles se sont formées en même temps. On a ainsi un instantané d'étoiles de différentes masses qui ont suivi des évolutions différentes. On peut alors déduire l'âge de l'amas globulaire en le comparant à des modèles d'évolution stellaire, ce qui donne une estimation de 13 milliards d'années. Il faut ajouter à cela environ un milliard d'années pour l'intervalle de temps entre le Big Bang et la formation de l'amas et nous arrivons à un âge de

14 milliards d'années. Ce qui s'accorde bien avec les âges déterminés indépendamment à partir de l'expansion de l'Univers ou de la décroissance de l'uranium et du thorium radioactifs.

Notre histoire thermique

La découverte du fond diffus cosmologique a donné quelques éclairages remarquables sur le commencement de l'Univers. Le Big Bang était à l'origine une boule de feu. Ce n'est qu'après un décalage spectral vers le rouge de 30 000 que l'Univers est passé au règne de la matière. Pourquoi précisément ce décalage ? Il s'agit simplement du rapport actuel entre les densités de matière et de rayonnement. Il donne le décalage quand le rayonnement dominait car la densité de ce dernier chute bien plus rapidement avec le temps que celle de la matière. Par conséquent, la diminution de la température du rayonnement est proportionnelle à celle de la fréquence ou de l'énergie des photons individuels.

Ce n'est que dans un Univers dominé par la matière que les fluctuations de densité pouvaient être gravitationnellement instables et croître en puissance. L'Univers a dû avoir un passé dense pour que le fond diffus cosmologique ait pu atteindre le contact thermique intime avec la matière requis pour générer son spectre de corps noir. Le rayonnement s'est transformé en chaleur suite à la diffusion de photons par les électrons libres. Plus spectaculaire encore, dans la théorie classique de la relativité générale l'Univers doit être passé par une singularité. Tous les paris sont cependant ouverts sur ces spéculations théoriques concernant une singularité s'il y a une constante cosmologique. Celle-ci est équivalente à une force cosmique répulsive qui, si elle trop petite maintenant pour présenter un intérêt lors du commencement de l'Univers, a pu néanmoins être beaucoup plus forte par le passé.

On peut maintenant commencer à reconstituer l'histoire thermique de l'Univers. Elle débute avec la gravité quantique. Celle-ci supplante la relativité générale en 10^{-43} seconde après le Big Bang. La physique se réfère à ce moment par le terme « instant de Planck ».

Il représente la limite de la théorie générale de la relativité, quand les effets quantiques ont dû être dominants. La température était alors d'environ un dixième de milliard de mille milliards de mille milliards de degrés Kelvin. Pour simplifier les choses, nous exprimons la température en énergie de la masse du proton au repos, une unité étant un milliard d'électronvolts (1 GeV). Un électronvolt est l'équivalent d'une température de dix mille degrés Kelvin. La température de Planck devient simplement dix milliards de milliards de GeV. C'est à ce moment que s'est produite l'unification des quatre forces fondamentales, électromagnétique, nucléaire forte et faible, et de gravité. Il n'y a encore aucune théorie pour ce régime que l'on considère habituellement comme bien au-delà des possibilités de tout accélérateur de particules réalisable. Les théories à plusieurs dimensions de la gravité quantique incluent toutefois des modèles dans lesquels la physique à l'échelle de Planck est possible à des niveaux d'énergie de l'ordre du millier de GeV. Avec un Univers en expansion et se refroidissant sous l'échelle de Planck, on peut schématiser son évolution comme suit.

La physique que nous pouvons directement tester ne commence réellement qu'à des températures d'environ cent milliards de milliards de milliards de degrés Kelvin. L'Univers en était alors à une énergie de dix millions de milliards de GeV. Il n'a été qu'un bref instant dans cet état. Cette température n'a en fait été maintenue que 10^{-35} seconde. Avant cela, l'énergie était si élevée que les forces fondamentales, complètement distinctes à faible énergie, étaient toutes identiques et inséparables. Elles étaient fusionnées. Les forces électromagnétiques, nucléaires forte et faible et de gravité avaient toutes la même intensité. C'était une époque de grande symétrie, quand les neutrinos ne se distinguaient pas des neutrons ou de ce que pouvaient être leurs prédécesseurs. Ce moment est appelé « l'ère de la Grande Unification » (GUT).

Avec le passage de la température sous 10^{+16} GeV, sont entrées en jeu de nouvelles forces qui n'avaient aucun précurseur. La force nucléaire forte dominait alors les autres et la symétrie de la Grande Unification se rompit spontanément. Le changement concernant la qualité de la matière contenue dans l'Univers impliqua l'apparition transitoire d'un nouveau type de champ d'énergie. Ce champ, nommé « champ inflaton », fut responsable de l'inflation ultérieure que connut l'Univers. L'inflaton est analogue à la chaleur latente dans une phase de transition telle que la glace en fusion quand l'énergie est libérée. Les poissons survivent dans les lacs gelés pour cette même raison.

Les équations d'Einstein montrent que si la densité d'énergie du champ inflaton domine (c'est une forme invisible d'énergie que l'on a appelée bien plus tard « énergie noire »), elle reste constante lorsque la densité de matière ordinaire chute en raison de l'expansion de l'Univers. Comme la densité en énergie est constante, l'Univers commence à s'étendre à une vitesse exponentielle. L'Univers a continué à ce rythme tant que le champ inflaton a été la principale source de densité en énergie. Cette phase d'inflation a commencé quand l'Univers était âgé d'environ 10^{-36} seconde. L'énergie du champ inflaton domine alors et fournit la densité constante d'énergie qui pousse l'Univers à s'étendre. Cette énergie a fini par se dissiper (par nature) et l'inflation s'est terminée à environ 10^{-35} seconde. L'énorme énergie cinétique s'est transformée en chaleur et nous nous retrouvons alors dans la phase chaude conventionnelle du Big Bang dominée par le rayonnement et des particules relativistes. L'inflaton est comparable en quelque sorte à la constante cosmologique, mis à part le fait que sa densité en énergie est plus élevée d'un facteur d'environ 10^{+120}.

Déplaçons-nous maintenant rapidement en avant dans notre film cosmique vers une température beaucoup plus basse. À 100 GeV, l'Univers est âgé d'un dix milliardième de seconde. Au-dessous de cette énergie, les forces électrofaibles se découplent des forces nucléaires fortes qui tiennent uni le noyau. L'intensité des forces fondamentales ressemble désormais à celle que nous voyons aujourd'hui, les forces nucléaires étant fortes et de courte portée comparées à la force électromagnétique plus faible et à celle de la gravitation, encore bien plus faible. À cette époque, un autre changement moins spectaculaire a lieu au niveau de la matière lorsque les différentes forces nucléaires se découplent. Ce changement de phase de l'Univers aide à produire une petite asymétrie dans le nombre de baryons, le nombre de particules moins les antiparticules.

Le nombre de baryons mesure la quantité nette de matière dans l'Univers par rapport à l'antimatière. Il s'exprime sous une forme sans dimension comme la différence entre le nombre de particules et d'antiparticules divisé par leur somme. Cette dernière correspond au nombre de photons dans le fond diffus cosmologique puisque, à des énergies assez hautes, les photons créent des paires de particules et d'antiparticules. Lorsque la température s'abaisse encore, toutes les particules interagissant fortement s'annihilent en rayonnement. Ce dernier se décale vers le rouge pour donner le fond diffus cosmologique. Il y a un milliard de photons de ce fond diffus pour chaque proton dans l'Univers. Très peu de paires de particules et d'antiparticules survivent en raison des fortes interactions qui les annihilent presque toutes. Lorsque la température descend au-dessous d'un dixième de la masse en unités d'énergie d'une particule super-symétrique, quelques-unes de ces particules subsistent. Elles peuvent être assez nombreuses pour constituer de la matière noire, si toutefois elles sont stables. Il n'y a virtuellement aucune paire de proton-antiproton qui survive. Aujourd'hui, le nombre de baryons est seulement de 10^{-9}. Pour expliquer cette valeur, il doit y avoir un nombre net de baryons qui garantit que quelques-uns survivent. Ces baryons, qui n'ont pas de contrepartie antibaryonique, ont survécu pour devenir la masse actuelle de l'Univers. Le contenu en antimatière représente moins d'un centième de pour cent, autrement on verrait des rayons gamma provenant des annihilations matière-antimatière. Il en découle que l'Univers observé consiste presque exclusivement en matière.

Jusqu'à présent, nous nous sommes concentrés sur des particules lourdes comme les protons. Nous les appelons plus généralement « hadrons ». Mais les baryons comprennent aussi des particules légères ou « leptons ». L'électron est un lepton. Comme pour les hadrons, il y a aussi un nombre net de particules légères aujourd'hui, de leptons, par rapport au nombre d'antileptons. Les leptons comprennent les électrons et leurs antileptons, les positons, ainsi que les muons.

Il s'avère que la différence entre le nombre de baryons et de leptons est toujours conservée dans les phases tardives de l'Univers. L'entropie et les photons sont produits plus tard et cela dilue le nombre initial de baryons. Il est cependant difficile de changer le nombre de baryons par rapport à celui des leptons. Pour la physique des particules, la différence des nombres de baryons et de leptons est généralement sacro-sainte. Il reste à expliquer pourquoi elle ne fut pas nulle. Si elle était égale à zéro, presque tous les baryons se seraient annihilés. Le système solaire ne se serait pas formé. Notre présence exige un nombre de baryons ou de leptons non nul. L'un garantit l'autre.

Le problème de savoir pourquoi l'Univers observé est tellement dominé par la matière peut être abordé de deux manières. L'une implique de jouer avec la conservation du nombre de baryons. C'est une question de physique des hautes énergies qui est d'habitude sacro-sainte et que l'on ne peut toucher qu'à deux moments. L'un est celui de la Grande Unification des forces électromagnétiques et nucléaires. C'est à ce moment que le nombre de baryons est habituellement fixé. Mais un autre moment de vulnérabilité en termes de conservation du nombre de leptons se produit bien plus tard, quand les forces faibles se séparent de la force électromagnétique. Cela se produit à une énergie de 100 GeV, un dixième de nanoseconde avant le commencement. Leptons et baryons sont couplés. En conséquence, l'asymétrie des baryons, et celle des leptons, peut trouver son explication à un moment spécifique, soit celui de l'apparition des leptons soit celui de l'apparition des baryons. On ne sait pas comment choisir entre ces deux possibilités.

Les particules de matière noire sont un autre vestige des nanosecondes qui ont suivi le Big Bang. Nous avons dit pourquoi elles sont insaisissables. Les particules neutres lourdes et faiblement interactives sont des candidats privilégiés pour la matière noire. Si de telles particules sont effectivement présentes dans l'Univers, elles ont dû rester en nombre substantiel, qu'il y ait eu une asymétrie primordiale ou pas. La plus légère particule supersymétrique ou neutralino est peut-être un vestige stable de ce type. Son abondance est déterminée par la probabilité de son annihilation. Les physiciens appellent cette probabilité la « section efficace ». Pour des valeurs typiquement faibles de section, le neutralino est un candidat viable pour la matière noire non baryonique dans l'Univers. Les échelles de masse prédites sont typiquement de l'ordre de cent masses protoniques ou de cent GeV, l'échelle d'énergie préférée en supersymétrie.

Les noyaux se disloqueraient s'il n'y avait pas des particules appelées « gluons » qui tiennent ensemble les protons dans l'espace limité du noyau. Les gluons sont aux quarks ce que les muons sont aux protons et aux électrons. Ils aident à tenir les quarks ensemble pour former les protons, tout comme les muons sont responsables du lien qui unit protons et électrons pour former les neutrons. Tous les éléments chimiques sont faits de protons et de neutrons. L'Univers fut autrefois une soupe de quarks, de gluons, de paires électron-positon, de neutrinos et de photons. À une température d'environ 200 millions d'électronvolts, une autre transition de phase s'est encore produite quand les quarks et les gluons ont formé les hadrons. L'Univers contient maintenant des protons et des neutrons en équilibre thermique et dans un rapport de un neutron pour dix protons. Le nombre de neutrons que l'on peut prédire dépend seulement de la différence de masse entre le proton et le neutron. Une fois que la température tombe sous un million d'électronvolts, les réactions produisant les neutrons s'arrêtent et les neutrons demeurent.

À un demi-million d'électronvolts, les paires électron-positon s'annihilent et les neutrinos restent. Les neutrinos demeurent de nos jours sous la forme d'un arrière-fond inobservable. Les neutrons ont une destinée beaucoup plus importante. Ils sont captés par l'hydrogène pour former l'hélium et d'autres éléments légers. À ces hautes températures, la nucléosynthèse des éléments légers peut alors entrer en scène. Cela commence à une centaine de milliers d'électronvolts ou à une température d'un milliard de degrés Kelvin, quand les noyaux de deutérium peuvent d'abord se former par la combinaison de neutrons et de protons. Les réactions suivantes produisent de l'hélium 3, de l'hélium 4, du deutérium et du lithium 7, tous produits en quantité aujourd'hui mesurable dans les environnements primordiaux. Le défaut de noyaux stables aux masses 5 et 8 veut dire que la nucléosynthèse s'épuise après celle de l'hélium 4. L'hélium 4 primordial prédit incorpore presque tous les neutrons. Le résultat est qu'il y a environ un noyau d'hélium pour dix d'hydrogène. En masse, cela signifie que l'hélium représente près du quart de la masse de l'Univers.

Les proportions de deutérium et de baryons

Les quantités de deutérium et d'hélium sont utilisées pour mesurer celle de baryons dans l'Univers. Elles incluent tous les baryons que l'on ne trouve pas aujourd'hui dans les étoiles. Nous ne mesurons pas directement la quantité totale de baryons car la plupart d'entre eux pourraient être noirs. Nous pouvons cependant la déduire par des considérations indirectes sur la production d'éléments légers il y a bien longtemps. Si l'on augmente la quantité de baryons à notre époque, cela veut dire que les réactions nucléaires précoces qui se sont produites quand l'Univers était chaud deviennent plus efficaces. Plus d'hélium est synthétisé aux dépens du deutérium. Les quantités restantes d'hélium et de deutérium donnent la quantité totale de baryons présente les trois premières minutes.

On s'attend à trouver de l'hélium dans des environnements encore vierges de toute modification comme le milieu intergalactique, les parties les plus externes des galaxies, celles qui sont pauvres en métaux et même après qu'il y eut une transformation et un fractionnement limités dans les météorites et l'atmosphère de Jupiter. Toutes les quantités sont en accord avec une proportion universelle de baryons de 4 %, avec une incertitude de seulement 10 %. L'Univers resta assez dense et chaud pour qu'un équilibre thermique entre matière et rayonnement soit maintenu durant une période d'environ un mois. C'est à ce moment-là que le rayonnement cosmique de corps noir fut effectivement produit.

On peut étudier cette époque en recherchant de faibles déviations dans le spectre de corps noir du fond diffus cosmologique. Toute distorsion spectrale serait révélatrice de la physique d'alors.

La température continue de descendre. L'hydrogène est ionisé et le rayonnement diffuse fréquemment. Le milliard de photons pour chaque baryon suffit à garder l'hydrogène complètement ionisé jusqu'à ce que la température passe sous quelques milliers de degrés Kelvin, soit environ 0,2 eV. Il y a à ce point trop peu de photons avec une énergie supérieure au seuil d'ionisation de l'hydrogène de 13,6 eV pour garder cet élément complètement ionisé. Protons et électrons se combinent pour former les atomes d'hydrogène. Contrairement aux électrons libres, ces atomes diffusent très peu le rayonnement électromagnétique. La diffusion des photons cesse brusquement. L'Univers est alors transparent au fond diffus cosmologique. Il devient transparent à partir d'un décalage spectral de 1 000, ou trois cent mille ans après le Big Bang, jusqu'à nos jours.

Matière et antimatière

Les lois de la physique sont symétriques en ce qui concerne la matière et l'antimatière. Les particules d'antimatière ont une charge opposée à celle de la matière. Un antiproton a une charge négative quand un proton en a une positive. Masses atomiques et spins sont toutefois identiques. Les atomes d'antihydrogène consistent en un positon tournant autour d'un antiproton. Si une lointaine galaxie était faite d'antimatière, elle ne semblerait pas différente d'une galaxie normale. Ni les niveaux d'énergie atomique ni le spectre ne changeraient. Un atome d'antihydrogène a des raies spectrales identiques à un atome d'hydrogène. Les raies spectrales sont produites par les antiatomes dans les atmosphères d'antiétoiles et l'on ne pourrait distinguer les étoiles et les antiétoiles par leur spectre.

Mais si une antigalaxie existait, cela aurait de profondes implications pour l'observation. Elle serait entourée de matière ordinaire. L'espace intergalactique serait imprégné de gaz diffus. Les atomes de matière viendraient en contact avec le milieu diffus interstellaire et les étoiles d'antimatière. Le résultat serait catastrophique : les atomes de matière et d'antimatière s'annihileraient à leur contact, ce qui produirait des rayons gamma. Ces derniers sont très pénétrants et visibles même lorsqu'ils sont émis depuis les limites de l'Univers.

Les rayons gamma sont en fait bloqués par l'atmosphère terrestre mais pas par les nuages interstellaires ou intergalactiques. Des satellites expérimentaux ont été envoyés avec des télescopes pour rayons gamma. Toute antigalaxie se tenant dans notre horizon produirait tellement de rayonnement gamma dans son entourage que nous l'aurions sûrement déjà vue. Conclusion : il n'y a pas d'antigalaxies ni d'antiétoiles dans l'Univers observable. C'est un danger de moins pour les futurs voyageurs intergalactiques.

Les cinq phases de la création

Passons en revue notre histoire de l'Univers. Nous couvrons un grand intervalle de temps, quatorze milliards d'années d'expansion cosmique. Il y a cinq épisodes majeurs en cosmologie correspondant à des changements dans la vitesse d'expansion de l'Univers. Ce sont le moment de la singularité, l'époque de l'inflation, la période de domination du rayonnement, l'époque où la matière domine lorsque de grandes structures se forment et celle de l'accélération tardive quand la constante cosmologique domine la densité d'énergie. La constante cosmologique décrit la physique de l'antigravité, une force mystérieuse et excessivement faible qui fut introduite par Einstein à l'origine pour empêcher que l'Univers ne s'effondre. La motivation initiale a disparu depuis bien longtemps maintenant que nous savons que l'Univers est en expansion, mais nous sommes confrontés à de nouvelles observations que nous verrons au prochain chapitre et qui nous forcent à réintroduire l'idée initiale d'Einstein d'une force de faible répulsion.

La relativité générale, la théorie de la gravité d'Einstein, a une lacune plus sérieuse. Elle n'intègre pas la théorie quantique. La théorie de la gravité, comme nous la comprenons actuellement, ne doit donc pas fonctionner pour le début de l'Univers. Une nouvelle physique, de gravité quantique, est requise.

La phase quantique est au tout début, juste après la singularité initiale. L'horloge cosmique commence à la singularité, le temps zéro, mais la première 10^{-43} seconde est le royaume de la nouvelle physique. L'Univers est alors dans un régime d'expansion où la physique quantique est omnipotente. Notre physique n'est dans ce cas pas fiable ni même applicable.

La porte est ouverte à toutes les spéculations sur la manière dont la physique pourra traiter les plus extrêmes conditions imaginables lorsqu'on se rapproche de la singularité initiale. Bien enfouie et normalement inaccessible à tout observateur se trouve une singularité dans l'espace et dans le temps.

Notre meilleur espoir pour aborder les singularités est venu jusqu'à présent de la théorie de la relativité générale d'Einstein. La théorie prédit l'existence de trous noirs. Selon Stephen Hawking, de très petits trous noirs s'évaporeraient en un nuage de particules énergétiques et de photons. Des experts voient l'approche de la singularité marquée par une écume quantique de minitrous noirs apparaissant et disparaissant au fur et à mesure de leur autodestruction par un processus d'évaporation.

Et ce n'est pas tout. Le nombre de dimensions de l'espace n'a rien de particulier. Peut-être avons-nous été dans un espace avec plus de dimensions. Il est tentant de penser que, tout comme Einstein a courbé l'espace tridimensionnel pour incorporer la gravité, on aura besoin d'invoquer des espaces courbes de dimension supérieure pour rendre compte des propriétés des particules élémentaires. Cela conduit à l'idée que l'espace aurait pu avoir 4 ou 10 dimensions à l'origine. À la fin de l'ère quantique, les dimensions supplémentaires se seraient résorbées. Notre Univers est un point de l'espace-temps dans un super-espace à plusieurs dimensions. Nous ne pourrons détecter un tel super-espace que par la gravité, si c'est possible.

Les dimensions supérieures seront difficiles à visualiser et à justifier tant que nous n'aurons pas une théorie de la gravité quantique. La phase suivante de l'expansion est plus facile à appréhender. Elle met en jeu la physique classique. L'Univers a spontanément subi une phase de transition. Cela a dû se produire lorsque certains types de particules ont disparu. Avec la chute de température, les particules caractéristiques de l'égalité entre les forces fondamentales ont dû s'évanouir. Elles ne pouvaient être recréées car il n'y avait plus assez d'énergie disponible.

Il y a trois types de forces fondamentales : forte, faible et électromagnétique. Les deux premières maintiennent le noyau uni. À des énergies assez élevées, les forces nucléaires fortes dominent. Elles déclinent avec la baisse de température. Ce changement de nature de la force dominante est ce qui a provoqué une transition de phase. Le changement associé dans l'état de la matière s'est traduit par une libération d'énergie similaire à la chaleur latente libérée lorsque la glace fond. Le résultat fut que l'Univers entra dans la seconde phase, l'inflation. Nous sommes alors à 10^{-35} seconde après le Big Bang. Nous pensons que la physique de l'Univers en inflation est quelque chose que nous pouvons comprendre bien qu'elle demeure spéculative faute de preuves expérimentales directes.

L'inflation fonctionne en apportant une source constante d'énergie poussant à l'expansion. L'énergie de la chaleur latente a la forme d'une pression négative. La pression positive agit comme l'énergie et la masse : elle est attractive. La pression négative est répulsive et l'Univers accélère. La pression positive agit sur la matière en la refroidissant lorsque la matière s'étend, ou en la chauffant lorsqu'elle est comprimée, comme le fait une pompe à vélo par exemple. La pression négative réchauffe quand la matière sur laquelle elle agit s'étend. Un exemple de pression négative est un élastique : étirez-le et il s'échauffe. Dans le cas de l'Univers, la pression négative entraîne une accélération qui se déroule toujours plus vite.

Cet emballement de l'accélération s'appelle « inflation ». Le champ d'énergie qui entraîne l'inflation est appelé « inflaton ». Il s'agit d'un exemple de champ d'énergie qui n'a jamais été détecté mais que les physiciens considèrent comme hautement plausible. C'est un champ qui n'a pas de direction privilégiée dans l'espace. Les physiciens l'appellent « champ scalaire », par opposition au champ vectoriel qui a une orientation.

L'inflation se termine quand l'énergie cinétique de l'inflaton s'est transformée en chaleur. L'Univers se remplit de rayonnement. La pression négative a disparu. La pression du rayonnement domine alors. L'Univers s'étend à son rythme normal et relativement tranquille. C'est la phase dominée par le rayonnement.

De 10^{-35} seconde après le Big Bang à 1 000 ans après, il ne s'est pas passé grand-chose dans l'Univers. Les fluctuations quantiques laissées par l'inflation sont présentes partout sous formes de minuscules ondelettes dans la courbure de l'espace. Elles vont grossir jusqu'à ce que des nuages géants se condensent dans l'Univers en expansion sous l'action de leur propre gravité locale et forment des galaxies. Cependant, tant que l'Univers est surtout du rayonnement, aucune croissance ne peut se produire à partir de ces fluctuations. La formation des galaxies est bloquée. Rien ne peut arriver jusqu'à ce que l'Univers soit dominé par la matière ordinaire dix mille ans plus tard.

Le rayonnement se dissipe progressivement face à la matière car les photons perdent de l'énergie alors que l'Univers s'étend jusqu'à l'ère de la matière. La matière domine le rayonnement en termes de densité. Les fluctuations de densité grossissent en gagnant de la masse sur leur environnement. La gravité pousse les fluctuations à devenir de plus en plus denses. Les galaxies finissent par apparaître. Des milliards d'années se sont maintenant écoulés.

La phase finale de la création se produit après environ cinq milliards d'années. L'Univers se remet à accélérer sous l'effet du champ d'énergie associé à la force répulsive connue sous le nom de « constante cosmologique ». Celle-ci, comme le champ qui entraîne l'inflation, a une pression négative et agit donc en repoussant et en accélérant. La force d'accélération est noire dans le sens qu'elle n'a pas d'équivalent visible. Elle est parfaitement uniforme et c'est un champ d'énergie noire dont le seul but est d'accélérer l'Univers lorsque la densité de matière est tombée tellement bas que le champ d'énergie noire domine la gravité et son pouvoir d'attraction.

L'énergie noire est plus petite que le champ d'énergie qui entraînait l'inflation d'un facteur de 10^{+120}. Elle ne commence à être importante que lorsque la densité moyenne de l'Univers a chuté suffisamment bas. Elle prend alors le dessus et l'Univers commence à accélérer. Nous observons ce phénomène par l'étude de supernovae lointaines qui deviennent plus sombres et éloignées que si elles étaient dans un Univers sans accélération.

Les observations laissent penser que les deux tiers de la densité de l'Univers sont sous forme d'énergie noire. Celle-ci est répulsive et exerce une pression négative qui entraîne l'accélération. Celle-ci se produit lorsque l'énergie noire domine. S'il y a une constante cosmologique, sa domination est inévitable. Le seul défaut dans ce raisonnement, c'est que les théoriciens n'ont trouvé aucune raison évidente pour que l'énergie noire ne soit pas nulle. Les observations nous disent que l'accélération domine maintenant la gravité et qu'elle le fera toujours. L'Univers est destiné à s'étendre à jamais à un rythme toujours plus accéléré.

CHAPITRE 8

Graines de structure

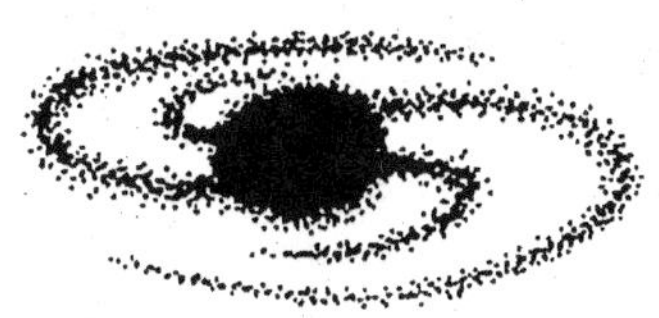

« La Nature utilise aussi peu que possible de tout. »

Johannes KEPLER

« La première Créature de Dieu, qui était la Lumière. »

Francis BACON

L'Univers primordial était une boule de feu rayonnante avec la présence occasionnelle de quelques particules. Il n'y avait ni structure ni limite, ni endroit privilégié ni direction.

La nouvelle cosmologie

Comment les galaxies sont-elles nées de cette boule de feu cosmique ? L'étude de la structure de l'Univers aux plus grandes échelles permet de faire le lien avec l'Univers actuel. Toute la matière que nous voyons aujourd'hui fut autrefois contenue dans une sphère d'un centimètre de rayon 10^{-43} seconde après le Big Bang. Comment est-il devenu aussi gros ? Et pourquoi est-il aussi uniforme ? L'inflation introduite au précédent chapitre nous donne la réponse.

L'inflation est un terme employé par les cosmologistes pour un bref instant de l'Univers très précoce, quand le volume de l'espace a augmenté de façon exponentielle. L'inflation est la panacée pour tous les mystères, ou presque tous, qui ont défié la cosmologie moderne depuis l'époque de Georges Lemaître, le premier cosmologiste physicien. Alan Guth est considéré comme le père fondateur de la cosmologie inflationnaire. En 1982, Guth était intrigué par des questions comme celle de savoir pourquoi l'Univers est aussi grand et uniforme. Il tomba sur la réponse en pensant aux états possibles de la matière au début du temps, quand les températures étaient tellement élevées que les forces fondamentales de la matière, nucléaires et électromagnétique, ne pouvaient être ni distinguées ni séparées. Elles étaient en fait identiques, bien que leur intensité diffère maintenant largement dans notre Univers à basse température.

L'histoire thermique du Big Bang peut être prédite jusqu'à l'âge de 10^{-12} seconde. Jusqu'à ce moment, nous pouvons raisonnablement être sûrs du contenu en matière et en rayonnement de l'Univers et de la physique qui lui est associée. Il y a quatre forces fondamentales, toutes très distinctes les unes des autres dans l'Univers actuel. Ce sont les forces électromagnétique, nucléaires forte et faible et gravitationnelle, cette dernière étant de loin la plus faible. Aujourd'hui, la force électromagnétique qui maintient les électrons dans leur orbite atomique est une centaine de fois plus faible que la force nucléaire faible même qui maintient, elle, les neutrons dans le noyau. Mais avec l'accroissement de la température au-delà du point où les noyaux se fractionnent en leurs constituants, les quarks, la force électromagnétique devient plus forte et les forces nucléaires plus faibles. Bientôt, la force électromagnétique rivalise avec la force nucléaire faible, à 10^{-12} seconde. À une énergie beaucoup plus élevée, seulement 10^{-35} seconde après le Big Bang, la force nucléaire rentre dans le rang : toutes les forces atomiques et nucléaires sont alors identiques. Voilà ce que prédit la théorie quantique. Une brume de fluctuations quantiques protège la force intrinsèque de l'électron et amplifie les forces nucléaires qui émanent des quarks.

Les quarks sont des particules élémentaires ponctuelles ayant une fraction de charge et constituant les protons et les neutrons. Il y a six types de quarks, de charge 2/3 et $-1/3$, qui forment les neutrons, protons et autres hadrons. Un proton ou un neutron consiste en trois quarks qui s'additionnent pour donner une charge de 1 ou de 0 respectivement. Les quarks sont toujours confinés dans les hadrons par la force nucléaire forte et on les détecte sous le choc que l'on provoque en dirigeant des électrons contre des protons, des neutrons ou des positons à des énergies assez fortes.

> *En 1963, quand j'ai donné le nom de « quark » aux constituants fondamentaux du nucléon, j'ai d'abord eu le son avant l'orthographe, qui aurait pu être « kwork ». Puis, lors d'une de mes lectures de* Finnegans Wake, *de James Joyce, je suis tombé sur le mot « quark » dans l'expression « Trois quarks pour Muster Mark ». Comme « quark » (signifiant entre autres le cri d'un goéland) était clairement là pour rimer avec Mark, comme « bark » ou d'autres mots, je devais trouver un prétexte pour le prononcer « kwork ». Mais le livre présente les rêves d'un barman nommé Humphrey Chimpdon Earwicker. Les mots sont d'habitude empruntés à plusieurs sources, comme les « mots-portemanteaux » dans* De l'autre côté du miroir. *De temps en temps, on trouve dans le livre des expressions qui sont en partie déterminées par les multiples commandes au bar. J'ai donc pensé que l'une des sources de l'appel « Trois quarks pour Muster Mark » pourrait être « Trois quarts pour Mister Mark », auquel cas la prononciation « kwork » ne serait pas totalement injustifiée. Dans tous les cas, le nombre trois allait très bien avec la manière dont se présentent les quarks dans la nature.*

Murray GELLMAN

Il en résulte que les forces électromagnétique et nucléaire faible se confondent à la température de 10^{+15} degrés Kelvin. La matière quark est déjà prédominante à 10^{+12} degrés Kelvin. Cela se passait à 10^{-4} seconde après le Big Bang. L'unification électrofaible s'est produite quelque 10^{-10} seconde après le Big Bang. Mais ce n'est pas tout. Lorsque la température atteint 10^{+28} degrés Kelvin, la force forte fusionne aussi. À ce moment-là, nous avons la Grande Unification, l'égalité de force des interactions nucléaires forte et faible et de l'interaction électromagnétique. Nous sommes maintenant à 10^{-35} seconde du Big Bang. Pour remonter au-delà et unifier aussi la gravité, il nous faut la gravité quantique, mais cette théorie nous échappe encore.

Le manque de théorie fondamentale n'a jamais dissuadé les cosmologistes de poursuivre leurs recherches. La théorie de l'inflation énonce qu'une phase précoce de l'Univers, lors de la rupture de la symétrie de la Grande Unification quand l'Univers était âgé d'à peine 10^{-35} seconde, s'est traduite par une densité en énergie du vide qui a persisté assez longtemps pour dominer la densité en énergie de l'Univers. Son effet sur l'Univers a été dramatique : il a commencé à s'étendre à une vitesse exponentielle. Il est devenu vraiment très grand. Et comme un ballon dégonflé que l'on gonfle, l'espace est devenu très uniforme. La conception de Guth de l'inflation a été encore développée ces dernières décennies et constitue l'une des avancées les plus significatives en cosmologie depuis la découverte de l'expansion de l'Univers un demi-siècle plus tôt.

Partir de rien

> « Le mouvement de départ, l'agent, est un point qui se met en mouvement de lui-même... Une ligne prend naissance. Elle sort faire une promenade, pour ainsi dire, sans but si ce n'est celui de la promenade. »
>
> Paul KLEE

Les cosmologistes qui font les études d'observation mesurent qu'à un facteur trois à peu près l'énergie cinétique de l'Univers équilibre l'énergie potentielle de la gravité. Il n'est pas inconcevable que la différence entre les deux soit égale à zéro. De fait, nombre de cosmologistes théoriciens pensent que l'état d'énergie zéro est le plus naturel du point de vue de tous les états initiaux possibles. Bien sûr, la physique demande que l'énergie soit conservée et l'Univers aurait donc commencé avec une énergie nulle. La cosmologie inflationnaire justifie, et même prédit, que l'Univers a une énergie nulle, mais elle nous dit aussi autre chose : l'Univers a commencé quand ses énergies gravitationnelle et cinétique étaient arbitrairement proches de zéro. C'est littéralement parti de rien, ou de tellement peu que l'on ne puisse faire la différence. Tout souvenir des conditions initiales est virtuellement éliminé. La croissance exponentielle est un service à volonté infini.

La densité du vide dope la vitesse d'expansion d'une façon remarquable car le vide agit comme une pression négative. Si l'expansion augmente un peu, il en est de même de cette pression qui va la stimuler encore plus. Mais comment la phase de transition a-t-elle pu fournir cette pression négative ? Imaginez de l'eau qui gèle. Elle libère de la chaleur latente. La physique des interactions fondamentales produit un effet analogue quand la grande unification se disloque, c'est-à-dire lorsque l'Univers passe sous la température de 10^{+28} degrés Kelvin. L'apport en énergie a résulté en une accélération brève mais exponentielle. Le volume de l'Univers s'est accru d'un facteur 10^{+100} ou plus !

Il est réconfortant de savoir qu'aucun objet matériel ne se déplace à une vitesse supérieure à celle de la lumière. Supposez que la revue *La Recherche* double son nombre de numéros chaque année. Imaginez qu'il faille ranger les nouveaux numéros. Vous auriez besoin à la fin d'une étagère de dix années-lumière pour l'année écoulée. Les extrémités de votre rayonnage s'éloigneraient à une vitesse dix fois supérieure à celle de la lumière. Aucun objet matériel ne s'étend plus vite que la lumière. C'est l'espace qui est en expansion.

Capitalisme cosmique

La taille de l'Univers est largement étirée par l'inflation. Celle-ci fait disparaître les rides comme sur un ballon que l'on gonfle, mais elle génère aussi des fluctuations. Les fluctuations quantiques sont à l'origine des fluctuations macroscopiques de densité dans l'Univers. Les galaxies se forment à partir de fluctuations infinitésimales dans la densité.

De même que l'eau gèle d'une façon non homogène, des petits plis subsistent. Ils sont la manifestation de ce que les physiciens appellent une « transition de phase de premier ordre ». Ce sont les graines de structure : les conditions initiales pour la formation des galaxies. Il nous manque une théorie complète de ces fluctuations. La plus simple proposition, c'est que les fluctuations sont d'intensité égale quelle que soit l'échelle. C'est une prédiction particulière et elle devrait avoir des conséquences observables, notamment à grande échelle. Ce qui complique les choses, c'est que le Big Bang peut agir comme une sorte de filtre modifiant la répartition des distributions.

Dans la durée, seuls certains types de fluctuations survivent. Ceux à petite échelle peuvent être détruits sous différents effets. L'expansion d'un rayonnement légèrement comprimé est une conséquence inévitable de la tendance du rayonnement à toujours entraîner avec lui la matière ordinaire. Il en résulte une homogénéisation systématique où les fluctuations les plus petites se trouvent aplanies. La seule limitation est le temps disponible après le Big Bang, aussi celles à plus grandes échelles survivent intactes.

On considère que les neutrinos sont, comme les photons, sans masse. Mais rien ne le garantit en physique des particules et avec les limites expérimentales actuelles il reste possible que les neutrinos fassent partie de la matière noire. La masse des neutrinos ne représenterait-elle que le milliardième de celle du proton, cela suffirait encore à en faire la principale matière de l'Univers.

La matière noire particulaire, si elle se caractérise par des neutrinos massifs, a une tendance intrinsèque à s'étendre. Car les neutrinos voyagent à la vitesse de la lumière depuis relativement peu de temps alors que la croissance des fluctuations était déjà bien entamée. La matière noire de neutrino est connue sous le nom de « matière noire chaude » par opposition à ce que l'on appelle la « matière noire froide » formée de particules très massives qui se comporte comme un gaz froid sous une pression négligeable.

Les plus grandes fluctuations dans la matière noire chaude survivent aussi, trop peu de temps s'étant encore écoulé pour qu'elles soient détruites. Les neutrinos ralentissent seulement depuis peu car leur faible masse n'a un effet important qu'avec le refroidissement progressif de l'Univers. Les fluctuations de petites échelles sont aplanies et aucune graine ne subsiste pour former des objets de petite masse. Seules les fluctuations à grande échelle demeurent pour finalement donner les structures massives de l'Univers.

La plus grande partie de l'Univers est noire. Elle doit être soit froide, formant des agrégats librement à toutes les échelles, soit chaude, les agrégats se produisant d'abord aux échelles les plus grandes. Le filtre qui en résulte dépend du type de matière noire qui domine l'Univers, chaude ou froide. Des exemples de fluctuations qui émergent de la boule de feu primordiale, trois cent mille ans environ après le Big Bang, sont le bruit blanc, comparable à la prédiction de l'inflation, qui génère une formation par le bas, des petites aux grandes échelles, et le bruit rouge, qui mène à une séquence d'évolution par le haut de la structure, des grandes aux petites échelles.

Dans une approche par le bas, de petites fluctuations s'agrègent et se développent en de plus en plus grandes par accrétion. Inversement, dans la séquence par le haut, la structure se forme par la fragmentation de grands nuages en de plus petits s'ils sont les premiers à se former. On observe que des objets massifs comme des amas de galaxies se forment encore actuellement. Et inversement des galaxies se sont formées il y a très longtemps. La théorie de l'évolution des galaxies nous dit que beaucoup d'entre elles sont des systèmes très âgés. Il est sûr que l'observation comme la théorie sont en faveur d'une séquence par le bas pour l'évolution de la matière cosmique. La matière noire chaude peut jouer seulement un rôle de second plan comparée à la froide.

L'augmentation des fluctuations se fait par le processus de l'instabilité gravitationnelle. Un petit endroit de l'Univers est légèrement plus dense par rapport à la moyenne. La gravité dans cette région est aussi un peu plus importante et permet la capture de la matière présente aux alentours. Le processus est lent : la masse double pendant la durée nécessaire à l'Univers en expansion pour doubler lui-même en taille. Mais c'est inexorable. Inversement, une région moins dense perd de sa masse quand cette dernière est drainée par la gravité. C'est le capitalisme incarné : le riche devient plus riche et le pauvre plus pauvre.

Tout cela pourrait bien être de la science-fiction et beaucoup restent sceptiques. On peut dire que le changement de paradigme pour le Big Bang a commencé en 1964, quand le rayonnement fossile fut découvert, et qu'il s'est terminé en 1992 quand on a trouvé les fluctuations d'une fraction de pourcentage du ciel dans la température du fond diffus. Ces variations retraçaient les inhomogénéités tant recherchées à partir desquelles toutes les structures à grandes échelles se sont développées. Les fluctuations primordiales s'observent dans le fond diffus cosmologique à un niveau aussi faible qu'une partie sur 100 000.

L'apparition de la structure

L'Univers était presque, mais pas totalement, homogène. Les fluctuations de densité sont présentes à toutes les échelles suite à l'inflation. Il ne s'est rien produit de plus pendant les dix mille premières années. Il y avait beaucoup trop de rayonnement. En fait, la matière était surtout dense en rayonnement, ce qui rendait virtuellement impossible toute condensation. Elle était simplement trop chaude.

Après dix mille ans, sous l'effet de l'expansion, le rayonnement s'est dégradé en masse et en énergie par rapport à la matière. La masse dans la matière ne change pas dans une région qui est, elle, en libre expansion avec l'Univers. Elle est invariante. Mais le rayonnement que contient cette région change, car les photons perdent de l'énergie, et cela en proportion du volume gagné par l'expansion. Donc la quantité nette d'énergie et son équivalent en masse déduit de la célèbre équation d'Einstein $E = mc^2$ requiert une diminution de la densité en masse du rayonnement par rapport à celle de la matière au fur et à mesure de l'expansion de l'Univers. On dit que les photons sont décalés vers le rouge tandis que les protons ne le sont pas. La matière domine en densité et la gravité peut opérer. Des pics de densité se développent dans les galaxies par le processus lent mais inévitable de l'instabilité gravitationnelle.

Les galaxies se forment d'abord aux pics extrêmes, et donc rares, dans le champ de densité primordial. Même si les fluctuations sous-jacentes se font complètement au hasard, les rares pics seront regroupés pour la même raison que les plus hautes montagnes se trouvent ensemble comme dans l'Himalaya. Les pics moyens, qui ressemblent à des collines plutôt qu'à des montagnes, sont distribués de façon plus uniforme. La majeure partie de la matière est située en dehors des concentrations de galaxies plutôt que centrée sur elles. L'espace est principalement rempli de grandes régions qui contiennent seulement des pics moyens et sont dépourvues de galaxies précoces. Comme des chaînes de montagne, on trouve de-ci de-là des rassemblements de pics ayant des formes en filament ou en feuille.

Les interactions aident la formation des étoiles en comprimant et en concentrant l'apport en gaz. La formation des galaxies est provoquée par la rencontre et la fusion de nuages de même masse, des événements fréquents dans l'Univers précoce. Dans l'Univers récent, les galaxies sont trop éloignées les unes des autres pour qu'il y ait des fusions. La formation des galaxies est ainsi biaisée vers les pics importants, les filaments, crêtes, feuilles et nœuds où la densité est localement plus forte. Autour des galaxies qui s'agrègent en amas et en groupes, de grandes régions se trouvent dépourvues de galaxies lumineuses.

On peut suivre la formation de la structure en utilisant des simulations numériques sur de puissants ordinateurs. Prenez un nuage de points dotés d'une masse qui peuvent être traités comme des boules de billard. Celles-ci ne se rencontrent jamais parce qu'elles sont trop petites et trop éloignées mais exercent une force entre elles par leur attraction gravitationnelle. Il faut un ordinateur capable de suivre assez de particules, plusieurs milliards en pratique, pour pouvoir simuler la formation d'une galaxie sous l'effet de la gravité. Une simple équation décrit la force s'exerçant entre chaque paire de particules. S'il y a N particules, il y a N^2 combinaisons possibles de paires de particules et N^2 équations à résoudre. À l'aide d'un superordinateur, on peut étudier le regroupement de particules sous l'effet de la gravitation pour N s'élevant à une centaine de millions. Même ce nombre pourrait être insuffisant : il y a après tout une centaine de milliards d'étoiles dans la Voie lactée ainsi que des milliers de nuages de gaz. Néanmoins, une telle simulation pourrait fournir une bonne approximation d'une galaxie.

La matière noire est nécessaire pour fournir assez de gravité si l'inflation a fourni les conditions initiales. Les particules de matière noire froide ne sont pas disposées au hasard. Il y a une tendance innée des fluctuations au regroupement, comme les pics de montagne. La répartition de la matière noire froide correspond à celle en grumeaux que l'on observe.

Un nuage en expansion de particules froides sans collisions évolue sous l'effet de la gravité, de petites fluctuations deviennent de plus en plus grosses et fusionnent en fluctuations plus importantes encore. L'évolution part du bas. Les halos noirs se forment de cette manière et restent diffus puisque les particules peu interactives qui constituent la matière noire ne peuvent perdre aucune énergie ni par conséquent se regrouper un peu plus. Mais les baryons associés à la matière noire, environ 5 % de la masse, peuvent rayonner et se concentrer en nuages de gaz nichés dans des halos noirs plus diffus.

La cosmologie progresse en sélectionnant parmi des modèles concurrents. Le succès le plus frappant de cette façon de procéder est l'élimination de la théorie de la matière noire chaude comme scénario par le haut de la formation de la structure. Nous avons vu comment la matière noire chaude, dans laquelle les particules sans collisions sont trop chaudes pour se rassembler à l'échelle de galaxies, exige la formation première d'amas. L'évolution qui en résulte est par le haut. Or cela ne concorde pas avec ce qu'on observe. Dans un Univers dominé par la matière noire chaude, les structures typiques sont des amas tandis que si la matière noire froide prédomine, ce sont les galaxies et même des systèmes plus petits. L'Univers ressemble à ce dernier cas. Si les galaxies se forment par la fusion d'agrégats plus petits, dans une séquence commençant par le bas, cela correspond bien au résultat que l'on observe de la distribution en trois dimensions des galaxies.

La fusion se traduit par la formation de halos de galaxies. On peut se faire une idée de l'étendue et de la masse des halos. Les halos noirs doivent tourner, mais très lentement. L'effet de torsion est induit gravitationnellement entre des fluctuations voisines dans l'Univers en expansion. La rotation apparaît lorsque le gaz se refroidit et se concentre dans le halo noir. Le moment angulaire est conservé et le gaz commence à tourner plus rapidement. Un disque en rotation finit ainsi par se former. Et toute contraction ultérieure est prévenue par la poussée de rotation.

L'étape suivante dans la formation des galaxies reste un mystère. La formation des régions lumineuses des galaxies est un processus complexe. Les modélisateurs numériques devront maîtriser la physique des gaz et la complexité de la formation des étoiles. Nous en sommes encore loin.

Des filaments et des feuilles

Il y a quelques agglomérations très importantes de galaxies. On les appelle « amas » et « superamas » de galaxies. Les amas de galaxies se dévoilent facilement eux-mêmes. Il peut y avoir un millier ou plus de galaxies dans un amas, tout cela dans un volume de quelques millions d'années-lumière. Les galaxies se déplacent sur des orbites orientées au hasard qui sont toujours confinées dans la même région. Un amas de galaxies est un ensemble ayant sa gravité propre et reconnaissable à plusieurs traits. On peut compter les galaxies sur une image et en voir une grande concentration. Le mouvement du centre de masse de l'amas suit l'expansion de Hubble. Les galaxies vont à une très grande vitesse par rapport au centre de l'amas comme l'indique le décalage de leur spectre par effet Doppler. La gravité locale de l'amas est assez forte pour que la concentration des galaxies subsiste et même se renforce avec la capture de toujours plus de galaxies.

Sur une image aux rayons X de l'amas, on peut voir une lueur diffuse. C'est le rayonnement produit par le gaz intergalactique chauffé à des dizaines de millions de degrés. Le gaz est devenu chaud par l'effondrement des galaxies et du gaz lorsque l'amas s'est formé. Nous avons déjà vu comment la pression du gaz agit contre la force de gravité et fournit une mesure indépendante de la masse de l'amas.

La distribution énergétique des photons dans le rayonnement micro-onde du fond diffus cosmologique est déformée lors de son passage à travers le gaz chaud. Aux basses fréquences, il y a un léger déficit en photons et un léger excès aux hautes fréquences car les photons acquièrent une petite quantité d'énergie en diffusant à partir des électrons chauds du gaz présent dans l'amas. Une carte radio de l'amas à une longueur d'onde de quelques centimètres montre un trou apparent dans le fond diffus cosmologique qui est en réalité une région froide. Aux longueurs d'onde inférieures au millimètre, on voit un excès de rayonnement micro-onde qui est en fait une région chaude. On peut mesurer la pression du gaz provenant de la densité en électrons et de la température.

Enfin, les images des galaxies lointaines sont déformées quand on les voit à travers l'amas sous l'effet de son champ de gravité. C'est la manifestation du phénomène de courbure des rayons de lumière par la gravité, qui se traduit par l'effet de lentille gravitationnelle sur les images en arrière-plan. Les cartes des amas selon cet effet donnent une bonne évaluation de la distribution en matière noire. Toutes ces techniques sont utilisées pour étudier les amas de galaxies et en déduire leur masse.

On a compté environ un millier d'amas de galaxies à une distance comprise entre un et un demi-milliard d'années-lumière soit 10 % de l'Univers observable. Au-delà de cette distance, les données sont incomplètes. Un amas de grande taille classique pèse environ un million de milliards de masses solaires. En guise de comparaison, le halo noir autour de notre Voie lactée a une masse de mille milliards de masses solaires.

Si l'on observe le milieu intergalactique, en dehors des grands amas mais en relation avec eux, on trouve de grandes feuilles et filaments de galaxies. Ils sont toujours délimités et reliés aux amas. La structure de l'Univers ressemble à une trame complexe définie par les galaxies. Les amas se trouvent à l'intersection des feuilles et des filaments. Il y a parfois des regroupements d'amas que l'on appelle « superamas » et qui pourraient contenir jusqu'à dix amas ou plus. Une trentaine de superamas ont été identifiés dans environ un dixième de l'horizon visible. Ce sont les plus grandes entités de matières dans l'Univers.

L'inévitable refroidissement

Une fois que les nuages de masse galactique se sont formés, ils subissent un effondrement en raison de la force attractive de la gravité qui domine la tendance à la dispersion causée par la pression du gaz. Un nuage de gaz, à la différence d'un nuage d'étoiles, perd de l'énergie thermique. Les atomes entrent en collision et excitent leurs degrés internes de liberté. Les collisions font que les électrons sautent à des niveaux d'énergie plus élevés. Les atomes perdent cette excitation lors du retour des électrons à leur niveau de base en émettant des photons. Un nuage de gaz se refroidit de cette manière. Il en résulte que sous l'action de sa propre gravité, un nuage de gaz devient de plus en plus dense. Il peut se fragmenter lorsque la pression du gaz qui s'oppose à la gravité est réduite en raison du refroidissement. Le gaz finit par devenir si dense que tous les rayonnements sont absorbés avant de pouvoir s'en échapper. À ce moment-là, les paquets opaques qui se sont formés sont bien partis pour devenir des étoiles.

Le nuage de gaz se fragmente en paquets denses de gaz froid qui finiront par donner des étoiles. Une fois que ces dernières se sont formées, l'évolution du système stellaire est figée car, contrairement à un nuage de gaz, un nuage d'étoiles est constitué d'objets qui ne se rencontrent pas, les étoiles étant relativement compactes. Le système ne peut perdre aucune énergie : une galaxie s'est ainsi formée. Si la formation des étoiles apparaît assez tôt et qu'elle est suivie d'une série de fusions entre des nuages d'étoiles, il en résulte naturellement une galaxie sphéroïde ou elliptique. S'il y a beaucoup de gaz et que les étoiles se forment tardivement, il en résultera un système discoïdal car un nuage massif de gaz a tendance à s'aplatir sur son axe de rotation.

Le premier épisode de la formation des étoiles

La formation des étoiles est un processus complexe. Il est mal compris malgré le fait que nous pouvons observer en détail les régions où il se produit. Nous n'avons pas une compréhension des fondements du phénomène. Nous ne pouvons pas prédire la distribution de la masse au sein des étoiles. Les étoiles massives forment des éléments lourds et explosent en recyclant la majeure partie de leur masse. Les étoiles moins massives contribuent le plus à la production de lumière dans l'Univers et les plus petites à la masse des systèmes stellaires. Nous devons donc élucider l'origine des étoiles si nous voulons mieux comprendre comment se forment les galaxies.

Certaines choses peuvent cependant nous aider dans notre recherche. Un nuage primordial est beaucoup plus facile à modéliser qu'un nuage conventionnel. Dans la région de formation d'étoiles d'Orion, à quelques parsecs de nous, on voit que les étoiles se forment dans des environnements poussiéreux, magnétisés, riches en molécules, où la physique est inévitablement complexe. Dans un nuage primordial, il n'y a pas d'éléments lourds donc pas de poussières et très peu de molécules. Il est très probable que les champs magnétiques ne se sont pas encore mis en place. En l'absence de telles complications, la physique de l'effondrement des nuages peut faire l'objet de calculs numériques. Les résultats sont nettement différents de ce à quoi l'on pourrait s'attendre par analogie avec les nuages proches de nous.

Il y a un aspect commun à tous les nuages produisant des étoiles. Les nuages initiaux contiennent environ une centaine de milliers de masses solaires de gaz. Mais la similitude s'arrête là. Dans les conditions primordiales, comme nous allons le voir ci-dessous, seules les étoiles très massives s'élevant à une centaine ou plus de masses solaires semblent se former. Le refroidissement est tellement inefficace que des paquets de gaz plus petits ne se fragmentent pas.

Ces étoiles massives ne feront pas long feu. En un million d'années, une étoile de cent masses solaires aura épuisé son combustible nucléaire et explosé sous forme de supernova. Ses débris enrichiront l'atmosphère qui sera par la suite incorporée dans des galaxies plus massives. La formation des étoiles primordiales est un processus de développement durable en ce sens que le recyclage des débris stellaires joue un rôle central dans la génération de nouvelles étoiles.

Les disques se forment

Toutes les galaxies tournent d'une certaine manière. Les disques sont portés par les forces de rotation. Un petit mouvement n'est pas sans conséquences. La rotation est induite par l'attraction gravitationnelle entre des nuages voisins de matière dans l'Univers précoce. Les nuages ont une forme irrégulière. Une face subit donc l'attraction due à la gravité d'un nuage voisin et cela se traduit par l'apparition d'un mouvement. Le gaz se refroidit et devient plus dense, l'ensemble se contracte. Le gaz se met à tourner plus rapidement et ressemble bientôt à un disque tenu à sa périphérie par la rotation. Le disque de gaz finit par se disloquer en paquets qui se fragmentent à leur tour pour donner la première génération d'étoiles.

Les disques de gaz froid sont des objets très instables. Le gaz se refroidit inévitablement et un mince disque se développe. Il forme une grande barre concentrée et se fragmente en petits agrégats de gaz qui donneront à leur tour les étoiles. La présence d'un halo noir ralentit ce processus et empêche la formation de la barre. Le halo noir fournit aussi un réservoir de gaz qui peut continuer à se déverser dans le disque et apporter la matière brute qui perpétuera la formation des étoiles.

L'apport en gaz est une source continue de matière à partir de laquelle peuvent se former les étoiles. Sans lui, beaucoup de galaxies spirales auraient épuisé leurs réserves de gaz depuis longtemps. Nous les trouverions en galaxies S0, des systèmes inertes qui ne contiennent que de vieilles étoiles. Grâce à cet apport, nous pouvons comprendre une propriété remarquable des galaxies comme la nôtre. Les galaxies en disque gardent une jeunesse éternelle, du moins en apparence. Les étoiles se forment à partir du gaz et les massives explosent. Les éléments lourds comme le fer et le carbone sont éjectés dans le milieu interstellaire. De nouvelles étoiles se forment à partir du gaz enrichi. La richesse en éléments des étoiles donne ainsi une mesure brute de leur âge. Les étoiles pauvres en métal sont anciennes, les riches plus jeunes.

Il y a relativement peu d'étoiles pauvres en métal. Si notre galaxie s'est initialement formée en vase clos sans addition tardive de gaz primitif, les premières générations d'étoiles ont pu se développer quand relativement peu de supernovae avaient explosé. L'enrichissement du gaz à partir duquel elles se sont formées a dû être minime. Il y aurait aujourd'hui une population substantielle d'étoiles pauvres en métal et anciennes datant de cette époque. Mais s'il y a eu un apport en gaz relativement vierge, une grosse partie du disque s'est formée tardivement après l'apparition d'un nombre important de supernovae. Il en résulte que le nombre d'étoiles extrêmement pauvres en métal est dilué. Nous voyons en effet que les quantités de métal dans les étoiles de disque ne sont pas très faibles. Mais dans un système fermé, on s'attendrait à 1 % de la valeur solaire, or la concentration en métaux dans les disques s'élève à environ un tiers de la valeur solaire. C'est une preuve indirecte que des apports substantiels en gaz ont eu lieu dans le disque en formation. Ce gaz devait avoir une faible quantité d'éléments lourds n'excédant pas le dixième environ de la valeur solaire. Cela ressemble beaucoup à ce que nous observons dans les nuages intergalactiques qui sont très probablement le réservoir de gaz froid et pauvre en métal qui réalimente les galaxies disques formant les étoiles.

Les galaxies elliptiques

Deux tiers environ de toutes les étoiles de l'Univers ne se trouvent pas dans des galaxies en disque mais en ellipse. Les disques, qui sont plus brillants en raison des étoiles plus massives qu'ils contiennent, dominent par la lumière. Mais les sphéroïdes dominent par la masse.

Les galaxies elliptiques sont de purs sphéroïdes tandis que celles en disque sont des hybrides entre disque et sphéroïde. Nous comprenons pourquoi un disque se disloque en nuages puis en étoiles car il est gravitationnellement instable. Comment un sphéroïde d'étoiles se forme est moins évident. Deux phénomènes pourraient intervenir. Un disque d'étoiles, une fois que le gaz est épuisé, ne peut que s'échauffer. Les collisions d'étoiles se produisent rarement ou pas du tout. Il reste peu de gaz pour irradier encore de l'énergie. Un ballon d'étoiles, parfois une barre, prend forme dans la distribution stellaire.

Un processus aussi lent à évoluer, qui prend beaucoup de temps de rotation du disque, peut expliquer l'apparition de petits sphéroïdes tels que celui de la Voie lactée. Notre sphéroïde contient peut-être 1 % de la masse du disque. Mais un processus plus spectaculaire doit avoir lieu pour les sphéroïdes massifs. Une fusion entre deux galaxies disques donne une galaxie elliptique. Les orbites stellaires se mélangent dynamiquement et le système se stabilise après une seule période dynamique en sphéroïde massif. La relaxation dynamique est rapide dans une situation où le champ de gravité subit de violents changements. Tout gaz résiduel peut être présent plus tard dans le disque mais ce sera vraisemblablement une composante secondaire du système final.

Les premières étoiles

Comme nous l'avons dit, les premières étoiles étaient probablement massives et leur vie limitée. Nous le pensons non parce que nous en avons une preuve directe mais par un raisonnement théorique et les traces indirectes d'étoiles disparues depuis longtemps.

Le problème est qu'à la base nous n'avons aucune théorie fondamentale de la formation des étoiles. Nous ne pouvons expliquer la masse des étoiles qui se sont récemment formées dans les nuages moléculaires environnants où l'on peut faire des observations approfondies. La physique de la formation d'une étoile met en jeu la fragmentation d'un nuage qui se refroidit et s'effondre. Mais des complications viennent s'ajouter comme l'effet des champs magnétiques qui soutiennent la pression, la coagulation des paquets de nuages par les turbulences et les accrétions, et le rôle d'une chimie interstellaire complexe dans la régulation de la vitesse avec laquelle un nuage qui s'effondre peut perdre son énergie. Chacune de ces questions mériterait un volume entier. Et cela ne ferait qu'effleurer le problème sans le résoudre. L'étude du devenir d'un nuage interstellaire proche est plus complexe que la prédiction météorologique à long terme, une tâche qui implique également la maîtrise de l'évolution des nuages atmosphériques, et elle dépasse les capacités des plus puissants ordinateurs actuels.

Un nuage primordial offre certains avantages. Il n'y a pas de champs magnétiques, pas de poussières pour compliquer la chimie, et en fait aucune molécule complexe ni atome lourd. Avant que les étoiles ne se forment, la physique est en effet relativement simple. Après, des questions de rétroaction entrent en jeu et compliquent grandement l'évolution ultérieure. Le défi d'évaluer la masse caractéristique des premières étoiles est avant tout numérique. Il implique la maîtrise de l'énorme différence d'échelle dynamique entre une galaxie et une étoile, ou du moins du nuage de gaz à partir duquel l'étoile s'est condensée.

Cela peut être fait. La masse des premiers agrégats stellaires a été évaluée par simulation numérique de l'effondrement d'un nuage de composition primaire. Ce dernier contenait un million de masses solaires en gaz, ce qui est caractéristique des premiers nuages baryoniques dans l'Univers. Un tel nuage est un élément de base typique d'une galaxie. Lorsque l'Univers était âgé d'un milliard d'années, ces nuages étaient à l'échelle des structures types de l'Univers. Les régions les plus denses dans le nuage forment de l'hydrogène moléculaire. Il ne s'en produit pas beaucoup, un dixième au plus de 1 % des atomes d'hydrogène se combine pour donner la molécule d'hydrogène, mais cela suffit à provoquer le refroidissement. Aucune poussière n'est nécessaire pour catalyser cette réaction comme cela se passe dans le milieu interstellaire proche. Les molécules d'hydrogène se forment par la simple chimie des ions où des atomes d'hydrogène captent parfois des électrons pour donner une molécule d'hydrogène chargée négativement. Celles-ci acquièrent ensuite des protons pour donner des molécules d'hydrogène.

Les molécules d'hydrogène permettent au refroidissement de se faire car elles ont des niveaux d'énergie interne associée à leur rotation plus bas que les électrons dans les atomes. Les paquets les plus denses peuvent descendre à environ 1 000 degrés Kelvin, point à partir duquel ils sont assez denses pour se fragmenter. Les fragments continuent à se refroidir et à gagner en densité avec leur contraction progressive. Des sous-fragmentations se produisent jusqu'à ce que se forment des paquets contenant quelques centaines de masses solaires. La fragmentation est alors terminée.

Un noyau dense d'un centième de masse solaire se forme au centre de ce paquet de gaz quand une étoile commence à apparaître. Il capture le gaz environnant et prend de la masse. À 1 000 degrés Kelvin, l'accrétion est relativement rapide au rythme d'un millième de masse solaire en gaz par an pour la nouvelle étoile. Au contraire, un calcul similaire pour les paquets de nuages moléculaires proches donne un résultat très différent car ils sont beaucoup plus froids. Leur température est de l'ordre de seulement 10 degrés Kelvin, ce qui correspond à un taux d'accrétion mille fois plus faible que dans le paquet de gaz primordial. Cette dernière accrétion est petite. Cela explique qu'aujourd'hui on peut trouver des étoiles de masses très variables, d'un dixième à cent fois celle du Soleil. On pense toutefois que seules des étoiles massives se seraient formées dans les nuages primordiaux en raison de leur taux élevé d'accrétion. La plus grande partie du gaz dans le paquet est capturée et nous en concluons que les étoiles primordiales sont en général massives, pesant une centaine de masses solaires. Certaines de ces étoiles auraient pu atteindre un millier de masses solaires.

Une étoile d'une telle masse a une durée de vie qui ne dépasse pas le million d'années. Elle termine sa vie thermonucléaire en explosant et en libérant une grande quantité de débris venant de son noyau. La matière éjectée s'est trouvée enrichie par les réactions nucléaires. Les débris contiennent ainsi de l'oxygène, du soufre et du fer. L'explosion peut laisser derrière elle un trou noir de quelques masses solaires ou même être complètement catastrophique dans une étroite gamme de masse. De toute façon, l'hydrogène primordial de la protogalaxie environnante est contaminé par des éléments lourds. En fait, suivant la manière dont se déroule la mort de l'étoile massive, une empreinte différente de sa signature nucléosynthétique sera laissée dans le gaz environnant.

Une étoile massive qui laisse un trou noir derrière elle produit des rapports de noyaux à nombre atomique pair et impair moins extrêmes que celle qui disparaît complètement. De même que pour soutenir un poids, deux points sont plus stables qu'un seul, on trouve que les noyaux pairs sont en général plus stables que les impairs et qu'ils sont donc plus abondants dans la nature. En fait, le déroulement de l'explosion thermonucléaire conduit à une prépondérance en noyaux pairs mais pour le détail les rapports dépendent du type d'explosion et de la masse ainsi que de l'histoire de l'étoile qui explose. Ces rapports sont donc des indices précis de l'histoire thermonucléaire de l'explosion. La prochaine génération d'étoiles qui se formera du gaz environnant présentera la signature nucléosynthétique des premières étoiles. Cela nous permet de tester indirectement l'idée que les étoiles primordiales étaient massives car certaines des étoiles de seconde génération auront une masse assez faible pour avoir subsisté jusqu'à nos jours. Une signature nucléosynthétique unique est générée par une étoile de cent masses solaires. En pratique, il y aura bien sûr une large gamme de masses et cela viendra compliquer les prédictions.

Il faut chercher avec soin les traces des premières étoiles. Notre halo galactique est le terrain de recherche logique car c'est là que se sont mis en place les premiers éléments galactiques. Lorsque le gaz a fini par se rassembler pour former le disque, des étoiles ont été laissées pour compte et orbitent autour de la galaxie à tout jamais. Elles se sont formées à partir du gaz contaminé par les premières étoiles à courte durée de vie. La seconde génération d'étoiles a dû avoir un éventail de masse plus large. Ce sont celles de faible masse que nous pouvons espérer détecter de nos jours.

De telles étoiles feraient partie de la population du halo galactique et pourraient être distinguées par leurs faibles quantités en éléments chimiques, leur vitesse radiale élevée et leurs mouvements propres. Nous cherchons les plus anciennes étoiles en passant en revue le halo pour des candidates possédant une fraction de métal comme le fer environ dix mille fois plus petite que celle du Soleil. Un enrichissement en métaux des étoiles s'effectue au fil des générations et culmine avec des quantités comme celles présentes dans le Soleil, atteintes lors de sa formation il y a cinq milliards d'années dans le disque de la Voie lactée. Les plus vieilles étoiles de la galaxie se sont formées il y a douze milliards d'années, ce qui laisse tout le temps pour de multiples générations d'étoiles.

On a ainsi découvert une étoile dont les quantités en fer sont égales à seulement cent millièmes de celles du Soleil. Il s'agit du record de l'étoile la plus primitive. Les quantités des divers éléments lourds visibles dans le spectre de cette étoile, comme aussi dans le cas d'étoiles moins extrêmes ayant un dix millième ou même un centième de la concentration en fer solaire, exigent qu'il y ait eu une étoile d'origine très massive disparue depuis longtemps.

Cela contraste avec ce que l'on trouve dans les étoiles plus enrichies, avec des concentrations dépassant par exemple 1 % des quantités solaires. Ces concentrations peuvent s'expliquer par un mélange normal d'étoiles avec leurs supernovae associées. Une telle population d'origine ressemble aux étoiles que l'on peut voir se former et disparaître dans les régions proches de formation d'étoiles. Il faut qu'il y ait eu une génération d'étoiles très massives mortes depuis longtemps pour expliquer les concentrations chimiques des étoiles les plus primitives et pauvres en métal de la galaxie. Ces astres, dont nous n'avons que des traces fossiles, furent les premières étoiles.

Les premières galaxies

La simulation, en incluant les gaz, des galaxies qui fusionnent entre elles montre que les objets intermédiaires au cours de ce processus peuvent être des galaxies très irrégulières. Nous pouvons voir le développement transitoire de queues de marée et de bras spiraux. Mais au-delà de ces motifs transitoires associés au processus de formation des étoiles, il y a des systèmes asymétriques tels que les disques et les sphéroïdes formés à partir des vieilles étoiles. L'étude de la morphologie des galaxies nous permet d'avoir une idée des conditions initiales car elle change bien trop lentement pour ne pas s'être mise en place très précocement.

Pour qu'une galaxie soit ronde, ses étoiles doivent s'être formées relativement vite avant que ne puisse se produire une fusion. Si l'on attendait beaucoup plus longtemps, le gaz tournerait lentement en spirale et se fragmenterait en un disque d'étoiles. Nous pouvons conclure de cela que la naissance des galaxies elliptiques a dû être un événement ultralumineux, et plus bref, tandis que celle des galaxies en disque a dû prendre plus de temps, avec un taux de formation d'étoiles et une luminosité plus faibles.

Confrontons ces spéculations avec les rares exemples de galaxies proches en fusion. Les fusions arrivent inévitablement avec la hiérarchisation de la structure. Elles étaient courantes il y a longtemps. Seuls les cas les plus pathologiques subsistent aujourd'hui mais ce sont aussi souvent les plus intéressants. Une fusion produit une galaxie radio lumineuse ou une forte flambée de formation d'étoiles. On trouve que des objets qui pourraient autrement paraître des galaxies « normales » sont, après examen, en train de subir une fusion qui nourrit une forte croissance de la formation d'étoiles.

Les fusions du passé laissent leurs traces dans les galaxies proches. On détecte après exposition prolongée de faibles enveloppes autour de certaines galaxies elliptiques. Elles sont, comme les rides restant à la surface d'un étang bien après la chute d'une pierre, des restes fossiles d'une fusion qui s'est produite une éternité auparavant, il y a plus de deux milliards d'années.

Les fusions doivent donner des galaxies elliptiques. On s'attend donc à ce que les plus anciennes galaxies soient elliptiques. Elles se sont formées il y a longtemps mais à des décalages vers le rouge encore accessibles aux télescopes modernes. Les galaxies ultralumineuses ont de fait été découvertes dans l'univers lointain. Leur lumière se trouve essentiellement dans l'infrarouge. Leur taux de formation d'étoiles est prodigieux et un millier de fois plus élevé que celui de la Voie lactée. L'observation attentive des images révèle qu'il y a presque toujours une fusion en cours entre des galaxies. Durant ce processus, il est naturel que le gaz interstellaire et la poussière associée soient hautement concentrés. Le spectacle de la formation des étoiles est obscurci mais la lumière doit s'échapper dans l'infrarouge où elle est réémise par la poussière. Ces galaxies infrarouges ultralumineuses ou ULIRG en anglais sont d'excellentes candidates pour former les galaxies elliptiques.

On a découvert de jeunes galaxies en disque formant des étoiles grâce à une nouvelle technique utilisant des analyseurs dans le visible qui scrutent l'Univers en quête de galaxies à la fois en train de former des étoiles et à fort décalage vers le rouge. Le recours à des filtres qui détectent des interruptions brusques de la lumière des galaxies à une longueur d'onde donnée permet de rechercher ce que l'on appelle les « cassures de Lyman ». Celles-ci résultent de l'absorption par les atomes d'hydrogène des radiations dans l'ultraviolet lointain. Cela se produit dans toutes les galaxies riches en gaz, à la longueur d'onde de 912 angströms. En recherchant les cassures de Lyman à des longueurs d'onde bien plus élevées dans des images bien exposées, on peut sélectionner un échantillon de galaxies nettement décalées vers le rouge avec des cassures de Lyman. On a ainsi pu sélectionner un grand nombre de galaxies formant des étoiles à des décalages allant jusqu'à 4, quand l'Univers n'était que le cinquième de ce qu'il est actuellement et que la transition de Lyman était à 4 560 angströms. Ces galaxies sont les équivalents en plus jeune des galaxies telles que notre Voie lactée.

Munis d'échantillons complets de galaxies où se forment des étoiles et qui ont été sélectionnées au hasard dans des aires spécifiques du ciel entre notre époque et celle d'un décalage élevé vers le rouge, on peut alors simplement ajouter la luminosité observée dans un volume donné de l'Univers. La luminosité traduit directement le taux auquel se forment les étoiles puisque ce sont les étoiles massives, de courte durée de vie et lumineuses, qui y dominent. La formation des étoiles paraît ainsi augmenter rapidement lorsqu'on remonte le passé et atteint un pic vers un décalage de 2 environ. Elle se poursuit jusqu'à un décalage d'au moins 5. La plupart des étoiles étaient donc déjà formées quand l'Univers n'avait que le tiers de son âge actuel et leur formation n'a cessé de décliner depuis.

Les galaxies lointaines sont généralement compactes, forment des étoiles et sont regroupées dans l'espace. Leur caractère compact suggère qu'elles sont les composantes sphéroïdes de galaxies disques en formation. Les sphéroïdes sont les parties les plus anciennes de ces dernières. Leur regroupement confirme ce que prédit la théorie du regroupement hiérarchique, à savoir que les régions plus denses de l'Univers ont débuté avant les autres.

Notre Soleil, du passé au futur

La Voie lactée s'est condensée à partir d'un nuage massif de gaz il y a quelque douze milliards d'années. Le gaz avait un certain moment angulaire, acquis suite au couple de torsion de marée entre les nuages protogalactiques voisins qui s'écartaient dans l'Univers en expansion. Lorsque le gaz s'est contracté, la conservation du moment angulaire a fait que le principal nuage s'est mis à tourner plus vite sur lui-même et le disque de la Voie lactée est apparu. Ce disque s'est fragmenté en nombreux nuages plus petits qui se sont ensuite agrégés en se déplaçant dans le disque. Des complexes de nuages massifs se sont finalement développés et fragmentés en étoiles.

Notre Soleil est né il y a 4,6 milliards d'années dans un nuage dense de gaz et de poussières interstellaires. Le nuage a accumulé de la matière interstellaire pendant quelques centaines de millions d'années alors qu'il évoluait dans la Voie lactée. La composition du gaz était loin d'être celle des origines, il avait été enrichi par les éléments lourds issus de générations précédentes d'étoiles. Les éléments lourds tels que le carbone, l'oxygène et le fer représentent environ 2 % du gaz. Celui-ci peut par conséquent se refroidir en rayonnant dans diverses transitions atomiques et moléculaires.

La molécule la plus commune dans le milieu interstellaire après l'hydrogène est le monoxyde de carbone et c'est le refroidisseur moléculaire le plus efficace. Les astronomes détectent ses émissions dans les micro-ondes et trouvent par ce biais que la Voie lactée contient des milliers de nuages moléculaires. Ce sont tous des sites, au moins potentiels, de formation d'étoiles. En gagnant de la masse par leur agrégation à d'autres nuages, leur force de gravité propre finit par l'emporter sur le gradient de la pression thermique. Les nuages se contractent. Les forces magnétiques jouent un rôle en empêchant le nuage de s'effondrer. On trouve que les nuages de quelques milliers de masses solaires se contractent lentement mais dans ceux qui sont beaucoup plus massifs, des centaines de milliers de masses solaires ou plus, un effondrement gravitationnel se produit inévitablement.

Même là, le processus est ralenti. Une fois que les étoiles ont commencé à se former, une rétroaction énergétique vient des jeunes étoiles chauffant le nuage et donne au gaz moléculaire une impulsion. L'effet net en est que la formation des étoiles est un processus inefficace. Le temps d'effondrement d'un nuage est d'un million d'années mais en général un nuage continue à former des étoiles sur des dizaines de millions d'années. La Voie lactée contient encore beaucoup de nuages moléculaires qui se disloquent lorsque la formation des étoiles a épuisé ne serait-ce que quelques pour cent de leur masse.

Les étoiles qui meurent explosent et sont à l'origine de l'éclatement des nuages. Ce sont dans ce cas des étoiles massives, de plus de dix masses solaires, qui finissent en supernovae. Le Soleil lui-même aura un destin plus tranquille. L'histoire future d'une étoile est d'abord déterminée par sa masse. La destinée du Soleil est déjà fixée, il reste peu de mystères sur son passé et son futur.

L'évolution stellaire équilibre la perte d'énergie due au rayonnement avec l'apport énergétique issu des réactions thermonucléaires. Cet état est précaire, tiraillé entre gravité et pression thermique. Une fois que le combustible est épuisé, l'étoile doit se contracter.

Les réactions nucléaires commencent lorsque le cœur du proto-soleil a atteint une température d'environ un million de degrés Kelvin. Les premières réactions concernent la combustion du deutérium, un isotope de l'hydrogène. Près d'un centième de l'hydrogène est sous forme de deutérium. Cette proportion est suffisamment petite pour plus ralentir la contraction du protosoleil que provoquer une combustion du deutérium à une allure constante.

La température centrale finit par atteindre dix millions de degrés Kelvin. Elle est à ce point assez élevée pour que la répulsion entre protons, qui sont chargés positivement et se repoussent normalement, soit vaincue. La fusion thermonucléaire se produit dans un cycle qui peut se résumer par le fait que quatre noyaux d'hydrogène forment un noyau d'hélium. Le noyau d'hélium, de masse atomique 4, consiste en deux protons et deux neutrons. Il pèse proportionnellement moins, de 7 parties pour 1 000, que les quelques protons qui démarrent la réaction en chaîne. L'effet net en est une libération d'énergie correspondant à cette différence de masse. Le Soleil continuera à survivre sur le combustible de son cœur d'hydrogène encore cinq milliards d'années environ.

Le cœur chaud représente près de 10 % de la masse solaire. Celle-ci est de $2 \times 10^{+33}$ grammes et les réserves en énergie du cœur s'élèvent à sept dixième de pour-cent de la masse d'hydrogène présente dans le cœur. L'équivalent en énergie est de $1,2 \times 10^{+51}$ ergs. En comparaison, les réserves mondiales de combustibles fossiles fourniraient assez d'énergie pour soutenir une puissance de 1 gigawatts pour cent ans, ou environ 10^{+26} ergs, soit un millionième de milliardième de ce qu'apporte le Soleil.

Le Soleil est dispendieux en énergie et produit quelque quatre cent millions de milliards de gigawatts en puissance, rayonnant $4 \times 10^{+33}$ ergs chaque seconde dans l'espace. Il correspond à un milliard de milliards de réacteurs de centrale nucléaire. Il continuera d'irradier à ce rythme pendant cinq milliards d'années avant l'épuisement de son combustible nucléaire. Le Soleil est donc une étoile à mi-parcours. L'apport en énergie thermonucléaire lui permet de garder sa taille et sa température, la gravité équilibrant la pression tant que la combustion permet de maintenir sa luminosité. Le Soleil est sous la pression de la libération énergétique de son cœur car c'est une boule opaque de gaz : les particules énergétiques et les rayons gamma produits dans les réactions nucléaires se dégradent et finissent par fournir, après de multiples absorptions et émissions, la source inoffensive de lumière jaune que nous connaissons.

Le destin du Soleil

Une fois que l'hydrogène du cœur est épuisé, la source de chaleur et de pression disparaît. La gravité propre domine et le cœur se contracte. Cela se traduit par un échauffement du cœur. Il est bientôt à 100 millions de degrés Kelvin. À cette température, l'hélium subit des réactions nucléaires qui donnent le carbone par le processus triple alpha : trois noyaux d'hélium, ou particules alpha, fusionnent en un seul de carbone. Le Soleil a un nouveau bail pour survivre. Mais c'est une nouvelle phase dramatique pour le cœur d'hélium, entouré d'un cœur plus large d'hydrogène en combustion qui est jusqu'à dix mille fois plus lumineux que ne l'était le Soleil lors de sa phase de combustion pure de l'hydrogène.

Le résultat en est que l'augmentation de pression associée à celle, soudaine, de la luminosité du cœur déstabilise la partie externe du Soleil. Celle-ci grandit. La température décroît et la lumière devient plus rouge. Le Soleil est maintenant une géante rouge. L'enveloppe externe s'étend au-delà de Jupiter. La Terre est incinérée. Dans cinq milliards d'années, il faut espérer que les habitants de la Terre auront trouvé une solution pour échapper à son destin infernal.

En s'étendant encore plus, le Soleil se transforme en ce que les astronomes appellent une « nébuleuse planétaire ». En son centre, on peut voir d'ordinaire une étoile brillante et blanche de chaleur. Elle est vouée à se refroidir pour donner l'ultime vestige du cœur solaire, une naine blanche, formée d'un mélange d'hélium, de carbone et d'oxygène. La masse de l'étoile qui en est à l'origine aide à déterminer jusqu'où le cœur ira dans son évolution thermonucléaire au cours de laquelle l'hydrogène brûle en hélium, l'hélium en carbone et le carbone en oxygène.

L'état final de cette évolution est déterminé par la dégénérescence. Elle se produit lorsque la densité est tellement élevée qu'un nouveau type de pression lié à la théorie quantique devient plus important que la pression thermique des électrons chauds. Cette nouvelle forme de pression est associée au principe d'incertitude de Heisenberg. Selon ce principe, une incertitude inévitable est attachée à la position d'une particule élémentaire. Elle est équivalente à une pression, mais ne devient significative comparée au mouvement thermique des particules qu'à une densité extrêmement élevée. Une fois que la pression quantique est importante, toutefois, l'étoile atteint un état d'équilibre stable dans lequel l'énergie thermonucléaire ne joue plus aucun rôle.

Nous avons vu qu'il y avait deux types de particules constituant la matière : les particules légères comme les électrons appelées « leptons », et les lourdes comme les protons, appelées hadrons. On les désigne collectivement sous le nom de « baryons ». Quand les atomes sont comprimés à des pressions tellement élevées qu'ils se chevauchent virtuellement, certains restent plus mobiles en raison notamment de l'incertitude quantique de leur localisation. C'est ce qui donne naissance au phénomène de pression quantique. On dit dans ce cas que les électrons sont « dégénérés », ils n'appartiennent en effet à aucun atome particulier.

La pression de dégénérescence électronique deviendra importante quand le Soleil se sera contracté d'un facteur 100 par rapport à sa taille actuelle. La densité atteindra une valeur d'une tonne par centimètre cube. La distance moyenne entre les particules est maintenant approximativement la longueur d'onde Compton d'un électron. La longueur d'onde Compton d'une particule détermine le seuil où ses propriétés quantiques et son comportement de type ondulatoire deviennent dominants. Les électrons ne peuvent pas être plus fortement compactés : c'est l'origine de la pression de dégénérescence. Une naine blanche a un rayon d'environ 10 000 kilomètres et ne brille plus que par son énergie thermique résiduelle. Cet objet chaud de la fin d'une phase de réactions thermonucléaires s'atténue progressivement en une naine noire, son refroidissement s'étalant sur des dizaines de millions d'années. Le Soleil sera alors devenu une naine blanche entourée d'une poignée de planètes subsistant au-delà de l'orbite de Mars. La masse maximale d'une naine blanche est de 1,4 masse solaire. Les étoiles ayant jusqu'à huit masses solaires finissent en naines blanches après avoir déversé la plus grosse part de leur masse au cours de la phase de nébuleuse planétaire.

Le destin d'une étoile massive

Si une étoile a une masse dix fois supérieure à celle du Soleil, elle meurt de mort violente. Elle s'effondre quand elle tombe à court de combustible thermonucléaire. Sa gravité propre suffit à garantir une fusion thermonucléaire jusqu'au fer. Cet élément est cependant la dernière étape de la libération d'énergie par ce processus. La fusion des noyaux de fer ne peut pas fournir plus d'énergie. Les seuls éléments plus massifs que le fer à libérer de l'énergie nucléaire sont les isotopes instables du type de l'uranium qui subissent une fission nucléaire. Cela se termine donc avec un noyau compact de fer dépourvu d'apport en combustible et donc voué à s'effondrer. La dégénérescence vient encore une fois à la rescousse mais seulement lorsque le fer s'est décomposé en neutrons et en protons, ces derniers se transformant en neutrons par la capture d'un électron et l'émission d'un neutrino. Les neutrinos sont des particules interagissant faiblement, virtuellement sans masse, qui passent sans être pratiquement affectés à travers les couches externes du cœur qui s'effondre. Une bouffée de neutrinos a été mesurée en 1987 par trois détecteurs situés en profondeur dans différents continents quand une supernova a explosé dans notre galaxie la plus proche, le Grand Nuage de Magellan. On arrive ainsi à un cœur dense de neutrons, d'énormes quantités d'énergie étant libérées dans une onde de choc qui se propage à travers l'enveloppe externe pour produire une gigantesque explosion de supernova expulsant un matériel partiellement enrichi. Une partie de l'éjecta provient des couches qui ont subi la fusion nucléaire à l'origine de l'oxygène et du silicium, une autre partie plus interne est exposée au flux élevé de neutrons et forme des isotopes hautement enrichis.

Quand la compression du cœur de l'étoile est telle que les électrons s'écrasent sur les protons pour former des neutrons, elle atteint son stade ultime lorsque les neutrons se touchent pratiquement. L'étoile est alors fondamentalement un noyau géant. La pression qui maintient cette boule de neutrons vient du déplacement quantique des neutrons. Le cœur de neutron est tenu par la pression de dégénérescence des neutrons, ce qui s'instaure à une densité qui est des milliards de fois supérieure à celle d'une naine blanche, soit dix milliards de tonnes par centimètre cube. Une étoile à neutrons est mille fois plus petite qu'une naine blanche et a un rayon d'une dizaine de kilomètres.

Les particules élémentaires ont une nature ondulatoire et le rayonnement électromagnétique peut être particulaire, notamment aux très hautes énergies. Plus une particule est massive, plus sa longueur d'onde est petite. C'est la longueur d'onde d'une particule qui détermine l'incertitude quant à sa position. La longueur d'onde Compton d'un neutron est mille fois plus petite, sa masse étant mille fois plus grande que celle d'un électron. C'est la raison pour laquelle une étoile à neutrons est mille fois plus petite qu'une naine blanche. Des milliers d'étoiles à neutrons sont détectées par les astronomes sous forme de pulsars : des étoiles à neutrons magnétisées tournant rapidement sur elles-mêmes et qui émettent des faisceaux radio à partir des particules accélérées près de leurs pôles magnétiques.

La luminosité d'une supernova est comparable à celle d'une galaxie entière pendant les quelques mois qui suivent son explosion. Ce qui reste des supernovae pollue le gaz interstellaire et se trouve recyclé en tant qu'éjecta pour générer de nouvelles étoiles. Le carbone et le fer de notre corps a été éjecté autrefois d'une étoile à l'agonie.

La Voie lactée : coups de projecteur sur son passé

Les galaxies sont des assemblages d'étoiles et de matière interstellaire qui ont incorporé des générations successives d'éjectas de supernovae pour donner les quantités d'éléments lourds que nous mesurons à présent. La gamme des étoiles reflète l'histoire entière de l'évolution chimique, de celles qui se sont formées lorsque la galaxie était jeune et pauvre en métal à celles plus récentes qui sont plus enrichies. Les quantités présentes dans le milieu interstellaire donnent un cliché de la chimie galactique actuelle. Cela se passe ainsi. Les étoiles se forment dans de denses nuages d'hydrogène atomique et moléculaire. La galaxie naissante était un ensemble de tels nuages. Des supernovae ont explosé et enrichi chaque nuage. Quelques supernovae dans chaque nuage ont suffi à fournir assez d'énergie pour le disloquer. L'éjecta de la supernova se mélange au gaz interstellaire et se disperse dans ce milieu. Les premiers disques riches en gaz sont gravitationnellement instables jusqu'à la formation de nouveaux nuages. Ils se fragmentent en groupes de nuages. De nouveaux nuages se forment à partir du gaz interstellaire enrichi. Ils donnent à leur tour de nouvelles étoiles. Et ce processus se répète pendant plusieurs milliards d'années.

On arrive ainsi au mélange actuel de gaz et d'étoiles. Il y a de vieilles étoiles qui se sont formées dans les nuages de la première génération. Deux traits les caractérisent. Les plus vieilles étoiles sont pauvres en métal, ce qui reflète la rareté des éléments plus lourds que l'hélium dans les premiers nuages. Ceux-ci n'avaient en outre pas encore formé de disque galactique. Ils avaient des orbites plongeantes qui les menaient du halo externe vers le centre de la galaxie dans le mouvement d'effondrement des premières galaxies. Les premières étoiles ont gardé le déplacement correspondant au nuage dont elles sont issues. Lors de la formation des galaxies en disque, les nouvelles générations de nuages prennent place avec des orbites surtout cir-culaires dans un mince disque. Les étoiles qui naissent des nuages gardent leur déplacement, aussi peut-on s'attendre à une corrélation générale entre le taux croissant en métal et des déplacements aléa-toires verticaux plus faibles des étoiles. Les étoiles les plus récentes se déplacent surtout dans le plan galactique. Le sens « vertical » corres-pond aux mouvements en dehors de ce plan qui reflètent pour l'essentiel l'effondrement initial et la formation du disque.

Aujourd'hui, le milieu interstellaire a des concentrations en élé-ments lourds qui excèdent légèrement celles trouvées dans le Soleil. Comme celui-ci s'est formé il y a 4,6 milliards d'années, cela reflète un enrichissement ultérieur du gaz interstellaire par des supernovae. Environ 30 % de la Voie lactée est sous forme gazeuse, le reste étant constitué d'étoiles. L'apport en gaz serait épuisé depuis longtemps s'il n'y avait pas eu l'éjection de masses associée à l'évolution et à la mort des étoiles.

Une autre fenêtre sur le passé de la Voie lactée a été ouverte par l'étude du déplacement des étoiles et des amas globulaires dans le halo de la galaxie. On trouve des agrégats d'étoiles ou d'amas globulaires qui tournent en sens contraire par rapport à celui de la rotation principale. Ce sont les vestiges d'anciennes rencontres entre des galaxies naines et la Voie lactée. Elles se sont traduites par une destruction quasi complète des naines satellites lorsque leur gaz et leurs étoiles se sont incorporés à notre galaxie. Le gaz est attiré par à-coups et se déverse dans le disque. Le cœur dense d'étoiles tourne en spirale dans le bulbe central, subissant une friction dynamique de la part des étoiles du disque en place. Les étoiles externes moins fortement liées de la galaxie naine sont aussi aspirées mais elles gardent leur énergie cinétique à la différence du gaz qui, lui, perd son énergie par dissipation. Ce phénomène est à l'origine des courants d'étoiles que l'on trouve dans les anciennes populations du halo de la Voie lactée.

Origines

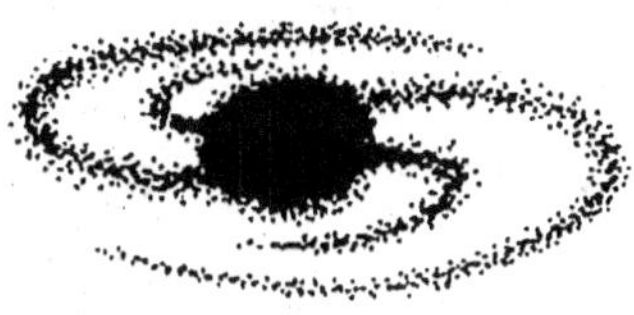

« Un coup de dés jamais n'abolira le hasard. »

Stéphane MALLARMÉ

« En tout cas, je suis convaincu qu'Il [Dieu] ne joue pas aux dés. »

Albert EINSTEIN

L'un des thèmes les plus profonds que l'on retrouve dans la culture moderne mais aussi classique est celui de la quête de l'humanité pour comprendre ses origines. Les astronomes ont un unique avantage sur tous ceux qui cherchent dans le lointain passé. Ils peuvent le voir directement en étudiant l'Univers bien avant que ne se soit formé le système solaire et même notre galaxie, et cela grâce à des télescopes géants.

Jusqu'où pouvons-nous remonter dans l'origine des temps ?

Nous pouvons nous tourner vers le passé parce que l'Univers est en expansion et que la lumière a une vitesse finie. Si nous regardons à des milliards d'années-lumière de distance, nous allons des milliards d'années dans le passé. Nous en déduisons que les premières étapes de formation de la structure de l'Univers ont commencé il y a longtemps, quand il était de densité presque complètement uniforme. Ce qui a déterminé cette structure a été mis en place assez tôt. Dans cet Univers, il n'y a pas assez de temps pour que des fluctuations se développent spontanément. Il a plutôt dû y avoir des graines de fluctuations qui ont fini par donner naissance à une structure. Les conditions initiales sont décisives pour comprendre l'évolution. Dans quelle mesure l'Univers était-il lisse à ses débuts ? S'il avait été trop uniforme, les galaxies ne se seraient jamais formées. S'il avait été trop grumeleux, nous vivrions à la périphérie d'un gigantesque trou noir.

La théorie ne peut pas trop nous guider. La percée est venue de la détection par l'observation des fluctuations primordiales à partir desquelles la structure s'est formée. L'Univers est transparent. On peut voir très loin, notamment dans la région spectrale des micro-ondes où les galaxies apparaissent sombres et le rayonnement du fond cosmologique diffus l'emporte sur les étoiles. Nous savions que nous pouvions voir jusqu'à un million d'années en arrière. Avant cela, on butait sur un brouillard impénétrable car l'Univers était assez dense pour que la lumière soit diffusée. Il nous fallait aller au-delà de cette limite, connaissant la densité de la matière. Mais cela prit presque trente ans de recherches, après la découverte du fond diffus cosmologique, pour que les fluctuations de température soient détectées.

Nous pouvons même aller plus loin en arrière. Pas directement, mais les indices sont largement convaincants. Puis il y a l'origine des éléments légers. L'origine des baryons. Et finalement nous arrivons à l'ère de l'origine des fluctuations, à la transition de phase définie par l'entrée en scène de la Grande Unification et de l'inflation.

Nous sommes encore désespérément à la recherche d'une théorie ultime de la gravité quantique. Seule la réunion des théories quantique et gravitaire peut nous mener au commencement du temps. Mais pour comprendre l'origine de l'Univers, nous devons d'abord préciser notre compréhension de la nature ultime de la matière. Cela implique la réunion de la gravité aux trois autres forces fondamentales, puisqu'il n'y a aucun doute que cette force, maintenant de loin la plus faible, a été autrefois sur un pied d'égalité avec les interactions nucléaires et l'électromagnétisme à l'étape des immenses densités et pressions au commencement du cosmos.

À la recherche de la théorie ultime

> « Les diverses particules doivent être littéralement considérées comme les projections d'une réalité de dimension plus élevée qui ne peut s'expliquer par aucune force d'interaction entre elles. »
>
> David BOHM

Les supercordes sont des particules subatomiques à dix dimensions. Elles n'apparaissent comme telles que lorsque les six dimensions de plus se sont effondrées dans la transition de phase qui s'est produite quelque 10^{-43} seconde après le Big Bang. Pour des raisons qui sont particulièrement difficiles à expliquer, on peut incorporer toutes les propriétés des particules élémentaires telles que leur masse, leur charge et leur spin dans les supercordes. Le processus résulte d'une description séduisante par sa simplicité à la fois des particules et des lois de la physique qui déterminent leurs interactions. Les supercordes donnent une élégante interprétation mathématique des particules élémentaires. Il en résulte une théorie dont la beauté mathématique est tellement attirante qu'une armée de physiciens théoriciens a emboîté le pas aux avancées faites par des spécialistes comme Michael Green, John Schwartz et Edward Witten.

Les mathématiques employées sont sans conteste complexes. Il faut maîtriser la théorie M et les branes, la dualité et beaucoup d'autres notions pour aborder le sujet. En dernière analyse, il y aurait 496 contreparties différentes et non spécifiées au photon, qui est à lui seul suffisant dans la physique classique comme vecteur d'énergie de l'électromagnétisme. Il est peu surprenant que certains, comme Sheldon Glashow[*], soient critiques. Ce dernier écrit :

La contemplation des supercordes pourrait évoluer en activité... dirigée dans les écoles de théologie par de futurs homologues des théologiens médiévaux.

Le héros de la théorie des supercordes, le physicien de Princeton Edward Witten, a répondu à cela d'une façon plutôt arrogante en avançant :

... On n'a encore jamais vu de bonnes fausses idées rivaliser même de loin avec la majesté de la théorie des cordes.

La théorie des supercordes a été incorporée à celle des M-branes. Ces dernières sont formées de multiples de l'espace-temps de dimensions supérieures appelés collectivement « p-branes ». Le p représente tout entier désignant la dimension de l'espace. Les physiciens aimeraient beaucoup prédire p à partir des premiers principes.

Nous savons que p ne peut être un ou deux car nous serions alors en forme soit de saucisse, soit de crêpe avec des inconvénients entre autres pour notre système digestif. On peut établir la gravité quantique, au moins dans le principe, dans des espaces à dimensions supérieures. Ce fut l'un des grands messages de la théorie des supercordes. Des infinis troublants (et l'infini est vraiment perturbant pour un physicien) peuvent être éliminés si nous fixons p dans certains espaces à haute dimension. Dix est le nombre préféré pour cela, bien que certains tiennent à quatre. Trois ne suffit certainement pas car il faut une liberté supplémentaire dans les dimensions élevées. Tout cela paraît un peu de la science-fiction. Est-ce réel ? Il faut concevoir

---

[*] Ces citations sont extraites de l'ouvrage de T. Ferris, *The Whole Shebang* (Weidenfeld and Nicholson, 1997).

des expériences qui feront la différence entre ces variantes exotiques de la cosmologie.

Il est clair que l'on manque cruellement d'inspiration pour remettre directement en question les bases de la cosmologie. Celle-ci a fourni jusqu'à présent une théorie de l'Univers dépourvue de commencement. La théorie des cordes pourrait donner une réponse, mais sa profonde complexité me rappelle inévitablement l'un des dictons de Leon Lederman :

Si l'idée de base est trop compliquée pour tenir sur un T-shirt, elle est probablement fausse.

Comment apportons-nous la preuve de tout cela ?

Un type d'expérience permet d'envisager de sonder les premiers instants de l'Univers. La seule forme de rayonnement qui a pu se propager jusqu'à nous à travers la grande densité de matière du début de l'Univers est celui de la gravitation, car il interagit si faiblement avec la matière qu'il peut en traverser pratiquement n'importe quelle quantité.

Le rayonnement gravitationnel est prédit par la théorie de la gravité d'Einstein. Il est produit dans un champ de gravité variant fortement lors par exemple de la formation d'un trou noir. Jusqu'à présent, le rayonnement gravitationnel n'a été détecté qu'indirectement par l'étude des ondes radio émises par les paires compagnes des étoiles à neutrons dont au moins une est un pulsar. La première paire connue d'étoiles à neutrons, que l'on appelle « pulsar binaire », a été découverte il y a plus de trente ans et soigneusement étudiée au fil des ans par Joseph Taylor et Russell Hulse. Ces chercheurs ont découvert que l'orbite diminuait et que son axe présentait une précession comme le prédisait la théorie de la gravitation d'Einstein en raison du rayonnement des ondes gravitationnelles. Cette découverte leur a valu de recevoir le prix Nobel en 1993.

Les ondes gravitationnelles ne sont rien de moins que des variations transitoires du champ de gravité. Le rayonnement de gravité consiste en ondes orientées au hasard qui se propagent à la vitesse de la lumière. Jusqu'à récemment, la plupart des détecteurs d'ondes gravitationnelles étaient formés d'une masse en forme de barre extrêmement isolée qui se déformait légèrement au passage de l'onde gravitationnelle. La déviation attendue est infinitésimale pour des sources astronomiques connues telles que les étoiles à neutrons binaires en déplacement.

Une autre approche qui aboutit finalement à une plus grande sensibilité consiste à mesurer les légers changements de distances se produisant entre deux miroirs entre lesquels un faisceau laser est réfléchi de nombreuses fois. Plusieurs expériences sont en cours utilisant des faisceaux lasers qui peuvent être longs d'un kilomètre comme éléments d'un interféromètre permettant de mesurer un changement de longueur de 10^{-15} centimètre. On peut espérer qu'à ce niveau de précision on détectera les bouffées de rayonnements libérées quand un trou noir de la masse d'une étoile se forme n'importe où dans notre galaxie. C'est un événement plutôt rare : on pourrait attendre au moins un siècle pour assister au prochain ! On finira par augmenter la sensibilité expérimentale au point de pouvoir détecter les événements à l'origine des trous noirs dans nombre de galaxies proches. Différents appareils du LIGO (Laser Interferometer Gravitational-Wave Observatory) et de ses rivaux font des enregistrements ou se préparent à les faire sur plusieurs sites aux États-Unis, au Japon, en Australie, en Italie et en Allemagne. Le LIGO lui-même est une expérience américaine localisée dans les États de Washington et de Louisiane, et VIRGO est un concurrent franco-italien situé près de Pise.

La plupart des théories concernant le début de l'Univers prédisent qu'un vestige en arrière-plan des ondes gravitationnelles a été produit. Les ondes gravitationnelles sont le signal qui peut émerger d'un moment proche du début de l'Univers. Selon la théorie de la cosmologie inflationnaire, notre Univers baigne dans une mer d'ondes gravitationnelles qui ont été produites peu après les premiers instants de l'Univers, quand gravité et physique quantique étaient réunies. L'inflation a fait passer les longueurs d'onde de l'échelle infinitésimale des fluctuations quantiques aux longueurs de Planck. Elles devraient être présentes aujourd'hui dans l'Univers avec des longueurs d'onde se comptant en années-lumière ou plus.

Une nouvelle expérience dans l'espace appelée LISA sera lancée par l'ESA et la NASA vers 2015 et aura le potentiel de détecter des ondes gravitationnelles de basse fréquence. LISA consistera en trois satellites éloignés chacun de cinq millions de kilomètres qui orbiteront autour du Soleil pour former une antenne triangulaire géante dont les éléments seront reliés par des faisceaux laser. Des changements dans le trajet optique entre des masses flottant librement à l'intérieur de chaque satellite peuvent servir à échantillonner les collisions d'ondes gravitationnelles qui se manifestent par d'infimes modifications transitoires dans le champ de gravité. On doit mesurer pour cela la séparation entre ces satellites à la précision d'un milliardième de centimètre. En fait, LISA permettra de détecter le signal d'onde gravitationnelle émis par la formation d'un trou noir supermassif pesant des millions de masses solaires ou plus sous l'effet d'une fusion quelque part dans l'Univers.

Il y a des signaux d'ondes gravitationnelles encore plus délicats à détecter. Il s'agit d'un fond isotrope d'ondes gravitationnelles primordiales proches du début de l'Univers prédit par l'inflation. Les ondes gravitationnelles nous donnent la seule observation directe de l'époque de l'inflation car elles voyagent sans encombres à travers les immenses densités atteintes près du Big Bang. Une empreinte indirecte des ondes gravitationnelles est laissée dans le ciel. Ces ondes sont une conséquence de l'inflation qui génère toutes les fluctuations possibles dans le champ gravitationnel. Discriminer un tel fond du bruit instrumental sera difficile et demandera une approche plus sophistiquée.

Après LISA, on aura besoin de faire une expérience par satellite qui demandera une flottille d'engins séparés de seulement 50 000 kilomètres. Cela permettra de mesurer les ondes gravitationnelles à un niveau inégalé de sensibilité pour essayer de distinguer le faible signal isotrope du Big Bang. À ce degré de séparation, les premières ondes gravitationnelles sont produites par des paires de naines blanches rapprochées. Ce sont des systèmes binaires, des paires de naines blanches en déplacement. Le petit espace séparant les satellites signifiera une bonne résolution angulaire. L'idée en est que le Big Bang Observatory détectera toutes les paires étroites de naines blanches dans l'Univers. Une fois que ce signal contaminant sera soustrait, toute signature due à l'inflation devrait apparaître. Peut-être que l'inflation ne s'est pas produite. Ce serait un résultat stupéfiant.

Bien sûr, les interféromètres spatiaux ne sont pas le seul moyen de rechercher une mer primordiale d'ondes gravitationnelles. D'autres approches seront nécessaires. Les perturbations de densité dans l'inflation subsistent pour finir par grandir et former des structures à large échelle. Les ondes gravitationnelles ne se sont maintenues qu'aussi longtemps que l'Univers était dominé par le rayonnement. Plus tard, lors de la période dominée par la matière, elles se sont évanouies. Nous pouvons cependant observer le rayonnement micro-onde du fond diffus cosmologique environ trois cent mille ans après le Big Bang, quand les dernières interactions du rayonnement avec la matière se produisaient par diffusion sur les électrons. Les ondes gravitationnelles sont toujours présentes et ont assez d'énergie pour perturber les électrons qui réfléchissent le rayonnement. Il en résulte qu'une perturbation supplémentaire est apportée au rayonnement micro-onde du fond diffus cosmologique. L'effet est minime, s'élevant à 1 % au plus de l'intensité des fluctuations observées.

Il y a néanmoins une manière potentielle d'identifier le vrai signal ondulatoire de la gravité. Les ondes gravitationnelles déforment le fond micro-onde dans des directions privilégiées. Elles varient dans le ciel pour donner ce que l'on appelle un « signal polarisé ». La poussière qui s'aligne sur un champ magnétique interstellaire disperse et polarise la lumière parce que ses minuscules particules sont d'habitude allongées et réfléchissent les oscillations électromagnétiques qui les heurtent et que nous appelons « photons » dans une direction privilégiée. La brume atmosphérique consiste en de très fines particules de poussière orientées au hasard qui dispersent la lumière du Soleil avec une polarisation aléatoire. L'utilisation de lunettes de soleil polarisantes permet de capter la lumière avec une polarisation donnée et de réduire ainsi l'éblouissement causé par la lumière réfléchie.

Les ondes gravitationnelles produisent une légère polarisation du signal micro-onde. La polarisation induite par les ondes gravitationnelles a une caractéristique unique qui permet de la différencier d'un signal de polarisation plus commun et plus important produit par la diffusion des photons du fond micro-onde par les électrons. Les ondes gravitationnelles ne sont pas compressives : elles ne produisent qu'un effet de cisaillement lorsqu'elles passent à proximité. La densité reste inchangée. Les légers mouvements de cisaillement des électrons produisent la polarisation et diffèrent des mouvements compressifs produits par les perturbations de densité. Ces mouvements de cisaillement des électrons se traduisent par un signal de polarisation symétrique. Le résultat net des ondes gravitationnelles est un signal de polarisation antisymétrique dans le fond micro-onde, un témoin unique de l'action à large échelle angulaire des ondes gravitationnelles.

Un effet plus important est dû à la diffusion par les électrons d'un fond de rayonnement légèrement anisotrope. Mais cet effet est compressif car les électrons participent aux fluctuations de densité et il donne un signal de polarisation symétrique que l'on peut distinguer. Il y a une différence fondamentale entre la polarisation produite par un cisaillement et par une compression. En principe, les deux signaux de polarisation peuvent se distinguer car ils ont des configurations distinctes dans le ciel. On peut discriminer ces signaux avec un détecteur sensible à la polarisation. Cela devrait permettre de reconnaître le signal de polarisation des ondes gravitationnelles lorsque des expériences assez sensibles pourront être menées. Les cosmologistes espèrent atteindre cet objectif en 2010.

Une autre approche encore des ondes gravitationnelles du fond vestigial mettra en jeu un réseau des horloges les plus précises dans l'Univers. Les pulsars sont des étoiles à neutrons en forte rotation et les plus rapides montrent une remarquable stabilité dans le temps. Avec un ensemble de pulsars milliseconde dans différentes régions du ciel, un programme de mesures sur quelques années révélerait une corrélation entre des signaux au passage d'une onde gravitationnelle qui déforme simultanément l'espace entre nous et plusieurs pulsars. Il faudrait être sensible à un fond d'ondes gravitationnelles de longueur d'onde d'une année-lumière. De telles ondes aux fréquences ultrabasses sont précisément ce que l'on peut attendre voir émerger du début de l'Univers. Un nouveau télescope, le *Square Kilometre Radio Array* qui doit être construit en 2020 contrôlera une centaine de pulsars milliseconde et fournira l'ultime détecteur des ondes gravitationnelles de fréquences extrêmement basses. Il reste à voir dans quelle mesure cette expérience est faisable car il est toujours possible que des effets systématiques puissent affecter la précision des pulsars. Jusqu'à présent, tout indique cependant que les pulsars milliseconde sont les horloges les plus solides et les plus stables que l'homme connaisse.

L'objectif de la détection d'ondes gravitationnelles vestigiales est de sonder l'inflation cosmique. C'est notre seul moyen direct de « voir » vraiment en arrière jusqu'à un moment proche du début de l'Univers. Le succès n'est aucunement garanti et certaines théories prédisent en fait l'absence de toute onde gravitationnelle primordiale. Mais sa détection serait un remarquable élément en faveur de l'inflation.

Au-delà du commencement

« Dans ma fin est mon commencement. »

Mary STUART

« Ce que nous appelons le commencement est souvent la fin. Et terminer est souvent commencer. La fin est d'où nous partons... Dans mon commencement est ma fin. »

T. S. ELIOT

L'incertitude quantique est la clé pour comprendre ce qui s'est passé, si tant est qu'il se soit passé quelque chose, avant le commencement, c'est-à-dire le temps zéro mesuré par les cosmologistes. La logique vaut la peine d'être expliquée. L'Univers est en expansion et a donc eu un commencement. Si nous extrapolons la physique connue au commencement, nous atteignons un point limite où elle ne s'applique plus. La physique classique n'est pas capable de traiter les densités et les températures extrêmes que nous savons avoir eu lieu. Jusque-là, ça va. Entre en scène la cosmologie quantique et la fête commence.

Au-delà de la création

> « Nous avons cherché un terrain ferme et n'en avons pas trouvé. Plus nous allons loin, plus l'Univers devient agité ; tout se démène et vibre dans une danse effrénée. »
>
> Max Born

L'incertitude quantique est l'essence de ce que la théorie quantique peut offrir à la cosmologie. Le principe d'incertitude est bien mesuré aux échelles subatomiques. Il explique pourquoi les particules sont parfois des corpuscules et parfois des ondes, comme cela apparaît clairement dans le fonctionnement d'appareils tels que le microscope électronique. Une onde peut contourner les atomes à travers une matière apparemment solide, un phénomène connu sous le nom d'« effet tunnel ». Imaginez que le fauteuil sur lequel vous êtes assis passe à l'étage du dessous. La théorie quantique dit que cela pourrait se passer bien que la probabilité d'un tel événement dans votre vie ou même celle de la Terre soit infime. Cette apparente réticence du flou quantique à s'exercer à l'échelle macroscopique n'a pas empêché les cosmologistes de postuler qu'il pouvait s'appliquer aux échelles cosmiques et qu'il était l'arbitre suprême du commencement du temps.

Voici comment tout a commencé. On peut imaginer que les éminents théoriciens de la relativité John Wheeler (à qui nous devons les expressions « trou noir » et « trou de vers ») et Bryce DeWitt ne sachant pas quoi faire dans une mondanité, le premier posa le problème : « Nous exigeons de la physique une certaine compréhension de l'existence elle-même. » Leur solution fut la suivante : prenez l'équation de la fonction d'onde d'un atome, qui exprime le degré de liberté d'un atome dans l'espace et le temps, et reformulez-la pour l'Univers tout entier vu comme une sorte de superparticule. Cela ne prit qu'une ou deux décennies avant que James Hartle et Stephen Hawking ne résolvent l'équation de Wheeler-DeWitt et en déduisent ce qu'ils avancèrent carrément être la formule de la fonction d'onde de l'Univers. Avec celle-ci, ils purent prédire l'état présent de l'Univers et ce faisant échapper à toutes les questions entourant le moment de la création et la singularité initiale. Le flou a alors acquis un rôle suprême, ce qui était aussi bien, vu la rareté des hypothèses en présence.

Bien sûr, une fois la boîte de Pandore quantique ouverte, aucun retour en arrière n'était possible. Un électron peut être simultanément une onde et une particule. Qui choisit ? Une interprétation largement acceptée met en cause l'observateur. Jusqu'à ce qu'il le regarde, un système quantique n'est dans aucun de ces états. Une interprétation de la théorie quantique est que l'acte d'observer met le système en un état particulier.

Jusqu'à ce que l'observateur intervienne, aucune prédiction n'est possible. C'est vrai au niveau quantique en raison du principe d'incertitude. On ne peut jamais localiser précisément une particule en mouvement. Mais aussi bizarre que cela paraisse, le phénomène quantique peut affecter des objets macroscopiques.

L'exemple le plus connu est celui du chat de Schrödinger. De nos jours, la Ligue antivivisectionniste s'attaquerait à tout scientifique qui proposerait une telle expérience mais le physicien allemand Erwin Schrödinger n'avait pas de tels obstacles dans les années 1930. Il proposait essentiellement une expérience de pensée potentiellement létale pour le chat. L'idée en était que la décroissance radioactive d'un atome déclenche un compteur Geiger relié à une machine capable de libérer un gaz toxique dans la cage où le chat ronronnait gentiment.

Supposez maintenant que l'isotope radioactif ait une demi-vie telle qu'après une minute, il y a 50 % de chance qu'une décroissance radioactive se produise. C'est une pure question de probabilité selon la théorie quantique qui ne peut pas donner de réponse plus précise. C'est tout de même dur pour le chat. Ce dernier a 50 % de chance d'être vivant et 50 % de chance d'être mort. Cela n'a bien sûr pas grand sens : le chat est soit vivant soit mort.

La théorie quantique fait le lien entre le paradoxe de la vie et de la mort du chat et l'incertitude microscopique qui menace sa vie, et même son équilibre mental, en postulant que personne ne saura jamais si le chat est vivant ou mort jusqu'à ce qu'on ouvre la boîte et qu'on l'examine. Il n'y aura à ce stade aucun doute : le chat sera soit vivant soit mort et les deux possibilités présentent la même probabilité. Le physicien danois Niels Bohr a avancé que le fait d'observer cristallisait l'état du chat dans sa forme vivante ou morte. Ce n'est qu'à ce moment-là que la réalité macroscopique prend tout son sens. Avant que l'on observe, le chat a le potentiel d'être soit vivant soit mort mais son état est indéterminé.

Beaucoup de physiciens ne sont pas satisfaits de cette interprétation quantique de la réalité qui dépend de l'acte d'observation au niveau macroscopique. On a posé la question : dans quel état était le chat avant qu'on ne l'observe ? Était-il mort, vivant ou simplement inexistant ? L'idée que seul ce que nous observons existe réellement est chérie par quelques philosophes mais a du mal à passer auprès des physiciens qui préfèrent croire à la nature objective de la réalité. Le dilemme n'est pas résolu si les actions quantiques ont des conséquences macroscopiques.

Il y a peut-être une échappatoire, qui est simplement d'avancer que le monde quantique se déconnecte du monde macroscopique. Tout effet quantique est incommensurablement petit. Les probabilités quantiques s'évanouissent pour être remplacées par la réalité. Mais cette approche pragmatique doit faire face à une remarquable série d'expériences qui tendent à montrer que les effets quantiques peuvent agir sur des kilomètres. L'histoire commence avec une expérience de pensée due à Einstein et ses collaborateurs. Einstein était très sceptique au sujet de la théorie quantique et se mit à élaborer un paradoxe qui était apparemment trop absurde pour qu'on puisse le réfuter. La décroissance radioactive produit des particules ayant un spin mais ne génère aucun spin de plus. Considérez par exemple une paire de particules éjectées par un noyau et formées d'un électron et d'un positon. Une particule tourne dans un sens, l'autre dans le sens opposé. Pour conserver son moment, les deux particules partent du noyau parent dans des directions opposées. Il n'y a ni spin de plus ni moment.

Imaginez maintenant deux détecteurs conçus pour capter l'électron et le positon et mesurer leur spin. Le premier est allumé. Une particule arrive. C'est par exemple un positon avec un spin positif. Puis le second détecteur mis en activité un peu plus tard mesure l'électron qui l'accompagne... mais le spin est connu avant de faire la mesure. Il doit être négatif. Ainsi les lois quantiques, qui insistent sur le fait que la première mesure n'est pas prévisible, permettent néanmoins de prédire la seconde mesure faite des kilomètres plus loin. Avant la première mesure, tout ce que l'on pouvait dire était que le second détecteur avait 50 % de chance de mesurer un certain résultat, mais une fois que le premier détecteur a fait sa mesure, on peut être sûr à 100 % du résultat donné par le second détecteur. Des expériences réelles ont été faites et elles démontrent bien cet effet sur des centaines de mètres ou même des kilomètres. Est-ce que cela nous dit que les phénomènes quantiques ont des conséquences macroscopiques ? Le chat de Schrödinger pourrait-il survivre dans une espèce de nouvel état ? La question reste ouverte.

Tout cela ne nous aide guère pour l'Univers très précoce, quand les observateurs étaient vraiment très rares et les théories ne pouvaient s'appuyer sur aucune observation ni mesure. La solution n'est pas venue de l'observation mais plutôt du concept d'observable. Cela peut sembler subtil mais les conséquences en sont bouleversantes. Nous avons maintenant une infinité de possibilités et une infinité d'histoires. On peut savoir, du moins en principe, laquelle de ces possibilités s'est effectivement réalisée et la question peut être posée aux astronomes. Que ces derniers puissent fournir une quelconque réponse est bien sûr sujet à débat.

Des Univers parallèles

« Je peux dire sans risquer de me tromper que personne ne comprend la physique quantique. »

Richard FEYNMAN

Le fait qu'il y a plusieurs options peut être un argument en faveur d'univers multiples faisant tous partie d'un superespace de dimension plus élevée. Une première application frappante du concept d'univers multiples commence avec le chaos complet. Toute petite région dans le chaos quantique primordial a le potentiel d'alimenter un nouvel univers. Un minuscule coin de l'Univers subit une inflation. Certains endroits vont beaucoup s'étendre, d'autres non. L'un d'entre eux a présenté une inflation particulièrement réussie et il est devenu l'univers dominant, le nôtre.

L'origine de l'Univers peut s'expliquer par le postulat que le chaos quantique produit des bulles d'inflation au sein desquels d'autres bulles se développent et enflent. L'inflation chaotique ouvre l'accès à la création d'univers multiples. Des endroits aléatoires pour le commencement peuvent connaître une inflation d'ampleur également aléatoire. Des univers naissent à profusion. L'Univers pourrait exister selon une infinité de variations différant chacune subtilement. La cosmologie quantique, dans au moins une de ses variantes, affirme que c'est le cas. N'importe laquelle pourrait être notre Univers excepté le fait que notre Univers visible est remarquablement vaste à l'échelle proche de l'ère quantique. Nous sommes les produits de fluctuations spontanées dans un Univers en éternelle reproduction. Il ne suffit que d'un événement, peu probable toutefois, pour faire naître notre Univers. Il nous faut donc une bulle exceptionnelle mais le temps est infini pour accueillir sa naissance spontanée. Il y a une infinité d'univers dont tous sauf un nous sont à jamais inaccessibles. Le plus probable est le plus grand et par une sélection du plus apte c'est celui-là qui a dépassé ses rivaux pour finir comme candidat le plus probable à notre Univers à nous.

Une autre approche des univers multiples vient de l'hypothèse des mondes multiples du physicien américain Hugh Everett qui avance que les phénomènes quantiques donnent en permanence des univers parallèles. Ces univers sont plus que de belles hypothèses. Cette interprétation a des conséquences troublantes pour l'esprit. Chaque option quantique donne naissance à un univers. Il y a des milliards d'univers parallèles, tous également viables et réels, mais avec aucune possibilité de communiquer physiquement. Les univers multiples sont tous également réels jusqu'à ce que l'observation ait lieu. Ils se sont produits et existent, du moins jusqu'à ce que l'observateur pointe son télescope et ne voie juste que son pauvre morceau d'espace-temps.

Le rôle de la conscience

D'autres préféreront dire que de tels univers multiples ne sont pas forcément réels. Un point de vue quantique énonce que la réalité exige un observateur. Même cela paraît un peu suspect à certains physiciens. Une telle approche fait intervenir la conscience comme partie intégrante de la définition de la réalité. Des physiciens tels que Roger Penrose ont avancé que, pour comprendre la conscience, une physique encore inconnue était nécessaire. Mais il n'y a jusqu'à présent aucune indication que la conscience se trouve même quelque part dans le domaine de la physique ou d'une quelconque science dure. Je pense toutefois que l'illumination viendra, un jour, par le biais de la biophysique. Aucun effet mystique ne sera nécessaire. La conscience est acquise au moment où le nouveau-né ou même l'embryon développe un cerveau fonctionnel.

Les tentatives les plus avancées de combiner conscience et physique quantique se trouvent dans le concept presque mystique des variables cachées, dû au physicien quantique David Bohm. Celles-ci agissent comme la main omniprésente et immatérielle de l'observateur qui choisit instantanément les états précis à partir d'une myriade de formes alternatives. C'est là, si ce n'est avant, que science et métaphysique se rencontrent. Une fois que les scientifiques donnent dans le mysticisme, on ne peut arrêter les philosophes, les théologiens et une foule d'amateurs de prétendre faire de la cosmologie avec chacun sa théorie idiosyncrasique. Qui sommes-nous, les scientifiques, pour dire que l'étrangeté quantique a quelque chose à voir avec la réalité ?

Le multivers

La réalité est quelque chose que les astronomes peuvent espérer mesurer et explorer. Il y a en fait un lien entre les univers multiples et l'observation, bien que tiré par les cheveux. L'astronome britannique

Sir Martin Rees définit le multivers comme l'ensemble de tous les univers possibles. Demandons-nous alors s'ils peuvent constituer une partie de la réalité cosmologique. Il semblerait qu'un tel agrégat métaphysique d'univers soit inobservable par nature parce qu'ils seraient tous, à l'exception du nôtre, réfractaires à une forme de vie intelligente.

Le postulat des univers multiples pose néanmoins un défi intellectuel et prétend rendre compte d'une pléthore de circonstances improbables. Pourquoi l'essence de la vie, l'atome de carbone, va-t-il se former par capture des atomes qui le constituent au lieu d'être pris dans les réactions de fusion intense qui se déroulent au cœur des étoiles ? Pourquoi le vide est-il vide ou presque ? Pourquoi les forces fondamentales ont-elles des intensités aussi différentes entre elles ? Pourquoi en particulier la force nucléaire forte n'est ni plus importante ni plus faible car autrement les étoiles ne se formeraient pas ? Pourquoi la force nucléaire faible l'est-elle autant car autrement les éléments ne se formeraient pas ? Pourquoi le neutron est-il plus massif que le proton de juste 14 %, ce qui permet à l'hydrogène de se former ? Pourquoi la masse de l'électron est-elle seulement 1/1 836 celle du proton alors que si elle était beaucoup plus grande des molécules comme l'ADN ne se formeraient pas ? Pourquoi les fluctuations sont-elles si petites mais pas trop car autrement les galaxies ne se développeraient pas ? La liste semble sans fin. Qu'il est facile de postuler une infinité d'univers qui violent ces préceptes et restent ainsi hors de l'observation, dépourvus de cosmologistes et de leurs livres ! Il doit sûrement y avoir une théorie sous-jacente donnant une explication physique de tout cela.

La naissance des bébés Univers

Le physicien américain Lee Smolin avance[*] que les trous noirs donnent la solution du rêve d'une théorie finale que caresse tout physicien. D'autres univers pourraient se trouver nichés dans les trous

---

[*] Voir *The Life of the Cosmos* de Lee Smolin (Oxford University Press, 1997).

noirs. Un trou de ver, qui relie un trou noir à son opposé, un trou blanc, est la porte d'entrée d'un nouvel univers, récent ou peut-être ancien, et éloigné ou pas, dans le temps et l'espace de son univers parent. Chaque fois qu'un trou noir se forme, un nouvel univers apparaît au plus profond. Il y a un nombre incalculable de trous noirs dans l'Univers. Peut-être y a-t-il une infinité d'univers dans les univers.

Les constantes de la nature subissent de petits changements aléatoires chaque fois qu'un trou noir se forme et qu'un nouvel univers se développe. Les bébés Univers évoluent. Les Univers ainsi formés pourraient ressentir les effets de l'hérédité et de l'environnement. L'Univers le plus probable émerge de cette séquence due à l'évolution avec le nombre maximal de chemins évolutifs et donc de trous noirs. Nous sommes au sommet d'un grand pic cosmique de sélection naturelle des lois de la physique. Et voici la beauté de la chose, une telle série d'événements est inévitable : nous en sommes le produit. Ce n'est pas un mauvais postulat s'il est testable, ce qui est le cas selon Smolin. Par exemple, on doit seulement chercher des trous noirs. Une procréation optimale demanderait une furieuse prolifération de trous noirs, une prédiction qui peut être testée par les astronomes des rayons X.

Il est toujours sage d'instiller une dose de réalité avant de construire un édifice un peu trop élaboré. Nous ne comprenons pas encore comment les étoiles se forment dans les nébuleuses proches bien que nous approchions de ce but avec l'amélioration des télescopes et des techniques d'observation.

Les astronomes pensent que toutes les étoiles dont la masse dépasse environ vingt-cinq fois celle du Soleil doivent finir leur vie en trou noir. Mais prouver que c'est inévitable est une autre histoire, comme aussi la possibilité d'observer ces trous noirs. Peut-être que vous les voyez, peut-être pas, suivant qu'ils capturent du gaz ou non à un taux élevé. Certains pourraient se former par de furieuses explosions, d'autres plus tranquillement. Nous pensons que beaucoup sont visibles parce qu'ils baignent dans une enveloppe de gaz incandescent émettant des rayons X qui a été éjecté par une étoile voisine de faible masse.

Mais il se pourrait que la situation dans un nuage formant une étoile soit si complexe que seuls les superordinateurs d'un lointain futur seront en mesure d'aborder sérieusement la physique de ce qui détermine la masse d'une étoile comme le Soleil. Même la prévision du temps au-delà d'une semaine relève du pari. Si nous sommes incapables de modéliser la météorologie pour faire des prédictions à long terme, nous devons rester sceptiques devant la prétendue nécessité d'une multitude d'autres univers dérivant de phénomènes déjà pauvrement compris dans le nôtre.

Confrontations

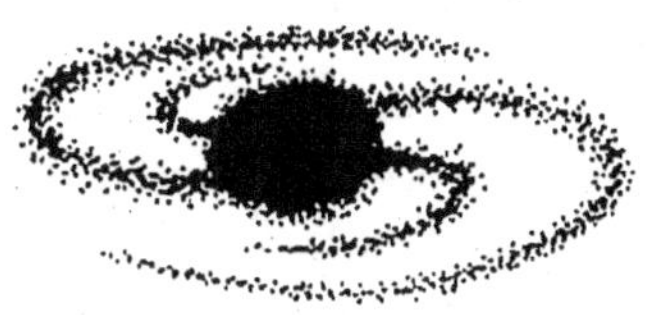

« Je pourrais être enfermé dans une coquille de noix et me considérer comme le roi d'un espace infini si ce n'était que je fais de mauvais rêves. »

William SHAKESPEARE

« Lorsque nous nous penchons sur l'Univers et identifions les nombreux accidents de physique et d'astronomie qui ont concouru pour notre bénéfice, il semble presque que c'est comme si l'Univers devait en un certain sens savoir que nous arrivions. »

Freeman DYSON

Les physiciens ne peuvent que spéculer face à un Univers aussi complexe. On peut tester sa théorie avec les données et les phénomènes que l'on observe. Cela mène à de nouvelles prédictions plus osées qui demandent à leur tour des expériences toujours plus élaborées et onéreuses.

Quelle est la limite
entre connaissance et spéculation ?

L'étude des galaxies et des structures à grande échelle permet de décrire l'Univers proche dix milliards d'années après sa création. Après le premier million d'années, l'observation directe est possible par le biais du rayonnement micro-onde du fond diffus cosmologique. Nous comprenons l'Univers dès le dix milliardième de seconde par des données centrales dans la physique moderne sur la nature de la matière. Avant cela, nous ne pouvions que spéculer. Depuis, on peut raconter une histoire qui tient la route.

Les fluctuations de température du fond diffus cosmologique nous donnent de solides indications sur les légères irrégularités dans la répartition de la matière au début de l'Univers, celles qui ont été à l'origine de la formation des galaxies. Elles portent sur le rayonnement du fond diffus qui s'est propagé librement jusqu'à nous depuis le moment où l'Univers est devenu transparent aux photons de faibles énergies. L'Univers était assez dense et chaud pour être opaque quand il n'avait que le millième de sa taille actuelle et la densité de matière était un milliard de fois plus élevée que ce qu'elle est aujourd'hui dans l'espace intergalactique presque vide. Pendant cette phase opaque où le rayonnement interagissait en étant diffusé par la matière, les fluctuations étaient amplifiées en raison de la gravité à partir d'une certaine échelle. Les très petites fluctuations étaient détruites sous l'effet du rayonnement qui se déversait des plus petites irrégularités de densité.

Avec l'expansion de l'Univers et le temps, la gravité a gagné en portée. Celle-ci est déterminée par la distance que la lumière a parcourue depuis le Big Bang. L'augmentation de l'intensité des fluctuations devient de plus en plus grande. En fait, la plus grande distance sur laquelle la physique de l'après-Big Bang a eu assez de temps pour agir sur les fluctuations correspond à une échelle angulaire allant jusqu'à un degré. En effet, un degré dans le ciel correspond à 300 000 années-lumière, ce qui représente la distance physique sur laquelle toute amplification due à la gravité est possible. L'Univers avait juste 300 000 ans à ce moment-là de transparence.

L'augmentation d'intensité que l'on peut prédire sur l'échelle des degrés est d'environ d'un facteur trois. Les fluctuations sont des ondes dans un plasma de matière et de rayonnement. Le rayonnement dominait en fait l'Univers quand sa densité dépassait celle de la matière au cours des dix mille ans après le Big Bang. Durant cette période, les ondes dans ce plasma de matière et de rayonnement se propageaient à la vitesse de la lumière. Ce n'est que lorsque l'Univers commença à être dominé par la matière que les ondes ralentirent. C'est cette entrée en jeu de la domination de la matière qu'annoncent les premières manifestations de l'instabilité gravitationnelle, quand les fluctuations de densité gagnent en intensité.

Ce qui reste des fluctuations de densité qui ont fini par donner les structures à grande échelle est présent dans le ciel sous forme d'infimes variations angulaires dans la température. Ces fluctuations de température, produites par les inhomogénéités en densité quand le rayonnement a interagi pour la dernière fois avec la matière, ont été cartographiées. De fait, on a trouvé exactement comme prévu ce que l'on appelle les « pics acoustiques » ou l'augmentation des fluctuations de température sur des échelles de degrés angulaires, produits quand le rayonnement a subi sa dernière diffusion par la matière. Nous voyons l'Univers quand cela s'est passé, quelque trois cent mille ans après le Big Bang.

La distribution de l'énergie des photons dans le rayonnement correspond à celle d'un spectre de corps noir idéal sans aucune déviation ou distorsion de plus d'un centième de pour cent. Bien sûr, en réalité, rien n'est parfait. Il doit y avoir quelques imperfections, ne serait-ce que les autres sources de rayonnement comme les étoiles. Ces apports sont néanmoins très faibles. Nous pouvons donc nous poser la question : comment le fond diffus cosmologique est-il devenu un corps noir aussi parfait ou proche de la perfection ? Il n'a pu être produit ainsi que dans une phase suffisamment dense qui a eu lieu durant la première année de l'expansion.

La synthèse d'éléments légers tels que l'hélium et le deutérium par les réactions thermonucléaires constitue une prédiction impressionnante du modèle original de Friedmann pour le Big Bang. Cela témoigne de sa validité à l'instant d'une seconde lorsque les neutrons se sont d'abord figés en dehors de l'équilibre thermique pour être ensuite incorporés aux distributions primordiales d'hélium, de deutérium et de lithium. Supposez que l'Univers ait été très différent du modèle simple à ses débuts. Il aurait pu être très hétérogène. Ou la vitesse d'expansion aurait pu être très variable suivant les directions orthogonales avec une surface de densité égale ressemblant à une crêpe ou à un cigare plutôt qu'à une sphère à chaque instant. Dans une telle situation, l'immobilisation des neutrons et les réactions nucléaires suivantes auraient conduit à des quantités différentes en éléments légers. Les quantités prédites correspondent à celles observées pour une seule valeur de densité en baryons. À une seconde, l'observation donne de solides éléments en faveur de la cosmologie simple que nous appelons le « Big Bang » et telle que Friedmann et Lemaître l'ont prédit.

À des périodes plus précoces, ce que l'on peut prédire par l'observation devient de plus en plus vague et inconsistant. Un moment significatif est la transition de phase, à environ un dix millième de seconde après le Big Bang, associée à la formation de noyaux ordinaires à partir des quarks. L'état de la matière est passé d'un plasma de quarks à celui que nous connaissons fondé sur les électrons, les protons et les neutrons. La théorie suggère qu'un tel changement d'état ne peut pas avoir été suffisamment hétérogène pour modifier sérieusement l'histoire de l'expansion. Une transition de l'état de la matière encore plus précoce, à un dix milliardième de seconde, associée à la séparation des forces électromagnétique et nucléaire faible a été encore plus brève.

L'un des mystères de l'Univers est l'origine de la matière ordinaire que l'on qualifie généralement de baryonique. La physique des hautes énergies préfère un état de symétrie avec des quantités égales de matière et d'antimatière. Cette situation, si elle prévalait encore aujourd'hui, serait en contradiction flagrante avec l'Univers observé. Presque toute la matière serait annihilée et nous ne serions pas là. Il est possible que la transition associée à la rupture de symétrie entre les forces électromagnétique et nucléaire faible ait provoqué la création des baryons. Cela s'est produit à 10^{-10} seconde après le Big Bang. C'est à peu près aussi loin que l'on peut remonter en étant assuré d'observer un résultat quantifiable. Les baryons sont des composantes critiques. On peut en mesurer le nombre. Si l'on s'écarte trop de Friedmann, on aura trop ou trop peu de baryons. L'Univers à 10^{-10}

seconde ne doit pas avoir été très différent de ce qu'imaginait Friedmann. Mais on pourrait même remonter plus loin dans le temps.

Avant cela, il y a une transition de phase à 10^{-35} seconde associée à la rupture de la Grande Unification des forces forte et électrofaible. On y associe généralement l'inflation mais il s'agit d'une théorie excessivement difficile sinon impossible à vérifier. L'inflation génère un fond d'ondes gravitationnelles. Il existe cependant une prédiction. Les ondes sont en rapport direct avec les fluctuations de densité produites au cours de l'inflation qui sont à l'origine des structures à grande échelle. On ne peut prédire l'intensité de ces ondes avec précision mais elles doivent néanmoins être présentes. De futures expériences rechercheront la trace de leur existence. Si on les trouve, ce fond d'ondes gravitationnelles sera une preuve de l'existence de l'inflation.

L'ultime transition aux énergies les plus hautes que l'on puisse concevoir s'est produite au moment, 10^{-43} seconde après le Big Bang, de l'unification des forces de la gravitation avec celles des interactions électrofaible et forte. Quand les quatre forces fondamentales étaient unifiées, à l'époque dite « de Planck », les effets de la gravité que l'on n'observe maintenant que dans les intenses champs gravitationnels aux abords des trous noirs étaient manifestes. Un fond de rayonnement gravitationnel accru et de faible fréquence pourrait être ainsi un vestige direct de la physique gravitationnelle quantique de l'époque de Planck. Nous sommes malheureusement encore loin de pouvoir détecter un tel fond, mais cela représente l'un des buts ultimes des futures expériences.

Les piliers du Big Bang

> « Une nouvelle vérité scientifique ne triomphe pas en convainquant ses adversaires et en les éclairant mais plutôt parce qu'ils finissent par mourir et qu'une nouvelle génération grandit en s'étant familiarisée avec elle. »
>
> Max PLANCK

Le Big Bang repose sur quatre solides piliers assez impressionnants. Deux sont entrés en scène d'une façon tellement spectaculaire qu'on les a appelés les « moments en or » de la cosmologie. Ce furent la découverte de l'expansion de l'Univers et du fond diffus cosmologique. Les deux autres furent la confirmation de la synthèse des éléments légers et la découverte des fluctuations de température dans le rayonnement micro-onde du fond diffus cosmologique.

Le paramètre clé qui définit le taux d'expansion et donc l'âge de l'Univers est la constante de Hubble. Ce nombre correspond au rapport de la vitesse de fuite d'une galaxie lointaine à sa distance. Ce n'est bien sûr une constante que si elle est mesurée au moment présent de l'Univers. Les déterminations modernes de cette constante convergent vers une valeur de 70 kilomètres par seconde et par mégaparsec. Cela signifie qu'une galaxie à une distance d'un mégaparsec (trois millions d'années-lumière) a une vitesse de fuite d'environ 70 kilomètres par seconde.

Les controverses passées qui ont affecté notre compréhension de l'expansion de l'Univers peuvent nous faire réfléchir. Un âge de l'Univers inférieur à celui obtenu par la datation géologique des roches fut un désastre cosmologique pendant trois décennies. Hubble avait déterminé en 1929 que sa constante était de 550 kilomètres par seconde par mégaparsec. Si l'expansion n'est pas accélérée, l'âge de l'Univers est l'inverse de cette valeur. Ce serait le cas pour un univers vide. Il s'avère qu'il y a une décélération due à la présence de matière. Il y a aussi une accélération due à l'effet de la constante cosmologique sur laquelle nous reviendrons. Il est remarquable que ces deux effets s'annulent presque, et l'âge de l'Univers est avec une bonne approximation juste l'inverse de la constante de Hubble. Celui déduit par Hubble était de 2,1 milliards d'années, une estimation un peu gênante car inférieure à l'âge de la Terre fourni par la datation radioactive des roches. La situation ne fut rectifiée que lorsque l'on eut de meilleurs moyens de calibrer les distances. Comme nous l'avons vu, l'échelle des distances a été revue plusieurs fois les décennies suivantes avant de s'établir à sa valeur actuelle.

Température

On a une certaine liberté pour donner une température à l'Univers. Le cosmologiste belge Georges Lemaître était convaincu que le Big Bang avait débuté dans la chaleur. Le physicien russe George Gamow avait quantifié l'histoire de la température de l'Univers en fonction de la densité et compris que durant les premières minutes densité et température avaient pu être assez élevées pour inclure la cuisson thermonucléaire des éléments. Les protons pouvaient entrer en collision à des vitesses assez fortes pour surmonter leur répulsion électromagnétique et permettre leur fusion. L'hélium était produit en quantité correspondant à celle qui était mesurée, ce qui était une remarquable prédiction de la théorie du Big Bang. Des quantités plus limitées des autres éléments légers étaient aussi produites. Ce n'est que dans les années 1970 que les données astronomiques furent suffisamment précises pour que l'on puisse considérer les mesures des quantités d'hélium et de deutérium comme des vérifications de ce que prédisait la théorie du Big Bang.

On s'attend à ce que le rayonnement fossile de l'Univers à ses débuts soit celui d'un corps noir idéal et que son spectre ne soit pas significativement modifié avec l'expansion. Aux faibles températures actuelles, il est détecté sous la forme d'une lueur diffuse dans le ciel dans la gamme des micro-ondes. Les radioastronomes Arno Penzias et Robert Wilson ont découvert par hasard en 1964 un excès de rayonnement diffus. Son spectre de corps noir a finalement été confirmé en 1990.

La dernière grande prédiction a été que le fond diffus cosmologique ne devait pas être complètement uniforme mais contenir des fluctuations qui sont les graines fossilisées de galaxies et d'amas de galaxies. Les fluctuations furent détectées pour la première fois par le satellite COBE (pour *Cosmic Background Explorer*) en 1992. Elles étaient associées aux graines primordiales tant recherchées et donnaient les irrégularités dans l'Univers sur de très grandes échelles. La détection d'un tel accroissement à l'échelle des protoamas a été facilitée par la croissance précoce des fluctuations, à l'origine de la formation des structures et prédite par la cosmologie inflationnaire. On a pu établir une telle augmentation d'un degré sur une échelle angulaire due à des précurseurs directs de la formation des structures. Le Big Bang a ainsi été définitivement confirmé.

En résumé, nous pouvons dire que nos idées les plus chères, à garder à tout prix, étayent le modèle du Big Bang jusqu'au moins une seconde après lui. Nous ne pouvons avoir une telle confiance pour les instants plus précoces parce que tout ce qui en reste est extrêmement vague. Avec cette réserve à l'esprit, nous pouvons maintenant juger les paradigmes de formation de la structure de l'Univers.

Le cadre de base est fourni par l'hypothèse que l'Univers est dominé par la matière noire froide et porte les fluctuations qui ont été produites au début de l'Univers. Une phase d'inflation s'est produite. Les fluctuations, initialement les empreintes des fluctuations quantiques à une échelle infinitésimale, ont laissé leur trace macroscopique pour permettre finalement la formation des galaxies. Cela est arrivé bien plus tard dans l'Univers, quand la matière l'a emporté pour la première fois sur le rayonnement. Ce ne fut qu'alors, des dizaines de milliers d'années après, que les fluctuations ont pu devenir plus fortes sous l'influence de la gravité.

Cette approche explique remarquablement bon nombre de caractéristiques des structures à grande échelle de l'Univers, parmi lesquelles le regroupement des galaxies sur des distances de 0,1 à 50 mégaparsecs, le rôle et la morphologie de la masse des amas de galaxies. On peut comprendre les courbes de rotation des galaxies et les halos noirs, ainsi que les propriétés du milieu intergalactique. Une conséquence naturelle de tout cela est la prévalence des galaxies lumineuses productrices d'étoiles dans les très hauts décalages vers le rouge, ce qui correspond bien à ce que l'on observe.

Les structures à grande échelle
et la matière noire

Déterminer la nature de la matière noire est l'un des problèmes les plus pressants à résoudre par l'observation en cosmologie. La matière noire est un ingrédient important de l'Univers. Nous en déduisons sa prépondérance par la mesure de la rotation des galaxies jusqu'à des distances éloignées. Avec peu de lumière stellaire on s'attend, si la distribution de la matière noire correspond à celle des étoiles, à ce que la vitesse de rotation du disque décroisse. Par analogie, la vitesse de déplacement des planètes externes du système solaire diminue avec leur distance au Soleil. Ce n'est pas ce que l'on voit dans les galaxies externes : les vitesses de rotation restent importantes. Les données sur les trajectoires de rotation nous indiquent que 90 % de la masse de notre Voie lactée est noire. C'est la marque incontestable de la prépondérance de la matière noire dans notre propre galaxie.

Nous savons de la nucléosynthèse primordiale des éléments légers et des fluctuations de température du fond diffus cosmologique qu'il y a des baryons dans l'Univers et nous en connaissons la quantité. Et nous savons aussi de l'accélération de supernovae distantes, du regroupement des galaxies et des fluctuations de température du fond diffus cosmologique que la plus grande partie de la matière n'est pas baryonique. Toute la matière non baryonique est noire et certains baryons semblent l'être aussi.

Il y a deux catégories distinctes de matière noire. Une partie est constituée de matière ordinaire avec des atomes composés d'électrons, de protons et de neutrons. La matière noire doit surtout être faite de quelque chose de plus exotique comme les particules massives interagissant faiblement dont la théorie de la supersymétrie a prédit l'existence et qu'elle a appelées « neutralinos ».

D'une façon plus générale, la matière noire rend compte d'au moins 90 % de la masse de l'Univers. Nous en avons des preuves très solides et elles viennent d'abord du processus de regroupement des galaxies. À plus petite échelle, la rotation des galaxies a fourni les arguments les plus solides en faveur de l'existence d'une matière noire. Les motifs en spirale traduisent les ondes de compression dans le gaz interstellaire qui sont typiquement causées par le passage à proximité d'une galaxie compagne. Dans le cas de la Voie lactée, ce rôle est dévolu au Grand Nuage de Magellan. Avec la rotation de la galaxie, le motif de la compression prend une forme spirale.

Les étoiles se forment dans le gaz comprimé. Les associations lumineuses d'étoiles chaudes nouvellement formées délimitent le motif en spirale traînante produit par la rotation différentielle de la galaxie. Une rotation différentielle signifie que les étoiles internes dépassent les externes. La vitesse de rotation est par ailleurs constante : les étoiles internes se déplacent moins que les externes. Les nuages de gaz sont comprimés par l'onde de densité qui est souvent induite par le passage proche d'une galaxie compagne voisine. La compression du gaz déclenche sa coalescence qui déstabilise à son tour le nuage. Il en résulte la formation d'étoiles.

Les mesures dynamiques fournissent une solide approche pour quantifier la matière noire à grande échelle. Ces méthodes viennent de la « pesée » de grandes régions de l'Univers telles que les amas de galaxies et les superamas. La détermination des mouvements aléatoires des galaxies permet d'estimer la masse locale responsable de l'excès de densité dans l'Univers à l'origine de ces mouvements. Sans une telle surdensité, l'expansion serait parfaitement uniforme. Chaque galaxie aurait la stricte vitesse de fuite, ni plus ni moins.

En pratique, les irrégularités de densité et les structures des galaxies observées induisent de légères déviations par rapport à une expansion uniforme. Les études d'amas de galaxies mesurent la masse sur des échelles d'environ un mégaparsec mais on peut utiliser les composantes aléatoires du mouvement des galaxies pour évaluer la densité en masse sur des échelles allant jusqu'à trente mégaparsecs. On en déduit que la densité moyenne de l'Univers est d'environ 30 % de la densité critique. La plus grande partie de la matière dans l'Univers n'est pas baryonique.

Le futur de l'Univers dépend de sa densité. L'Univers est-il destiné à s'étendre à jamais ? Dans ce cas, sa densité est inférieure à une valeur critique. Mais si la densité de la matière dépasse en moyenne la valeur critique, il doit finalement s'effondrer. Un tel Univers est fini : son espace est clos. Un Univers en expansion éternelle est infini et son espace est ouvert. Embarrassés, les astronomes constatent que les modèles ouvert et fermé paraissent presque les mêmes aujourd'hui. Ce n'est pas ce que l'on peut voir de l'Univers qui compte, c'est en fait presque complètement indifférent. Les étoiles représentent 0,5 % de la densité critique. La matière noire domine. Nous pouvons être raisonnablement sûrs qu'il n'y a pas assez de matière noire, quelle que soit sa composition, pour clore l'Univers. Ce dernier pourrait encore être fermé par une substance encore plus mystérieuse, l'énergie noire, qui ne se concentre pas sous l'effet de la gravité. L'énergie noire est extrêmement difficile à détecter. J'aborde le sujet ci-dessous.

Il est clair que la densité de matière est inférieure à la valeur critique requise pour arrêter l'expansion. En utilisant la valeur actuelle de la constante de Hubble, on trouve que la densité critique est de 10^{-29} gramme par centimètre cube. C'est équivalent à 0,00001 atome d'hydrogène par centimètre cube. Cela peut sembler une petite valeur, mais nous avons vu que la densité de matière lumineuse, quand on fait la moyenne sur l'ensemble de l'espace, est une fraction négligeable de la densité critique. Comme la densité totale de la matière noire et lumineuse s'élève au tiers de la densité critique, l'Univers est destiné à rester toujours dominé par son énergie cinétique : il sera toujours en expansion. Et cela parce que si une enveloppe en expansion n'a pas décéléré sous l'effet de la gravité causée par sa masse interne, son potentiel gravitationnel diminuera avec le rayon de cette enveloppe. Au fur et à mesure de l'expansion, l'énergie potentielle de gravitation devient de plus en plus petite par rapport à l'énergie cinétique. L'Univers deviendra un endroit de plus en plus froid au fur et à mesure que les galaxies s'éloigneront les unes des autres.

La situation pourrait même être plus triste encore. L'observation des supernovae éloignées suggère que la loi de Hubble est finalement violée à de très grandes distances. Ces supernovae sont plus sombres que prévues. L'effet est petit mais cela suggère que l'Univers est en fait en train d'accélérer. Des supernovae ont été détectées à un décalage spectral de 1,7. Une centaine environ d'entre elles ont été étudiées à cette distance. Si l'on suppose que l'Univers est plat, les résultats actuels confirment que la densité de matière est d'environ un tiers de la densité critique. Comme nous allons le voir, il nous faut en plus une composante d'énergie noire qui s'ajoute à la densité de matière sous-critique pour donner un univers plat. Et s'il fallait convaincre les derniers sceptiques, des données indépendantes venant du fond diffus cosmologique prouvent le caractère plat de l'Univers.

Utiliser l'Univers comme une lentille

On peut « voir » la matière noire par son effet sur la lumière. L'espace est courbé par la gravité. Plus il y a de matière, plus la courbure est grande. Ce principe a été établi en 1919, quand fut vérifiée la première prédiction de la théorie alors récente de la relativité générale d'Einstein. Lors d'une éclipse totale de Soleil, les étoiles près de ses bords deviennent visibles et leur position apparente est légèrement déplacée par la courbure des rayons de lumière sous l'effet de la gravité. Comme la lumière a de l'énergie et que l'énergie est équivalente à une masse, même la théorie newtonienne de la gravité appliquée à un espace plat prédit un déplacement. Mais l'espace courbe de la gravité d'Einstein prédit un déplacement deux fois plus important. L'effet est minime, environ 1,75 arcseconde. Arthur Eddington, quaker pacifiste, s'est débrouillé pour se faire exempter du service militaire et organiser des expéditions sur l'éclipse en Afrique et au Brésil afin de photographier les déviations prédites de la lumière. Les résultats furent réconfortants pour Einstein : sa théorie était vérifiée. Non seulement la gravité courbe la lumière en agissant comme une lentille, mais elle amplifie et déforme l'image des étoiles.

Tout objet compact et massif agit comme une lentille gravitationnelle. Si l'on regarde une étoile le long de l'axe d'une lentille gravitationnelle, l'image des étoiles est déformée en anneau appelé « anneau d'Einstein ». Les anneaux d'Einstein ont été cartographiés en utilisant des techniques de radioastronomie. Avec les ondes radio, on possède assez de résolution pour voir les anneaux directement, ceux-ci ayant un diamètre à peine résolu dans la bande optique. On en déduit que 90 % de la masse dans les halos galactiques consiste en matière noire.

On peut étudier les lentilles gravitationnelles jusqu'à de grandes distances. Le phénomène est aussi produit par des groupes d'étoiles et les images sont dans ce cas plus largement séparées. Des objets aussi massifs que des galaxies entières sont responsables d'effet de lentille sur la lumière de quasars lointains. La séparation des images est typiquement d'un arcseconde environ. On connaît de nombreux exemples de quasars vus ainsi dans les ondes visibles, radio ou même le rayonnement X.

Nous avons décrit précédemment comment des effets similaires de fortes lentilles gravitationnelles ont été détectés quand un amas massif de galaxies agit au premier plan sur la lumière de galaxies situées dans le fond. L'image de la galaxie est déformée par l'effet lentille en plusieurs petits arcs qui sont les sections visibles de l'anneau d'Einstein. Les longueurs de ces petits arcs sont typiquement de quelques arcsecondes et ont été déterminés sur les images optiques très exposées d'amas de galaxies. On peut déduire d'un fort effet lentille la masse totale de la partie interne de l'amas. La matière noire est nécessaire : 90 % de la masse requise pour l'effet lentille n'est pas observée, ni dans la lumière visible des étoiles ni dans les émissions diffuses de rayons X venant du gaz chaud.

Peut-être que l'application la plus répandue de l'effet lentille est le phénomène de faible effet lentille. Les images de champs entiers de galaxies distantes révèlent que l'image des galaxies est légèrement déformée et allongée d'une façon systématique sur de larges aires du champ. Si l'effet d'une galaxie individuelle s'élève à une partie pour mille et ne serait normalement pas significatif, l'effet cumulé peut être important. La mesure de ces déformations, même prises en faisant une moyenne de centaines de galaxies, arrive à un signal de l'ordre du pour cent sur des échelles de dizaines de millions d'années-lumière.

Le faible effet lentille est dû à la matière noire qui se trouve sur la trajectoire distribuée en paquets à travers l'Univers. L'effet cumulé de nombre de halos noirs sur le trajet de la lumière des galaxies en arrière-plan explique les distorsions. Les halos noirs sont regroupés sur des dizaines de millions d'années-lumière comme on l'attend de l'étude des amas connus de galaxies. Ce ne sont que les sommets des icebergs qui indiquent une hiérarchie de nuages de matière noire à toutes les échelles. C'est cette matière noire en grumeaux qui est à l'origine du faible effet lentille.

On peut aussi voir les quasars à travers les amas de galaxies. Ce sont des objets variables par essence. L'image ayant subi l'effet lentille est typiquement multiple, correspondant à des trajets légèrement différents de la lumière. Comme différentes parties de l'image voyagent selon des trajectoires distinctes qui ont elles-mêmes des longueurs légèrement différentes, il y a des différences de temps dans la variabilité. Quand on voit l'une des composantes varier, l'autre suit dans un délai de plusieurs mois ou même de plusieurs années correspondant à la différence dans la longueur du trajet lumineux. Comme on mesure directement une distance, l'intervalle de temps donne une mesure directe de la constante de Hubble. Cette constante est mesurée géométriquement par le décalage spectral de l'amas. Sa valeur concorde avec les mesures faites plus localement et complètement indépendantes, fondées sur des estimations indirectes de distances utilisant les étoiles variables céphéides et les supernovae.

Le fond diffus cosmologique : une brève histoire

Les grandes collaborations scientifiques sont l'occasion de dissensions. Cela peut parfois stimuler la mise en œuvre d'une expérience. Mais l'acrimonie laisse plus souvent d'amères cicatrices. Le satellite COBE qui a cartographié le fond diffus cosmologique pendant quatre ans après son lancement en novembre 1989 a impliqué à certains moments plus de mille cinq cents participants. Deux scientifiques sont cependant sortis du lot.

John Mather a été l'un des premiers à contribuer au satellite COBE. Ce scientifique de la NASA a mis au point une expérience clé à bord du satellite qui a permis de mesurer le spectre du fond diffus cosmologique, ce rayonnement fossile datant du début de l'Univers. Après plusieurs vicissitudes assez déroutantes qui ont culminé avec le désastre de la navette spatiale Challenger, Mather a supervisé le lancement final par une fusée Delta de COBE qui a alors fait une découverte majeure dans les neuf premières minutes d'enregistrement. Il avait choisi d'étudier le rayonnement fossile du Big Bang. Ce choix était l'aboutissement d'une longue histoire.

Nous avons vu comment Ralph Alpher et Robert Herman, avec leur mentor George Gamow, avaient prédit dans les années 1950 qu'il devait y avoir un rayonnement fossile imprégnant l'Univers. Alpher et Herman arrivèrent même à déterminer sa température, cinq degrés au-dessus du zéro absolu. Mais ils ne semblent pas avoir établi de rapport avec l'astronomie des micro-ondes.

Un autre groupe le fit toutefois. En 1964, en Russie, Andreï Doroshkevich et Igor Novikov firent le lien entre l'Univers à ses débuts comme source de rayonnement de corps noir et les observations micro-ondes, une étape importante que n'avaient pas franchie Alpher et Herman dans leurs articles. Les chercheurs russes se référaient à un résultat obtenu en 1961 par l'ingénieur radio E. A. Ohm lorsqu'il calibrait le télescope d'un satellite de communications aux laboratoires Bell. Celui-ci rapportait une source inexplicable de bruit micro-onde statique avec une température de 3 degrés Kelvin. Mais les scientifiques n'avaient pas de nouvelles données et interprétèrent le résultat de Ohm comme une limite supérieure étayant l'hypothèse d'un univers froid.

Avec le recul, les données en faveur d'un Big Bang chaud étaient déjà présentes, pas seulement dans le ciel micro-onde mais beaucoup plus fortement dans certaines mesures remarquables de la molécule de gaz CH dans les raies d'absorption du milieu interstellaire. Dans l'une des expériences les plus ignorées du XXe siècle, Andrew McKellar découvrit en 1940 qu'un champ de rayonnement interstellaire d'au moins 2 degrés Kelvin était requis pour expliquer les transitions moléculaires que l'on trouvait dans les raies d'absorption des étoiles visibles à l'œil nu ou proches.

Pendant ce temps, au département de physique de l'Université de Princeton, le groupe mené par Robert Dicke redécouvrait les arguments de Gamow et de ses associés dans une totale ignorance des travaux antérieurs. Et ils firent également le rapport avec la radio-astronomie. On peut ensuite leur accorder l'immense crédit d'avoir conçu une expérience pour rechercher une lueur radio élusive datant du commencement de l'Univers. Dicke se mit à tester le modèle rebond du Big Bang qui avait un tumultueux passé.

Mais lui et ses collègues se firent coiffer au poteau. J'ai déjà raconté comment Arno Penzias et Robert Wilson, bien que plus motivés par la Voie lactée que par la cosmologie, avaient repris l'expérience des laboratoires Bell et étaient tombés sur le rayonnement fossile du Big Bang. L'Univers observable possédait une lueur diffuse dans les micro-ondes, environ cent fois plus faible que les parasites que nous avons tous vus lorsqu'un téléviseur est déréglé entre deux canaux. La réaction de Gamow au Texas Symposium on Relativistic Astrophysics qui se tenait à Dallas en 1967 vaut la peine d'être rappelée. Quand on lui demanda, en se référant à ses travaux antérieurs, ce qu'il ressentait lors de la découverte du fond diffus cosmologique, il dit :

J'ai perdu une pièce de monnaie. Ils ont trouvé une pièce de monnaie. Était-ce la mienne ?

John Peebles, le théoricien du groupe de recherche sur la gravité de Princeton, avait même prédit que le fond diffus cosmologique devait avoir le spectre d'un corps noir détectable dans les micro-ondes, mais il ne publia ses résultats qu'en 1965, après la parution de l'article de Penzias et Wilson sur leur découverte. Cette prédiction du corps noir s'avéra une composante clé bien anticipée de la cosmologie mais fut cependant l'objet de controverses les vingt-cinq années suivantes.

Dans les années 1980, il y eut des expériences, dont l'une découlait du propre travail de thèse de Mather, qui prétendaient démontrer qu'il y avait des écarts imprévus dans le spectre de corps noir prédit par les partisans de la théorie du Big Bang. Les cosmologistes se retrouvaient dans une impasse. L'équipe de COBE garda un secret absolu pendant les deux mois qui suivirent son lancement jusqu'à ce que Mather, lors d'une rencontre de l'American Astronomical Society, présente une diapositive du spectre d'un corps noir sans aucune variation perceptible. La précision du spectre surpassait celle de tous les corps noirs de laboratoire. En voyant la diapositive, l'assistance se leva spontanément pour une ovation. Il y a eu peu de moments dans les sciences où prédiction et observation ont concordé de façon aussi spectaculaire. La presse resta pourtant muette sur la question, peut-être parce que le spectre d'un corps noir n'est pas quelque chose de très familier au grand public.

Tout changea le 23 avril 1992 quand la une des journaux à travers le monde répercuta la découverte par l'équipe de COBE de vaguelettes ou de fluctuations d'intensité dans le rayonnement micro-onde du fond diffus cosmologique. Les cosmologistes avaient péniblement persévéré durant les trois décennies précédentes dans leurs tentatives de trouver de telles vaguelettes comme origines des structures à grande échelle de l'Univers. Le mérite en fut attribué à une collaboration menée apparemment sous l'égide d'une seule personne du Lawrence Berkeley National Laboratory, George Smoot. Ce dernier était à l'origine de l'instrument de cartographie du fond diffus à bord de COBE. Des citations telles que celle de Stephen Hawking : « La plus grande découverte du siècle si ce n'est de tous les temps », accompagnaient les gros titres. Bien que la découverte historique fût bientôt confirmée, on trouva que les cartes des fluctuations dans le ciel qui étaient parues dans la presse montraient essentiellement le bruit expérimental plutôt que le signal cosmique plus subtil. Les collègues de Smoot qui avaient durement travaillé furent assez amers lors de son moment de gloire. La consternation gagna même le siège de la NASA devant le manque de reconnaissance des efforts héroïques que la NASA avait fournis pendant deux décennies. Comment les services de relations publiques en étaient-ils arrivés là ?

La faute en revient au service des relations publiques du Lawrence Berkeley National Laboratory avec l'approbation tacite de Smoot. Leur communiqué de presse sous embargo fut donné aux journalistes un jour avant la conférence où les résultats devaient être annoncés. Les journalistes téléphonèrent aux cosmologistes du monde entier pour avoir leurs commentaires. Ces derniers s'exprimaient après des années de frustrations. Dick Bond à Toronto et Michael Turner à Chicago décrivirent les fluctuations chacun de son côté et simultanément comme

le Saint-Graal de la Cosmologie.

Joel Primack à Santa Cruz les compara

à la vue de l'Écriture de Dieu.

Cette célébration culmina à la conférence de presse quand Smoot affirma :

Si vous êtes religieux, c'est comme voir Dieu.

Mais le mal était fait depuis longtemps. Dans les jours qui suivirent, Smoot fut enrôlé par de célèbres agents littéraires et l'éditeur John Brockman pour écrire l'histoire de COBE avec le journaliste Keay Davidson, toucher des millions de dollars mais gâcher aussi le marché du livre de la vulgarisation scientifique peut-être pour toujours. Il n'est guère étonnant que Smoot ait été ensuite évité par quelques-uns de ses anciens collègues, lesquels se mirent à travailler activement au successeur de COBE qui fut lancé par la NASA au printemps 2001. Le satellite WMAP (*Wilkinson Microwave Anisotropy Explorer*) a une résolution angulaire supérieure de 33 fois à COBE et une sensibilité 45 fois plus élevée. Il a donné ses premiers résultats en février 2003, plus de dix ans après COBE et ceux-ci furent également un succès comme je l'explique plus loin.

S'il a fallu la collaboration de gestionnaires, de scientifiques et d'ingénieurs pour mener à bien cette merveilleuse réussite, on doit cependant admettre que l'obstination de Smoot et son savoir-faire expérimental, qui ont conduit au départ à la première mesure robuste de l'anisotropie dipolaire dans le fond diffus cosmologique, ont joué un rôle clé dans la mesure des fluctuations. On a décrit Smoot comme un scientifique jaloux retenant les autres membres de son équipe d'annoncer les résultats, mais en tant que chef de l'équipe il aurait de toute façon vu son rôle reconnu. Une interprétation plus plausible est que Smoot, avec le doyen de l'équipe David Wilkinson, ont joué leur rôle de sceptiques ultraconservateurs, peu enclins à laisser de jeunes Turcs partir en annonçant des résultats préliminaires qui pouvaient par la suite nécessiter de sérieuses corrections ou même être désavoués. L'histoire de la cosmologie est parsemée de telles mésaventures. COBE n'en reste pas moins un grand succès.

De plus en plus de fluctuations

La mesure du spectre de corps noir à 2,728 Kelvin confirme l'histoire thermique de l'Univers jusqu'à quelques jours après le Big Bang. La détection des fluctuations de température à des millièmes de pour cent a révélé les irrégularités de la dernière diffusion qui garde la trace des fluctuations primordiales de densité. Des structures à grande échelle en ont découlé. Les premières anisotropies de température qui émergent de la dernière diffusion sont mesurées à des échelles angulaires qui vont du dipôle (180 degrés), associé à notre mouvement relatif par rapport au cadre du fond diffus cosmologique, à quelques minutes d'arc. Toutes ces fluctuations se sont gravées lors de la dernière diffusion.

Les fluctuations de densité avant la dernière diffusion sont comme les ondes sonores dans un milieu avec une vitesse du son convenant à celle d'un plasma relativiste, environ 70 % de la vitesse de la lumière. Après cette dernière diffusion, le rayonnement se découple thermiquement et la vitesse du son tombe à celle d'un gaz à quelques milliers de degrés Kelvin. Cela signifie que les fluctuations de densité qui étaient auparavant des ondes sonores se déplaçant sous la pression ne répondent plus qu'à la gravité. La pression perd complètement de son importance, au moins pour les fluctuations que contiennent les masses de galaxies, même les plus petites d'entre elles. En fait, la taille minimale pour que la gravité domine et donc que puissent se former les premiers nuages de gaz avec leur gravité propre est d'environ un million de masses solaires. Avec le temps, les nuages rassemblent de la masse. Les nuages se regroupent sous l'action de la gravité pour former des galaxies. Les nuages de masse galactique peuvent se refroidir et se fragmenter en étoiles. On arrive ainsi à des galaxies et des amas de galaxies. Les amas contiennent de grandes quantités de gaz trop chaud pour s'être refroidi.

Les ondes sonores laissent une empreinte remarquable dans le fond diffus cosmologique. L'inflation, ou quelque chose d'équivalent en théorie, génère ces ondes qui ont juste commencé à subir leur premier pic de compression quand elles pointent à l'horizon. Imaginez des perturbations aléatoires dans ce fluide primordial de rayonnement et de baryons. On peut considérer ces vagues comme de simples ondes sonores. La gravité ne joue initialement aucun rôle dans l'intensité de ces ondes. On doit attendre qu'assez de temps se soit écoulé après le Big Bang pour qu'une onde donnée subisse sa première compression et commence à développer une crête. Avant, la pression n'a pas le temps d'agir.

Une telle longueur d'onde ne s'étend que sur la distance parcourue par la lumière depuis le Big Bang. Cela signifie aussi que de telles ondes apparaîtraient avec une certaine taille angulaire si on pouvait les voir dans le ciel. Ce qui est incroyable, c'est qu'on puisse les voir sous forme de points chauds ou froids de température dans les cartes du fond diffus cosmologique. Car il y a un moment particulier, trois cent mille ans après le Big Bang, où l'on peut « voir » le rayonnement micro-onde ayant sa dernière interaction avec la matière lorsqu'il est diffusé par les électrons libres. Pourquoi à ce moment-là ? Parce qu'alors les électrons et les protons se combinent pour former l'hydrogène atomique, l'Univers étant pour la première fois assez froid pour le permettre. Plus tard, les atomes ne pourront plus disperser les photons des micro-ondes.

Ces ondes qui forment pour la première fois des crêtes lors de la dernière diffusion de la lumière ont les plus larges amplitudes. Elles produisent un pic dans les fluctuations du fond diffus cosmologique à une échelle angulaire correspondant à l'échelle d'horizon lors de la dernière diffusion, environ un degré. Gravité et pression sont en compétition pour agir sur l'intensité des ondes. Plus la longueur d'onde est petite, plus le rôle de la pression est important dans la résistance à la compression. Les ondes plus courtes qui forment des crêtes pour la seconde fois lors de la dernière diffusion laissent un pic sur des échelles angulaires plus petites et ont aussi tendance à être moins amplifiées par la gravité. Les ondes subissant leur première raréfaction laissent aussi un pic sur une échelle intermédiaire car les raréfactions sont aussi mesurées comme des fluctuations de température. Le champ de densité est aléatoire et on compte les fluctuations qu'elles soient positives ou négatives.

On prédit une série de pics d'intensité décroissante jusqu'à ce qu'on atteigne des longueurs d'onde si petites qu'elles ne peuvent plus disperser le rayonnement et qu'il n'y a alors plus de fluctuations. On dit que les fluctuations primaires de température se sont atténuées. Cette atténuation se produit à une échelle physique correspondant à l'épaisseur de la distance parcourue par la lumière au moment de la dernière diffusion, projetée sur le ciel. Il s'agit de la distance qu'une onde sonore primordiale peut traverser durant le temps où l'Univers passe de l'état ionisé à l'état neutre. Cela représente environ trente mille années-lumière, aussi les plus petites fluctuations primaires subsistantes sont à des échelles d'environ un dixième de degré.

On a pu mesurer une série de pics dans les fluctuations de température du fond diffus cosmologique. On a détecté un premier, un second, un troisième et un quatrième pic. La position angulaire des pics est sensible à la courbure de l'espace. Si nous vivions par exemple dans un univers ouvert avec une géométrie hyperbolique, les pics seraient déplacés vers de plus petites échelles angulaires. L'Univers agit comme une immense lentille concave. On ne voit pas cet effet : on trouve que l'Univers est plat avec une précision de 10 %. La somme des densités en matière et en énergie noire s'ajoute à la densité critique en énergie pour clôturer l'Univers.

La détection des pics acoustiques est une autre confirmation indépendante de la prépondérance de la matière noire non baryonique dans l'Univers. Les pics sont produits par l'inertie et la gravité propre des baryons avec l'aide de la matière noire. La diffusion du rayonnement est due aux électrons. La matière noire est importante parce que ses fluctuations ne sont pas diluées par la pression, le rayonnement n'agissant pas directement sur ses particules neutres. Il stimule la croissance des fluctuations de densité d'un facteur limité.

À partir de l'intensité de la fluctuation, nous pouvons déduire de façon indépendante une valeur de la densité baryonique qui s'élève à environ 4 % de la densité critique. Mais il faut aussi que la densité totale de la matière représente environ 30 % de la densité critique pour que les fluctuations se développant dans l'Univers à ses débuts soient aussi petites que celles que l'on observe. Nous avons donc aussi par là une confirmation indépendante de la constante cosmologique. Pour que l'Univers soit plat, nous devons avoir une densité en énergie noire s'élevant à près de 70 % de la densité critique. Cela constitue le modèle de concordance du Big Bang que la grande majorité des cosmologistes a accepté.

Le modèle de concordance a reçu une confirmation spectaculaire en 2003 avec l'annonce des nouveaux résultats sur les fluctuations du fond diffus cosmologique. Ils ont été obtenus avec le satellite WMAP (acronyme de Wilkinson Microwave Anisotropy Probe) nommé d'après le pionnier du fond diffus David Wilkinson. WMAP a fourni la première cartographie globale du ciel après COBE. Avec sa résolution angulaire beaucoup plus élevée, WMAP a permis de confirmer les données plus entachées de bruit des expériences antérieures faites avec des ballons-sondes et à partir du sol. Les trois premiers pics ont été détectés avec une précision remarquable. On a pu déduire la répartition sous-jacente des fluctuations avec des incertitudes statistiques de quelques pour cent. Les incertitudes n'ont jamais été aussi petites dans les paramètres décrivant ce qui est maintenant le modèle cosmologique standard. Les densités de matière et d'énergie noires, la vitesse d'expansion, la courbure de l'Univers et le spectre des fluctuations sous-jacentes de densité ont tous été mesurés avec des incertitudes limitées à quelques pour cent.

Mais il y a au moins un résultat inattendu fourni par WMAP qui continue de tracasser beaucoup de cosmologistes. La réionisation de l'Univers avait été identifiée avec le début de la forte absorption par des nuages intergalactiques d'hydrogène atomique dans le spectre de quasars à un décalage d'environ 6. WMAP a donné une carte de la polarisation du fond diffus cosmologique sur une large gamme d'échelles angulaires. C'était bien ce que l'on avait anticipé en premier lieu. La diffusion par les électrons est responsable de la polarisation et elle correspondait comme attendu aux dernières diffusions qui se sont produites à un décalage de 1 000 environ. Cela se traduit par une échelle angulaire d'environ un degré.

Le pic de polarisation est en fait à une échelle angulaire plus grande que le principal pic des fluctuations de température. Cela signifie que la polarisation a été induite par des fluctuations plus grandes que l'horizon de l'Univers au moment de la dernière diffusion. Ce qui était attendu puisque les électrons tombent dans l'horizon en faisant partie d'une onde de crête. Ce qui est intéressant, c'est que les fluctuations doivent avoir été créées par une physique de super-horizon. Le superhorizon signifie que la communication de la lumière n'aurait pu s'effectuer à ces échelles entre le moment du Big Bang et la dernière diffusion dans un univers de Friedmann. Ce qui est une preuve de l'inflation. Une conséquence unique de cette dernière est le superhorizon ou physique acausale qui inscrit les fluctuations sur des échelles au-delà de l'horizon lors de l'inflation de l'Univers. Ce n'est que beaucoup plus tard que les fluctuations réintègrent l'horizon.

Passons maintenant à la nouvelle inattendue. Une augmentation de la polarisation a aussi été trouvée aux très grandes échelles angulaires. Cela devait être la signature de la réionisation de l'Univers. La polarisation résulte de la diffusion du fond diffus cosmologique par les électrons nouvellement créés. Mais les données des quasars laissaient penser que cela s'était passé à un décalage de 6. En fait, on trouva une diffusion beaucoup plus tardive. Cette diffusion supplémentaire correspond à une réionisation à un décalage d'environ 17. Il nous faut une densité plus élevée de l'Univers plus tôt pour avoir plus de diffusion.

Cela pose un défi aux modèles conventionnels dans lesquels la réionisation est simplement produite par les premières étoiles massives. Il y a de sérieux doutes de pouvoir avoir pour cela une quantité suffisante d'étoiles massives aussi tôt dans le modèle standard. Aucun consensus n'a encore été atteint. On doit admettre que le fait que tout ne se présente pas comme prévu anime le domaine de la cosmologie. La monotonie n'est pas le lot du cosmologiste moderne et il n'a guère le temps de se détacher des données.

Et donc vers Dieu

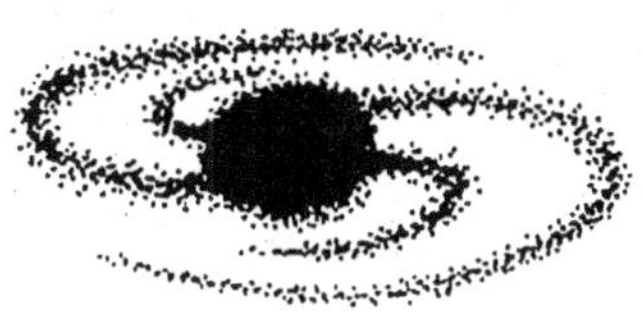

« J'entends par Dieu un être absolument infini, c'est-à-dire une substance ayant des attributs infinis dont chacun exprime une essence éternelle et infinie. »

Baruch SPINOZA

« Je crois qu'un scientifique face à des problèmes non scientifiques est tout aussi bête que le premier venu... »

Richard FEYNMAN

Le rôle de Dieu a à la fois intrigué et perturbé les cosmologistes dès les premières traces écrites connues sur la nature du cosmos. Certains en ont souffert : non seulement leurs livres furent bannis ou brûlés, mais ils n'étaient pas à l'abri eux-mêmes d'un tel traitement. À l'époque moderne, l'Église catholique a développé des vues plus progressistes sous la houlette du jésuite et éminent cosmologiste Georges Lemaître.

Né en 1884 à Charleroi, Belge, Lemaître put démontrer en 1920, alors qu'il n'était encore qu'un jeune chercheur inconnu et déjà ordonné prêtre, que l'univers statique d'Einstein de 1917 était instable au point de s'effondrer. En 1927, il proposa l'idée que l'Univers était en expansion pour expliquer les résultats obtenus par Vesto Slipher et Edwin Hubble qui démontraient que les galaxies s'éloignaient de nous. Einstein reçut très mal le travail de Lemaître, le qualifiant de « physique de curé ».

Tout changea cependant en 1929 quand Hubble énonça sa loi éponyme qui dit que la vitesse de fuite d'une galaxie, que l'on déduit de son décalage spectral vers le rouge, est directement proportionnelle à la distance qui nous sépare d'elle. Lemaître expliquait cela par l'expansion de l'espace qui emporte les galaxies comme autant de poussières dans le vent. C'était une percée révolutionnaire dans notre compréhension de l'Univers, qu'Einstein accepta bientôt. Notre vision de l'Univers était changée d'une manière irréversible.

Lemaître put facilement concilier la cosmologie du Big Bang avec sa foi catholique. Il joua en fait un rôle important de conseiller dans la rédaction de la fameuse encyclique *Humani Generis* que le pape Pie XII publia en août 1950. L'énoncé en était plein de réserve mais ferme.

> *Si l'on examine ce qui se passe en dehors de l'Église, on découvrira aisément ce à quoi tendent surtout à penser nombre de gens instruits. Certains maintiennent avec imprudence et sans réserve que l'évolution qui n'a pas été complètement prouvée même dans le domaine des sciences naturelles, explique l'origine de tout cela, et approuvent audacieusement l'idée moniste et panthéiste que le monde est en continuelle évolution... Les théologiens et philosophes catholiques, dont le grave devoir est de défendre la vérité naturelle et surnaturelle et de l'instiller dans le cœur des hommes, ne peuvent se permettre de négliger ces opinions plus ou moins erronées. Ils doivent plutôt bien comprendre ces théories parce que d'une part les maladies ne sont correctement traitées que si elles sont bien diagnostiquées et que d'autre part même ces fausses théories peuvent parfois contenir une certaine vérité et, enfin, parce que ces théories engendrent des discussions et des évaluations plus subtiles des vérités philosophiques et théologiques.*

L'âme humaine restait sacro-sainte. Mais l'encyclique *Humani Generis* marque une étape de la pensée catholique sur l'évolution car elle ouvrait la voie à une interprétation allégorique de la Genèse sur la création de la Terre, des cieux et de l'humanité.

En 1966, sur son lit de mort, Lemaître entendit parler de la découverte une année plus tôt du rayonnement fossile du Big Bang, le fond diffus cosmologique. Convaincu de son existence, c'est un vestige qu'il avait longtemps recherché, bien que sous la forme de rayons cosmiques de hautes énergies. À la fin, le modèle cosmologique préféré de Lemaître, que l'on sait maintenant erroné, était celui d'un noyau atomique primordial massif, se disloquant de façon explosive pour former l'Univers en expansion. Lemaître rend compte d'une manière saisissante dans ses écrits de la grandeur passée de l'Univers :

> *Nous tenant sur une cendre bien froide, nous voyons les soleils s'éteindre et essayons de nous rappeler l'éclat disparu de l'origine des mondes.*

Lemaître n'avait pas son pareil pour concilier ses convictions religieuses avec la cosmologie comme en témoigne ce passage écrit en 1950 :

> *L'Univers n'est pas hors de la portée de l'homme. C'est l'Éden, c'est ce jardin qui a été mis à la disposition de l'homme pour qu'il le cultive, pour qu'il le regarde. L'Univers n'est pas trop grand pour l'homme, il n'excède pas les possibilités de la science, ni la capacité de l'esprit humain.*

La position du Vatican sur le sujet a continué d'évoluer. Pour reprendre les mots du pape Jean-Paul II en octobre 1996 lors d'un discours à la rencontre annuelle de l'Académie pontificale des sciences, il n'y avait plus « d'opposition entre l'évolution et la doctrine de la foi sur l'homme et sa vocation ». L'évolution était finalement devenue respectable.

Dieu par le passé

Pour évoquer Dieu, le XVIIIe et le XIXe siècle ont souvent eu recours à l'argument du dessein visible à travers ses œuvres. L'architecture de l'Univers manifeste pour certains l'intervention divine. Le poète britannique Percy Bysshe Shelley a exprimé avec éloquence ces implications théologiques lorsqu'il écrivit :

Je pense qu'une feuille d'arbre, le plus petit insecte que nous foulons à nos pieds, sont en eux-mêmes des éléments plus concluants que tout autre qu'un vaste intellect anime l'Infini.

Cette perception n'est en rien liée à notre époque moderne. Voici Marcus Tullius Cicero, connu sous le nom de Cicéron :

L'ordre céleste et la beauté de l'Univers me forcent à admettre qu'il existe une espèce d'Être qui mérite respect et hommage de la part des hommes.

Bernardin de Saint-Pierre (1773-1814), un naturaliste et prêtre français, aimait expliquer comment la nature était conçue pour le bien-être de l'homme. Selon lui, le melon était divisé en quartiers par la Nature pour pouvoir être mangé par une famille nombreuse et le potiron bien plus gros pour être partagé avec les voisins.

Et cela ne se limite pas aux aspects matériels. Avec Friedrich von Schlegel, on n'est pas loin de la théologie :

Les idées sont des pensées infinies, originales et divinement vivantes.

Il n'en faut pas beaucoup plus pour en déduire que la forme de l'Univers est belle et complexe, ce qui demande la main d'un Grand Architecte. Bien que certains ne souscrivent pas à une telle idée, comme Arthur C. Clarke :

S'il y a des dieux dont le premier souci est l'homme, ils ne peuvent pas être très importants.

D'autres voient l'infini comme la marque de Dieu. Cela peut arriver à travers tout ce que l'homme fait. Et l'infini peut se trouver caché, dans la poésie par exemple. Le monde littéraire est en effet attiré par l'infini et notamment Jean Cocteau :

Le mystère a ses propres mystères, et il y a des dieux au-dessus des dieux. Nous avons les nôtres, ils ont les leurs. C'est ce que l'on connaît sous le nom d'infini.

Il peut se retrouver dans des préoccupations plus temporelles, comme l'illustre Charles Baudelaire :

Mais qu'importe l'éternité de la damnation à qui a trouvé dans une seconde l'infini de la jouissance ?

Mais pour le philosophe et mathématicien britannique Bertrand Russell, il n'est pas évident que l'infini ait une signification ou définition constante :

Si on avait demandé à n'importe quel philosophe une définition de l'infini, il aurait pu produire un galimatias incompréhensible mais n'aurait certainement pas été capable de donner une définition qui ait un sens quelconque.

Le manque de définition n'est bien sûr pas une raison pour cesser de considérer la signification de l'infini. Mais l'infini, tel que le révèle la nature, pourrait être hors de portée de la science. Quelques grands physiciens comme Max Planck étaient de cet avis :

la science ne peut résoudre le mystère ultime de la nature parce que nous faisons nous-mêmes partie de la nature et donc du mystère que nous essayons de résoudre.

D'autres doutaient aussi du fait que l'infini avait à voir avec une intervention divine. Il en va ainsi de Franz Kafka :

L'idée d'une expansion et d'une abondance infinies du cosmos résulte de la combinaison poussée à son extrême d'une laborieuse création et d'une libre autodétermination.

L'infini peut être une part de l'homme à explorer et à développer pour Paul Valéry :

Un homme est infiniment plus compliqué que ses pensées.

Une bonne part de l'infini est vraisemblablement contenue dans notre esprit (Ralph Waldo Emerson) :

Les mots sont les organes finis de l'esprit infini. Ils ne peuvent recouvrir les dimensions de ce qu'est la vérité ou même notre âme (Oscar Wilde) :

Les riches ordinaires peuvent se faire voler, les vrais riches non. Il y a dans votre âme des choses infiniment précieuses que l'on ne peut vous prendre.

Et pour Blaise Pascal, l'infini est un attribut de Dieu :

Nous ne connaissons ni l'existence ni la nature de Dieu parce qu'il n'a ni extension ni limites.

Bien sûr, l'infini pourrait aussi être dangereux comme le souligne Jorge Luis Borges :

Il y a un concept qui corrompt et détruit tous les autres. Je veux parler non du Diable, dont l'empire est limité à celui de l'éthique, mais de l'infini.

De fait, Dieu comme l'infini pourraient être menacés (Friedrich Nietzsche) :

Dieu est mort... et nous L'avons tué.

D'autres, comme Alexander Pope, ont une approche plus complémentaire :

Tout n'est qu'une partie d'un prodigieux tout, dont la Nature est le corps et Dieu l'âme.

Les philosophes comme les théologiens peuvent voir Dieu partout et particulièrement dans les œuvres de l'Univers. Selon Emmanuel Kant :

Dieu a enfoui dans les forces de la Nature un secret de sorte à lui permettre de se façonner à partir du chaos en un système de monde parfait.

Parmi les scientifiques les plus éminents, certains sont des théologiens de salon. Même pour Albert Einstein :

La science sans la religion est boiteuse, la religion sans la science est aveugle.

Et encore :

Cette conviction profondément émotionnelle de la présence d'une puissance de raisonnement supérieure que l'on révèle dans l'Univers incompréhensible, forme mon idée de Dieu.

De façon plus terre à terre, d'autres scientifiques ont montré peu de patience à l'égard des philosophes qui faisaient des théories sur Dieu. Thomas Huxley était de ceux-là :

De tous les bavardages insensés que j'ai jamais eu l'occasion de lire, les démonstrations de ces philosophes qui tentent de nous parler de la nature de Dieu seraient les pires si elles n'étaient dépassées par les absurdités encore plus grandes venant des philosophes qui essayent de prouver qu'il n'y a pas de Dieu.

Certains scientifiques semblent vouloir emboîter le pas à Blaise Pascal. Si Dieu existe, les croyants ont bien joué et gagnent une place au paradis. Mais s'il n'existe pas, on ne perd pas grand-chose.

Pesons le gain et la perte, en prenant croix que Dieu est. Estimons ces deux cas : si vous gagnez, vous gagnez tout ; si vous perdez, vous ne perdez rien.

Dieu dans le futur

La plupart des observateurs de l'Univers ont tendance à penser qu'il va s'étendre à jamais. Cela en raison de la prépondérance de l'énergie noire qui est à l'origine d'une phase d'accélération toujours plus grande. Nous sommes dans un Univers en perpétuelle inflation. Il y a pourtant un point de vue minoritaire qui soutient que l'énergie noire n'est peut-être pas éternelle. La constante cosmologique ne serait pas constante mais pourrait décroître dans le futur. Dans ce cas, l'accélération cesserait et l'Univers pourrait même aller vers l'effondrement, vers un futur Big Crunch.

Cela n'est pas un point de vue particulièrement hérétique puisque nous savons qu'autrefois, lors de la période d'inflation, la constante cosmologique a dû être très grande pour conduire à l'accélération qui en a découlé. Maintenant, dans un Univers consistant uniquement en matière noire et baryonique, le fait qu'il est actuellement plat signifie qu'il est infini et s'étendra pour toujours. Mais cette conclusion est peut-être trompeuse car les observations n'apportent jamais la preuve d'une platitude exacte. L'Univers n'a pas besoin d'être précisément plat. Et son devenir dépend de l'orientation de la déviation par rapport à la platitude. Si cette déviation part du côté sphérique, c'est-à-dire si l'analogue à deux dimensions d'un plan infini était remplacé par la surface d'une très grande sphère, l'Univers serait finalement voué à s'effondrer. Nous serions encore confrontés au Big Crunch.

Cela a des aspects curieux. L'Univers pourrait renaître, tel un phénix, en un Big Bang vierge et revigoré. Les implications philosophiques et théologiques d'un futur Big Crunch ont été exploitées par le cosmologiste américain Frank Tipler. Il avance l'idée que des anisotropies globales, excessivement faibles aujourd'hui si l'on tient compte des observations du fond diffus, sont présentes de manière intrinsèque à un niveau infinitésimal. Lors d'un futur Big Crunch, ces anisotropies seraient amplifiées et fourniraient une source d'énergie infinie en approchant de la singularité finale.

Ce futur presque infiniment chaud et infernal prédit par la cosmologie du Big Bang a été utilisé en toute logique, certains diraient aussi de manière sophistique, pour prouver l'existence de Dieu, particulièrement d'un Dieu aimant qui nous ferait tous ressusciter à la vie éternelle. Tipler prétend que la théologie est juste une branche secondaire de la physique et que Dieu est ce qu'il définit comme le Point Oméga. C'est l'aboutissement de notre Univers, quand le Big Crunch futur nous apportera une source inépuisable d'énergie (par la libération de l'énergie gravitationnelle du fait de l'effondrement du cosmos). Fort de cette énergie et d'une capacité correspondante à conserver l'information, un surperordinateur du futur, alias Dieu, atteindra une puissance illimitée, fera ressusciter les morts et accordera toutes sortes d'avantages à l'humanité.

La plupart des cosmologistes sont prêts à accuser Tipler du crime le plus horrible, de perpétrer un canular de la taille de celui de l'homme de Piltdown. Mais les lecteurs semblent avides de la théologie de Tipler. Même Wolfhart Pannenberg, un éminent théologien allemand, a pris ouvertement sa défense. Pour se donner un vernis de rigueur, Tipler a posé un cadre mathématique qui produit une aura presque impénétrable d'érudition. L'immortalité, tente de démontrer Tipler, est une conséquence inévitable de la relativité générale et de la théorie quantique. C'est quand il commence à parler de physique pour prouver l'existence de Dieu que les scientifiques décrochent. Mais est-ce qu'aborder Dieu est plus insidieux que se mêler du temps ? Et où Tipler se trompe-t-il s'il est vraiment coupable du crime qu'on lui impute ?

D'autres chercheurs ont déjà séduit une audience en quête de Dieu. Des physiciens beaucoup moins marginaux que Tipler ont égalé Dieu à des entités fondamentales comme un groupe d'équations ou le boson de Higgs, une particule élémentaire qui reste à découvrir. Des physiciens des particules sont attirés par des « Théories du Tout » (qui prétendent expliquer la base même de l'existence) comme des insectes autour d'une flamme. Même des cosmologistes travaillant en observatoire sont entrés dans le jeu des paris sur Dieu. George Smoot, le patron de l'équipe de la NASA qui a découvert les fluctuations dans le fond diffus cosmologique, a décrit son travail comme voir « la face de Dieu ». Paul Davies, souvent à l'avant-garde de la cosmologie, a déjà écrit deux livres dans lesquels le lecteur peut croire qu'il identifie Dieu à un cosmologiste quantique. Stephen Hawking, qui est rarement réservé, a déclaré que Dieu n'était pas nécessaire. Il propose l'idée que l'Univers n'a pas de limites ni dans le temps ni dans l'espace, ce qui rend un Créateur divin superflu. Même ceux qui font les expériences sont entrés dans la danse : le physicien américain des particules élémentaires Leon Lederman cherche la particule de Dieu.

Tipler prend une approche très différente et personnelle qui l'emmène en territoire inconnu, à des années-lumière des autres scientifiques prêts à évoquer Dieu comme Paul Davies ou Stephen Hawking. Sa théologie ne concerne pas seulement la structure cosmique mais aussi, par exemple, la sexualité humaine : grâce au Point Oméga,

> *il serait possible de faire correspondre à chaque homme non seulement*
> *la plus belle femme du monde, non seulement la plus belle femme du*
> *monde qui a jamais existé, mais la plus belle femme dont l'existence est*
> *logiquement possible.*

Dans ce processus, nos corps peuvent acquérir les caractéristiques les plus désirables et l'amour non payé de retour devient à coup sûr réciproque. Il nous est dit que cette surprenante vision découle directement de la théorie de la relativité générale d'Einstein.

Ce qu'avance Tipler teste les limites auxquelles la science peut nous emmener dans la quête immémoriale d'une divinité omnisciente et omnipotente. La physique est loin de pouvoir aborder le phénomène de la conscience. Pour le moment, l'idée que la gravité quantique pourrait donner des indices cruciaux sur l'origine ou sur l'évolution de la vie fait sourire les biologistes. Tipler envisage encore un superordinateur du futur qui pourrait faire entièrement ressusciter les êtres humains : les souvenirs de notre passion, nos pensées sur la beauté, nos rêves et nos désirs. J'avoue qu'il faut être très téméraire pour faire une quelconque prédiction sur les capacités des supermachines dans un futur de plusieurs milliards d'années, mais je ne peux pas vraiment croire ce que raconte Tipler. Ma confiance dans les grandes prédictions de Tipler n'est guère renforcée par les lacunes criantes que présentent ses histoires dans le détail.

L'affirmation que dans un Univers qui s'effondre il nous sera permis d'ouvrir les portes du ciel est erronée et cela pour une raison simple. Quand l'Univers avait une minute, il était à peu près aussi chaud et dense que le centre du Soleil. Nous sommes assez sûrs de cela car la théorie du Big Bang a réussi, d'une façon remarquable, à prédire les quantités d'éléments légers. Ils ont été synthétisés dans la chaleur intense des premières minutes. L'évolution future de l'Univers, s'il devait s'effondrer, serait de retourner à un état aussi chaud et dense. Ce qui laisse peu de place à un superordinateur ou à toute forme d'être vivant. La sexualité ne serait pas très marrante à 100 millions de degrés Kelvin. Tipler a semble-t-il construit l'enfer plutôt que le paradis.

Cet homme croit-il vraiment ce qu'il écrit ? Ou est-il, comme le suggère une lecture superficielle, le Don Quichotte de la physique moderne, se bagarrant contre des moulins à vent ? Même cette question est déplacée. Les illustres prédécesseurs de Tipler en cosmologie ont présenté des hypothèses auxquelles ils ne croyaient pas de leur propre aveu. Le vrai crime de Tipler est d'avoir galvaudé la physique en la rabaissant au niveau d'un culte religieux. Cette complaisance pour Dieu ne rend pas service à la science. Cela peut faire vendre des livres mais fait fuir les philosophes si ce n'est les théologiens. Le réductionnisme ne marche plus, même en physique. Et la physique n'a pas commencé à toucher aux profondeurs et à la complexité des structures biologiques. La vie fait probablement intervenir plus qu'une série d'équations. J'aurais tendance à prétendre qu'il pourrait y avoir autant de mystères dans les conditions limites incertaines et dans les comportements imprévisibles liés aux transitions critiques de phase que dans les processus abordables par le calcul algorithmique. Il se pourrait même que l'on ait à aller au-delà de la physique pour comprendre la complexité de la nature.

La physique est légitimement née et reste encore pour certains comme une philosophie de la nature. Physique et philosophie sont de fait complémentaires, et d'une manière qui est bien plus que le simple vestige d'investigateurs dilettantes du passé. Pourquoi les physiciens modernes devraient-ils tenir en faible estime les questions philosophiques ? À mon sens, cela permet au contraire de prendre un peu de recul par rapport à la science, une idée que Tipler n'a visiblement plus en tête. Il est intéressant de voir que c'est presque toujours les physiciens âgés et établis qui se mettent à penser à la religion. Steven Weinberg écrit :

Plus l'Univers paraît compréhensible, plus il semble aussi absurde.

Paul Davies assure :

La science offre un chemin plus sûr que la religion dans la quête de Dieu.

Et Stephen Hawking offre son rêve :

Alors nous serons tous, philosophes, scientifiques et gens du commun, capables de participer à la discussion de savoir pourquoi nous et l'Univers existons. Si nous en trouvions la raison, ce serait le triomphe ultime de la raison humaine car nous connaîtrions l'esprit de Dieu.

De telles pensées viennent en complément de la théologie mais ne la remplacent pas comme Tipler veut le croire. L'humilité face aux grandes inconnues qui persistent est la vraie philosophie que peut offrir la physique moderne.

CHAPITRE 13

L'espace est presque plat

« Les lignes obliques pourraient bien elles,
Comme l'amour dans tous les angles se trouver ;
Mais les nôtres sont vraiment parallèles,
Bien qu'infinies elles ne peuvent jamais se rencontrer. »

Andrew MARVELL

Ce que nous comprenons de la cosmologie semble nous indiquer que l'Univers est infini. La géométrie de l'Univers est proche de celle d'Euclide. L'espace est à trois dimensions. Dans un espace euclidien, les lignes qui sont parallèles le restent toujours jusqu'à l'infini. Cela signifie, pour prendre une analogie dans un espace à deux dimensions, que l'Univers est plat comme une feuille. Mais une telle feuille en mathématiques est infinie. À plan infini, univers infini. En fait, on ne peut jamais prouver que l'espace est précisément euclidien ou plat. Le mieux que nous puissions espérer est de démontrer que l'espace est approximativement plat. L'Univers pourrait être très, très grand mais il se peut que nous ne puissions jamais le prouver. Plutôt que le mesurer, nous pouvons sonder sa géométrie. C'est une tentative locale et l'on peut imaginer que cela peut être plus facile à mettre en œuvre qu'une mesure globale de la courbure de l'espace. Avec la géométrie, nous pouvons espérer comprendre la gravité.

La gravité est la géométrie

Pour comprendre l'origine de cette conclusion de taille, remontons jusqu'au XIXe siècle et au mathématicien russe Nicolaï Lobatchevski. Il y a trois possibilités de géométrie pour un espace homogène et isotrope. Si l'espace est euclidien ou de courbure négative comme la surface d'une selle, il doit être infini. Il ne peut être fini que s'il est de courbure positive comme la surface d'une sphère. Grâce aux efforts incessants des astronomes, nous savons que l'attraction gravitationnelle due à la matière observée dans l'Univers ne suffit pas à courber l'espace positivement.

Et avec ce début de millénaire, nous avons des preuves astronomiques irréfutables de la quasi-platitude de l'espace. La géométrie de l'Univers est euclidienne. L'espace est plat. On peut en voir la conséquence dans le ciel où cela apparaît sous forme d'un pic dans la distribution angulaire des fluctuations de température du fond diffus cosmologique.

La théorie générale de la relativité d'Einstein prédit que la gravité est en fait une courbure de l'espace. Vous pouvez donc remplacer le champ de gravité du Soleil par une légère courbure dans l'espace euclidien environnant. Cela se traduit par le fait que les lignes droites comme celles tracées par les rayons de lumière ne le sont plus. Leur déviation est infime, mais celle observée pour la lumière d'une étoile près de la couronne solaire, démontrée pour la première fois lors de l'éclipse solaire de 1919 et de seulement 2 secondes d'arc, a révolutionné la physique moderne. Une nouvelle théorie des forces fondamentales de la nature fut acceptée du jour au lendemain. Nos idées d'une géométrie nécessairement euclidienne ont dû être abandonnées. Les lignes parallèles ne l'étaient plus. Les déviations étaient petites certes, mais mesurables, et ont conduit à la prédiction que la gravité pouvait maintenant expliquer l'un des problèmes les plus difficiles en physique, l'origine de l'Univers.

La théorie du Big Bang fut une conséquence de celle de la gravitation. L'Univers s'est étendu dans une fragile compétition entre l'énergie cinétique de l'expansion et l'énergie potentielle de la gravitation avec la menace de finir par déclencher une contraction. S'il y avait assez de matière dans l'Univers, la gravité dominerait, l'Univers décélérerait et commencerait à se contracter. Si la densité de matière était sous une certaine valeur critique, définie comme Ω par les cosmologistes, l'Univers serait à jamais en expansion. La densité critique est bien connue : elle est donnée par $3H_0^2/8\pi\,G$ où H_0 est la constante de Hubble de 70 km/s/Mpc à 10 % près. Mais ce que l'on ne connaît pas, c'est la densité réelle de la matière dont la plus grande partie est connue pour être noire et donc excessivement difficile à détecter. La théorie générale de la relativité prédit que si l'Univers est sous la densité critique, il sera toujours en expansion et la géométrie de l'espace est courbe. On dit qu'elle est hyperbolique : en deux dimensions, elle ressemblerait à la surface d'une selle. Il y a en fait trois possibilités pour la géométrie de l'Univers qui sont une géométrie plane ou euclidienne (une feuille en 2D), une géométrie sphérique (la surface d'une sphère en 2D), ou une géométrie hyperbolique (une surface en forme de selle en 2D). Chacune offre un espace sans limite qui comprend tout l'Univers. Un univers sous-critique qui est en expansion éternelle a une énergie positive. Celui qui est au-dessus de la densité critique a une énergie totale négative qui correspond à la prépondérance de l'énergie potentielle gravitationnelle sur la cinétique. Un univers à la densité critique a une énergie nulle. La théorie d'Einstein identifie l'énergie de l'Univers avec la nature de sa géométrie. Seul un univers à la densité critique est euclidien.

Les observations suggèrent fortement une densité sous-critique de la matière. La majeure partie, 90 % de cette matière est noire. Ses effets gravitationnels nous permettent de mesurer sa densité. Diverses techniques indiquent une densité qui serait le tiers de la valeur critique, avec un facteur d'incertitude de deux au plus. Nous ne pouvons cependant pas en déduire que l'Univers doit connaître une expansion éternelle. Il pourrait aussi y avoir de l'énergie noire. La théorie de la relativité restreinte d'Einstein égale la masse à l'énergie et il y a une forme d'énergie noire qui donne une énergie répulsive agissant de fait comme une source de masse négative.

La théorie ouvre la voie

Le concept d'énergie noire sous la forme de la constante cosmologique fut introduit à l'origine par Einstein en 1917, avant la découverte de l'expansion cosmique par Hubble en 1929, pour équilibrer l'effet gravitationnel de la matière et donner ainsi un univers statique qui ne s'effondrait ni ne s'étendait jamais. Comme nous l'avons vu, l'Univers statique était condamné à mourir. Les théoriciens commencèrent les premiers à le battre en brèche. Ni Einstein, ni Hubble dans ce cas, ne pouvaient se faire à l'idée d'un Univers en expansion. En 1927, après avoir écouté Lemaître exposer sa nouvelle théorie, Einstein répliqua :

Vos calculs sont corrects, mais votre physique est abominable.

Mais il fut néanmoins parmi les premiers à s'incliner devant les résultats. En 1930, il était convaincu de la loi d'expansion de Hubble et il admit par la suite que l'introduction de la constante cosmologique était la plus grande erreur de sa vie.

Mais la théorie a l'habitude de rebondir. La boîte de Pandore une fois ouverte est difficile à refermer. L'énergie noire n'a jamais été oubliée et la constante cosmologique a refait surface à l'occasion pour expliquer des problèmes particuliers posés par l'observation et qui se dissipaient presque toujours lorsque les observations étaient améliorées. Le premier vrai retour de la constante cosmologique est venu de la théorie. En 1981, la cosmologie inflationnaire a fourni la première notion majeure sur le Big Bang depuis les années 1920. L'Univers a subi une phase de transition à 10^{-35} seconde, et a connu une expansion exponentielle pendant une brève période. Cela signifiait que la géométrie de l'Univers était aplatie. L'inflation prédit que l'Univers est à une densité critique. La matière noire ne pouvait pas expliquer l'énergie critique. La constante cosmologique restait un candidat plausible pour cela si l'inflation s'était réellement produite. Alors des observations entrèrent en scène.

Le rôle des observations

Si nous pouvions mesurer directement la géométrie de l'Univers, nous pourrions faire l'économie du problème de la matière noire et tester la prédiction inflationnaire de la platitude. Les ballons-sondes volent normalement une demi-journée. Le télescope à bord est récupéré avant que le ballon n'ait dérivé hors de portée de la station au sol. Le pôle Sud a toutefois ceci de particulier que les vents circumpolaires permettent aux scientifiques de faire voler les ballons pendant longtemps, jusqu'à deux semaines, avant qu'ils ne viennent atterrir près de la station de lancement. Les ballons à longue durée ont atteint la sensibilité requise pour effectuer des expériences du même type que celles des satellites et à bien meilleur marché.

C'est ainsi qu'a eu lieu l'expérience de ballon-sonde de longue durée BOOMERANG. Elle avait été conçue pour étudier le fond diffus cosmologique à une précision inégalée par un groupe international d'astronomes dirigé conjointement par Paolo de Bernardis de l'Université de Rome et Andrew Lange du California Institute of Technology. Lancé au pôle Sud en 1999, BOOMERANG a passé en revue 2,5 % du ciel à une précision angulaire de 15 arcs-minute lors d'un vol circumpolaire de dix jours. La théorie prédit qu'il doit y avoir des fluctuations de température de l'ordre de 10^{-5} pour voir la formation des graines de galaxie. Celles-ci furent de fait découvertes avec l'intensité attendue par le satellite COBE en 1992 à une résolution angulaire de 7 degrés. BOOMERANG était conçu pour chercher un signal de plus petite échelle qui était crucial pour notre compréhension de la formation des structures. Les fluctuations furent pour la première fois cartographiées.

Des ballons plus conventionnels ont donné des résultats similaires. Ce fut le cas de MAXIMA, un ballon plus sensible mais n'ayant volé que quelques heures en Amérique du Nord, qui a permis d'obtenir des cartes de fluctuations pour un coût de 10 % environ du ballon de longue durée. Mais les résultats de MAXIMA ne sont parus qu'une semaine plus tard, quand on avait déjà recueilli les résultats de l'expérience rivale. Le retard pouvait bien sûr être attribué au faible budget dévolu à la science, une fois de plus.

La résolution beaucoup plus élevée de BOOMERANG comparée à celle de COBE a permis d'effectuer un test fondamental sur la nature des fluctuations. Les fluctuations primordiales sont augmentées par les conditions astrophysiques de l'Univers à ses débuts aux petites échelles angulaires, d'environ un degré, qui correspond à la distance maximale que peut parcourir une fluctuation entraînée par la pression de rayonnement dans l'Univers précoce. Cette dernière surface de diffusion comme on l'appelle, ou l'horizon de l'Univers à la dernière diffusion de matière et de rayonnement, a une échelle physique d'environ 30 Mpc. La distance entre nous et la dernière surface de diffusion est d'environ 6 000 Mpc. Nous en déduisons que l'échelle angulaire caractéristique est de 45 arcs-minute dans un univers plat. L'augmentation d'environ un facteur trois prédite par la théorie en raison des effets de la gravité a été mesurée par BOOMERANG. Cela confirme l'origine primordiale des fluctuations.

Le résultat fondamental vint toutefois de la détermination précise de l'échelle angulaire du pic. L'échelle physique associée à l'horizon de l'Univers à la dernière diffusion se traduit dans le ciel en échelle angulaire qui dépend de la courbure de l'Univers. Si l'Univers est courbé négativement, comme dans le cas d'un univers à densité plus faible, le pic prédit se déplace vers les petits côtés angulaires. Le champ de gravité de l'Univers agit en effet comme une lentille.

Le pic mesuré par BOOMERANG correspond précisément à ce que l'on attend d'un Univers plat. Sa position signifie que la densité est dans les 10 % de la valeur critique. Mais ce ne fut pas la seule chose qui émergea des mesures faites avec BOOMERANG. Le pic prédit est à une échelle angulaire de 45 arcs-minute, exactement ce que prédisait le modèle privilégié d'univers plat. La théorie prédit une seconde caractéristique de grande amplitude due aux oscillations de type ondulatoire des fluctuations entraînées par la pression de rayonnement, correspondant au creux de la vague qui a culminé à 45 arcs-minute. Ces données apparaissent dans la distribution de puissance comme un second pic qui est plus petit car le décalage vers le rouge du rayonnement varie légèrement durant le moment pris par le creux de la vague pour devenir visible sur l'échelle d'horizon de l'Univers.

Les données recueillies par BOOMERANG ont bien montré combien l'astronomie évoluait rapidement. La première surprise fut que le second pic était plus bas que prévu. En une semaine, les serveurs d'Internet ont bourdonné de spéculations sur la raison qui pouvait l'expliquer. La raison privilégiée était que la densité de baryon pourrait être jusqu'à deux fois la valeur donnée par la synthèse primordiale des éléments légers dans les premières minutes suivant le Big Bang. Un accroissement de la densité en baryon atténue les ondes sonores de plus faibles longueurs d'onde et réduit l'amplitude des pics sur les échelles angulaires plus petites.

Si ce n'est pas la seule explication, elle permet cependant de faire de nouvelles prédictions. Avec une densité en baryon double, comme les indications initiales le suggéraient, le rapport des baryons sur la matière noire non baryonique est aussi doublé. Il est alors, dans ce cas, de 20 %. Une telle proportion de baryon signifie maintenant que la gravité qui leur est propre joue un rôle non négligeable. Les oscillations que l'on voyait dans le rayonnement sont transférées à la matière noire dominante sous l'effet de la gravité. Les galaxies sont des indices de la matière noire à très grande échelle. Cela conduit à la possibilité d'empreinte baryonique dans les fluctuations de densité mesurées dans l'étude de galaxies comme le 2DF ou le Sloan Digital Sky Survey. Dans ces études, on s'attend à ce que les oscillations baryoniques deviennent visibles dans la structure 3D de la distribution des galaxies à des échelles de l'ordre de l'horizon à la dernière diffusion, soit environ 100 mégaparsecs. Les résultats actuels trouvent des indices significatifs de telles fluctuations bien que leur effet soit proche de celui du bruit.

Mais tout a encore une fois changé avec la grande surprise que furent ensuite les données du fond diffus cosmologique. La percée est cette fois le fait d'un nouveau venu dans le domaine, l'expérience DASI conduite au pôle Sud au printemps 2001 par des scientifiques de l'Université de Chicago. Cette expérience consistait en un ensemble de petits télescopes simulant une grande antenne mais qui avait une résolution déterminée par la taille des antennes individuelles. Cela permettait d'avoir une ouverture de la taille de l'ensemble et de mesurer le fond diffus à une fréquence radio de 30 GHz. Pour obtenir la sensibilité extrême d'une partie pour 100 000 dans la mesure des différences de température du ciel, il fallait un site au sommet d'une montagne pour réduire le bruit de fond atmosphérique. Le DASI était un interféromètre comprenant 13 antennes de 20 centimètres de diamètre chacune.

Cet interféromètre radio a mesuré les fluctuations avec une meilleure sensibilité que BOOMERANG et trouvé que le second pic était bien présent, précisément à l'intensité attendue. Après quelques échanges de courriels, BOOMERANG annonça revenir sur ses premiers résultats avec les nouvelles données. Finalement, tout rentra encore une fois dans l'ordre. La cosmologie était de nouveau cohérente.

Des observations en plus

On avait trouvé un visage familier à l'Univers. En 2002, trois expériences faites à partir d'interféromètres au sol, DASI, CBI et VSA, rapportèrent de nouvelles mesures à haute résolution angulaire des fluctuations du fond diffus cosmologique. On observe le rayonnement quand il a été dispersé par la matière à une époque où celle-ci était encore ionisée et les fluctuations de température reflétaient les fluctuations primordiales de densité qui ont fourni les graines de la formation des grandes structures. La distribution angulaire des fluctuations concorde parfaitement avec les données antérieures et élargit les résultats à des échelles angulaires plus petites.

L'une des expériences, le Very Small Array (VSA), repose sur un télescope à synthèse d'ouverture formé de 14 antennes de 14 centimètres de diamètre chacune situées à une altitude de 2 400 mètres à Ténériffe. Elle est menée par des scientifiques du Laboratoire Cavendish à l'Université de Cambridge. Une seconde expérience, avec le Cosmic Background Interferometer (CBI), est due à un groupe du California Institute of Technology et comporte 13 antennes ayant chacune un diamètre de 90 centimètres postées à 5 080 mètres d'altitude sur le plateau Atacama au Chili, l'un des endroits les plus secs du monde. Avec de plus grandes antennes, le CBI peut atteindre une résolution angulaire significativement plus grande que le VSA. Les conditions de haute altitude ainsi que la faible vapeur d'eau atmosphérique résiduelle rendent le site chilien particulièrement adapté à l'astronomie micro-onde. Jusqu'à cent degrés carré de ciel, bien en dehors du plan galactique, ont ainsi été cartographiés dans ces expériences.

Les cosmologistes avaient déjà récolté les fruits de la gloire avec les expériences de BOOMERANG et MAXIMA sur le fond diffus. Ces télescopes de 1,3 mètre lancés par ballon ont mesuré le fond diffus à 150 Ghz. Ils avaient tous deux une résolution angulaire faible comparée à celle des nouvelles expériences. Elles sondent le ciel avec des angles d'environ 15 arcs-minute tandis que les interféromètres arrivent à près d'un arc-minute. Une grande partie de la physique associée aux événements de l'Univers pourrait ainsi être visible dans le fond diffus cosmologique.

Les expériences précédentes ont fourni des éléments en faveur de la présence de ces oscillations jusqu'au troisième pic. Les nouvelles ont confirmé cette image avec les données de CBI élargissant la cartographie à des échelles encore plus petites. On peut maintenant voir une quatrième oscillation à des échelles de quelques arcs-minute comme le prédit la théorie. Le CBI mesure clairement l'atténuation due à la diffusion des fluctuations du rayonnement.

La seule surprise du CBI est l'excès de rayonnement à une échelle angulaire proche d'un arc-minute qui est légèrement plus grande que la contribution attendue de la part des amas de galaxies. Le gaz dans les amas diffuse les photons du fond cosmologique ce qui produit une distorsion du spectre avec une forme caractéristique. Cela se traduit par une diminution du flux du fond diffus vu à travers l'amas à une fréquence inférieure à 150 Ghz et une augmentation aux fréquences plus élevées. Cet effet, nommé d'après les astrophysiciens russes Rashid Sunyaev et Yaakov Zeldovitch, a été constaté pour des amas individuels où il est relativement important, jusqu'à un millième de degré Kelvin. Cela représente une partie sur 3 000 du fond diffus cosmologique. Pour la première fois cependant, le CBI détecte l'effet intégré de tous les amas dans l'axe optique qui donne à 30 GHz un effet de seulement 15 microKelvin car le gaz dans les amas non résolus remplit seulement une partie du faisceau projeté dans une direction aléatoire du ciel.

Puis arrive le télescope ACBAR. Situé au pôle Sud et fruit d'une collaboration entre Berkeley et la *Case Western Reserve University*, il mesure aussi les fluctuations du fond diffus cosmologique aux échelles de l'arc-minute mais à de plus hautes fréquences, entre 150 et 274 GHz. C'est un ensemble de bolomètres conçus pour des longueurs d'onde inframillimétriques. Les fréquences supplémentaires sont importantes parce que l'effet de diffusion du gaz chaud sur le fond diffus dépend de la fréquence à laquelle on cherche. Il disparaît à 220 GHz, et à des fréquences plus hautes encore on s'attend à une augmentation due à l'apport en énergie du gaz chaud de l'amas. Car l'effet Sunyaev-Zeldovitch ajoute de l'énergie aux photons froids et les convertit en photons plus chauds et de plus hautes fréquences. Les résultats obtenus par ACBAR ont confirmé les premières données sur la puissance de détection d'amas galactiques non résolus.

Un nouveau domaine a été exploré avec la détection de la polarisation du fond diffus cosmologique. En 2002, le DASI a observé le premier signal de polarisation. La polarisation se produit car un électron diffuse la lumière d'une manière intrinsèquement asymétrique avec un motif dit en quadripole. Même si les électrons sont répartis au hasard, ils diffusent la lumière dans toutes les directions avec des orientations aléatoires des oscillations des ondes électromagnétiques que sont les photons seulement si la source de lumière est elle-même isotrope. Mais cette source, le fond diffus, a des fluctuations et en particulier une anisotropie quadripolaire. L'effet net en est que maintenant la diffusion par les électrons produit une lumière polarisée. La détection due à DASI signifie que l'on mesure l'histoire de l'ionisation de l'Univers puisque ce sont les électrons libres qui sont responsables de la majeure partie de la diffusion. Si plus tard l'Univers contient du gaz atomique, il est à l'origine ionisé. On mesure en fait la transition durant laquelle la plus grande partie de la polarisation a été produite.

L'étape spectaculaire suivante fut franchie en mars 2003. Nous avons décrit comment une nouvelle expérience satellite sur le fond diffus cosmologique, la première depuis COBE, avait permis d'obtenir des cartes du ciel entier à une résolution inégalée. WMAP a cartographié tout le ciel aux ondes radio. La résolution de COBE était de sept degrés, celle de WMAP d'un quart de degré. La précision des nouvelles mesures est telle que l'on peut maintenant voir clairement et précisément les trois pics de fluctuation de température sur des échelles angulaires différentes. C'était ce qui était prédit par la théorie.

Pour l'intensité, l'emplacement des pics et de la traînée d'atténuation, on pouvait espérer retirer des paramètres encore plus précis du modèle cosmologique. L'Univers est plat autrement la courbure des rayons de lumière de la dernière diffusion déplacerait l'emplacement des pics. Cela fixe la densité totale en masse et en énergie dans l'Univers. L'Univers est à la densité d'énergie critique d'un univers d'Einstein-de Sitter à 5 % près. La densité en baryon règle la force gravitationnelle dans les ondes formées de pics et de creux. Les baryons sont par conséquent responsables de la force qui gouverne les raréfactions par rapport aux sommets. Ce contrôle se manifeste en termes d'intensités relatives des pics adjacents mesurées dans les fluctuations angulaires du rayonnement. Le premier pic dans une onde est une compression, suivie d'une raréfaction. Les pics impairs sont dus aux compressions, les pairs aux raréfactions. Ainsi, plus la densité en baryons est élevée, plus le rapport d'intensité des pics impairs sur les pairs est élevé. On la trouve égale à 4 % avec une incertitude de 10 %, exactement la valeur déduite de la synthèse primordiale d'hélium, de deutérium et de lithium dans les premières minutes du Big Bang.

La densité de matière est déterminée par l'intensité absolue du premier pic. Elle est de 30 % de la densité critique avec une incertitude d'au plus 20 %. Le spectre de fluctuation de densité est déterminé par l'intensité du pic relativement à celle de la fluctuation sur de très grandes échelles angulaires. On trouve les fluctuations de densité juste comme le prédisait la plus simple expression de l'inflation, avec une incertitude dans l'index spectral de pas plus de 10 %. Et la traînée d'atténuation des fluctuations, c'est-à-dire le déclin dans l'intensité des pics aux échelles angulaires plus petites, confirme une prédiction fondamentale de la théorie. Nous sommes témoins de la trace de fluctuations acoustiques laissées sur le fond diffus cosmologique qui avait été prédite dès 1967. Ce sont ces mêmes fluctuations qui ont persisté et grandi dans la matière noire, finissant par générer les structures à grande échelle de l'Univers de galaxie que nous avons sous les yeux aujourd'hui.

En astronomie, chaque nouvelle découverte pose inévitablement de nouveaux défis. Nous avons appris que l'Univers était plat. Cette découverte inspirera sans doute de nouveaux efforts expérimentaux et de nouvelles idées sur la nature de l'Univers. La première de ces révélations est déjà là. L'Univers est dominé par l'énergie noire, réincarnation moderne de la constante cosmologique.

CHAPITRE 14

L'énergie noire et l'Univers en fuite

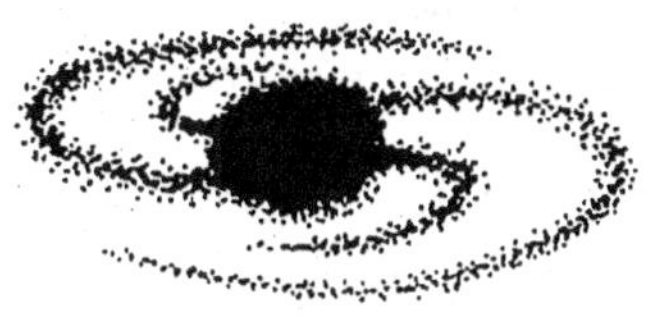

« Je pense que le vide est fichtrement mieux que certains machins par quoi la Nature le remplace. »

Tennessee WILLIAMS

« Il est contraire à la raison de dire qu'il y a un vide ou un espace dans lequel il n'y a absolument rien. »

René DESCARTES

On pense que les supernovae sont en fait des bombes parfaites. Une supernova est plus brillante qu'un million de soleils. Quand les étoiles meurent, elles brillent tellement qu'elles peuvent même être détectées dans de lointaines galaxies. Cela suggère que les supernovae pourraient être de bonnes indicatrices des distances, notamment les plus brillantes et les plus régulières. Ce sont les supernovae de type Ia, produites par des étoiles de faible masse.

Les étoiles qui explosent

La première supernova proche depuis 1604 a été observée le 24 février 1987. Elle s'est produite à une distance d'environ 17 000 années-lumière dans le Grand Nuage de Magellan. L'étoile d'origine était une bleue supergéante de 20 masses solaires très lumineuse, environ cent mille fois plus que le Soleil. Sa luminosité a été multipliée des centaines de fois lors de son explosion et elle est devenue facilement visible à l'œil nu. Le cœur d'une étoile massive avait implosé pour former une étoile à neutrons après avoir épuisé son combustible nucléaire. Avec la compression immense de la matière pour former une boule de neutrons, d'énormes quantités d'énergie ont été libérées sous la forme essentiellement de neutrinos. La réaction proton + électron → neutron + neutrino forme des neutrons mais se traduit aussi par l'émission de neutrinos. Ces derniers ont pu être diffusés par les couches internes de l'étoile d'origine et expulsés dans une gigantesque explosion. La décroissance radioactive des isotopes instables du cobalt en nickel puis en fer continue à chauffer l'enveloppe en expansion et peut alimenter sa luminosité dans le visible pendant un an ou plus.

Après l'observation de la supernova optique 1987A, trois groupes de physiciens entrèrent en action. Ils étaient en charge d'appareillages souterrains conçus pour être des télescopes à neutrinos de supernovae. En réexaminant leurs données, ils rapportèrent la détection de neutrinos trois heures après l'explosion vue en optique. Les neutrinos interagissent si faiblement que seulement une poignée d'événements furent enregistrés mais ils suffirent à établir qu'une étoile à neutrons s'était bien formée dans l'explosion. Beaucoup d'étoiles à neutrons sont détectées sous la forme de pulsars radio ou rayons X , et sont les reliques d'anciennes explosions de supernovae. Le pulsar le plus récent est l'étoile à neutrons visible dans la nébuleuse du Crabe qui s'est formée lors d'une explosion en 1054.

Les supernovae se divisent en plusieurs types. Les étoiles précurseurs des étoiles à neutrons font entre 10 et 20 masses solaires. Les supernovae qui en résultent sont dites de « type II » car ce sont les moins lumineuses. Le spectre d'une supernova de type II reflète le riche mélange d'éléments qui sont éjectés dans l'explosion, y compris de grandes quantités d'hydrogène et d'hélium. L'enveloppe de l'étoile précurseur contenait aussi du matériel enrichi dans le noyau par la combustion nucléaire et comportait du carbone, du silicium, de l'oxygène, du fer ainsi que de l'hélium. Tout ceci a été éjecté. Il y a aussi eu un intense flux de neutrons près de l'étoile à neutrons qui a irradié le carbone et d'autres éléments pour former des éléments beaucoup plus lourds comme l'uranium, le baryum et l'europium. Ces éléments rares sont observés dans les vieilles étoiles et témoignent d'une contamination par des supernovae dans un lointain passé.

Les étoiles de moins de 8 masses solaires finissent en formant des nébuleuses planétaires qui expulsent la majeure partie de leur enveloppe pour donner des naines blanches dont la masse fait environ les trois quarts de celle du Soleil. Beaucoup d'étoiles vont par paire et deviennent finalement des paires de naines blanches. La fusion d'une paire de naines blanches est très violente. Une naine blanche est composée de carbone et d'oxygène, des combustibles nucléaires potentiels excellents sauf que l'intérieur des naines blanches est dégénéré : ces deux éléments y sont sous d'immenses pressions et leurs atomes pris dans une structure cristalline. L'énergie thermique est très peu importante et les réactions nucléaires ne peuvent s'y produire. La fusion réchauffe la matière et l'état dégénéré est levé. Carbone et oxygène peuvent maintenant brûler librement *via* les réactions thermonucléaires pour former du fer. L'énergie libérée est telle que la naine blanche issue de la fusion se disloque en débris hautement enrichis en fer avec des traces de carbone et d'oxygène. L'hydrogène en est absent.

Le décor est mis pour la supernova la plus lumineuse, de type Ia, produite par l'effondrement d'une naine blanche. Ce type d'étoile devient instable si sa masse dépasse 1,4 fois celle du Soleil. Cela résulte d'un calcul effectué pour la première fois par l'astrophysicien indo-américain Subrahmanyan Chandrasekhar dans les années 1930. Son idée était tellement nouvelle qu'au départ personne ne le crut. Quand elle fut acceptée, il devint clair que l'effondrement d'une naine blanche ne pouvait absolument pas s'arrêter. L'étoile implose sous l'effet de la gravité et le noyau commence à se transformer en fer car c'est l'élément le plus stable en termes de propriétés nucléaires. Mais l'effondrement est tellement puissant que sous les immenses pressions le fer se décompose en neutrons, protons et neutrinos. Une grande quantité d'énergie est tout d'un coup libérée dont une partie emportée par les neutrinos. L'étoile entière explose en une supernova. La théorie suggère que l'énergie libérée par cet effondrement ne doit pas varier entre supernovae de type I car la quantité d'énergie nucléaire disponible dépend de la masse maximale. La masse maximale que peut brûler un noyau d'étoile avant son effondrement est environ d'une masse solaire.

Ces explosions sont catastrophiques, elles ne laissent rien derrière elles à part un nuage de gaz s'étendant à une vitesse égale à 7 % de celle de la lumière et se caractérisent par l'absence virtuelle d'hydrogène dans leur spectre. Les supernovae de type Ia sont jusqu'à dix fois plus brillantes que celles de type II et leur spectre se distingue par la prépondérance du fer et l'absence d'hydrogène. Elles sont parmi les plus courantes. Au cours de la désintégration, une partie du fer est convertie en un isotope radioactif du nickel. La lumière est due à l'énergie libérée par la désintégration de l'isotope. Ce dernier est produit en quantité importante et assez précise lors de l'effondrement de la couche externe du noyau de la naine blanche. L'isotope instable du nickel se désintègre en fer et environ sept dixièmes d'une masse solaire de fer est éjectée lorsque le noyau explose avec une bouffée finale de neutrinos. Le spectre des supernovae montre que l'éjecta consiste surtout en fer et en d'autres éléments lourds. Il en résulte que les supernovae de ce type doivent apparaître initialement aussi brillantes puis s'assombrir au même rythme dû à la décroissance radioactive. Nous pouvons le déduire du fait que la vitesse de décroissance de la luminosité de ces supernovae ressemble à celle de la radioactivité. Cela signifie que les tracés de leur décroissance en luminosité sont virtuellement identiques. La seule différence est dans la luminosité apparente : plus la supernova est éloignée, plus elle est sombre.

Un troisième type d'explosion attend les étoiles dont la masse excède vingt-cinq fois celle du Soleil. Le noyau gagne tellement de masse lors de l'implosion finale qu'un trou noir se forme. Plus de cent fois plus d'énergie que dans l'explosion des supernovae classiques est libérée. Nous appelons ces événements des « hypernovae » et elles pourraient être responsables de la production des très rares éléments riches en neutrons. Les hypernovae sont heureusement rarissimes, apparemment dix fois moins fréquentes que les supernovae et peut-être beaucoup moins encore.

Une propriété intéressante des hypernovae est qu'on les considère associées aux objets les plus lumineux de l'Univers, les sursauts de rayons gamma. D'intenses sursauts de ces rayons, exigeant autant d'énergie que celle des supernovae mais durant moins d'une minute sont associées à des régions où se forment les étoiles massives et s'observent à des décalages vers le rouge de 4 et même au-delà. Les rayonnements secondaires dans le visible et l'infrarouge de ces objets peuvent potentiellement servir à sonder leur environnement où se forment les premières étoiles massives de l'Univers, à des décalages de 20 ou plus.

On peut observer des supernovae de type I dans les galaxies proches à des distances connues et il apparaît en fait qu'avec une bonne approximation non seulement le taux de décroissance de la lumière visible est identique mais aussi la luminosité totale émise. Cela signifie que la luminosité apparente des supernovae lointaines nous renseigne sur leur distance. La meilleure mesure pour obtenir une échelle des distances de l'Univers utilise les supernovae.

Les supernovae en tant que sondes des distances

Les supernovae fournissent des bornes naturelles pour évaluer les distances de galaxies éloignées. Une supernova, notamment lorsqu'elle est prise d'un certain type, fonction de sa courbe de lumière et de son spectre, produit toujours la même quantité d'énergie. La luminosité culmine environ un mois après l'explosion de l'étoile. Le pic de luminosité visible est constant d'une supernova à l'autre. Les supernovae sont si brillantes, le pic de lumière peut atteindre des milliards de soleils, que l'on peut les voir à des distances énormes. Les supernovae sont donc des outils idéaux pour mesurer les échelles de distance de l'Univers.

En pratique, il faut calibrer les supernovae des galaxies proches avec d'autres indicateurs de distance de façon à établir une échelle des distances locales. Ces supernovae sont relativement peu nombreuses et l'on a peut-être une demi-douzaine de cas de galaxies proches ayant une supernova récente. Ce n'est que dans ces cas que l'on mesure les nombreuses étoiles variables qui fournissent des distances très précises en raison de leur nature universelle. Les étoiles utilisées pour cela sont les céphéides qui peuvent être étudiées dans la Voie lactée comme dans les galaxies proches. Ce sont des étoiles variables qui présentent une corrélation nette entre la période de leur variabilité et leur luminosité, aussi leur distance peut être assez bien mesurée.

On calibre à partir d'une demi-douzaine de galaxies proches avec des supernovae historiques où les céphéides sont relevées. On peut alors mesurer les distances des galaxies qui sont éloignées jusqu'à mille mégaparsecs ou plus, soit une proportion substantielle de l'Univers observable. Une supernova a même été détectée dans une galaxie ayant un décalage vers le rouge de 1,7. La supernova est typique de l'explosion d'une naine blanche, son spectre étant bien déficient en hydrogène. C'est cohérent avec les propriétés de la galaxie qui l'héberge et qui est de type évolué, une elliptique rouge. Une telle galaxie ne présente pas assez de formations récentes d'étoiles pour fournir les étoiles massives à l'origine des supernovae à effondrement du noyau. L'expansion dont la vitesse de fuite déduite par Hubble était de 1 000 kilomètres par seconde a été étendue de cent fois en distance.

De fait, on peut étudier les supernovae à de telles distances qu'il devient possible de rechercher une décélération des galaxies distantes par rapport à nous. C'est ce qui est après tout attendu dans le modèle Friedmann-Lemaître de l'Univers. Si l'Univers était vide, il s'étendrait à la vitesse de la lumière et aurait toujours la même vitesse aussi loin que nous remonterions dans le temps. Mais ajoutez une modeste quantité de matière et l'Univers doit décélérer. Les cosmologistes ont juste trouvé la tendance opposée !

Un résultat remarquable s'est fait jour en 1998. Les mesures de distances des supernovae de type Ia à de forts décalages vers le rouge montrent un assombrissement d'environ 20 %. Après avoir éliminé les explications les plus évidentes telles qu'un effet dû à la poussière, la plus simple est probablement l'accélération de l'Univers. Si l'Univers est en accélération, une galaxie très lointaine avec un décalage vers le rouge connu est à une plus grande distance de nous que le serait une galaxie de même décalage dans un Univers vide en expansion constante. Elle serait même à une plus grande distance de nous dans le cas plus réaliste d'un Univers en décélération. Pour voir l'effet, on doit revenir au temps où l'Univers avait la moitié de sa taille actuelle. Et même dans ce cas, la différence en distance est encore de 10 %, ce qui produit un changement de 20 % dans la lumière que nous recevons.

S'il y a une constante cosmologique, il y a de l'antigravité. Il y a une accélération. Celle observée est en fait prédite pour un Univers qui est spatialement plat mais dans lequel les deux tiers de la densité critique sont dus à l'énergie noire (ou du vide) associée à la constante cosmologique. Pour un tel univers, l'âge est l'inverse de la constante de Hubble ou 15 milliards d'années.

Une façon moderne de considérer la constante cosmologique est de l'associer à la densité en énergie du vide. Le vide peut être répulsif. Il ne contient que des particules virtuelles. De telles particules sont prédites par le principe d'incertitude. Une particule existe pendant un temps trop court pour être mesuré. Même si au niveau microscopique, le vide ne contient rien lorsqu'on l'examine, il recèle des particules qui ne peuvent être localisées ni directement observées. Le vide doit donc être un phénomène quantique.

Les particules et antiparticules virtuelles apparaissent et disparaissent par paires. Il n'y a aucun changement dans la charge. Mais il doit y avoir un effet associé à la densité en énergie car les mouvements quantiques sont une forme de pression et d'énergie. Il en résulte de façon bizarre et non intuitive que la pression du vide est négative.

Il doit y avoir une énergie associée à un vide qui grouille en particules virtuelles. Comprimez un gaz de particules virtuelles et la pression décroît. Il y a moins de particules virtuelles qui contribuent à la pression puisque le volume détermine leur nombre. Avec un volume assez petit, l'incertitude finie sur la distance que Heisenberg exige signifie qu'il n'y en a plus.

L'énergie du vide a en fait été mesurée en laboratoire. L'état de base de l'énergie des atomes est très légèrement perturbé par la présence du vide. On trouve que l'énergie du vide exerce une pression négative.

La théorie de la gravité d'Einstein demande que l'énergie et la pression agissent en tant que source de gravité. Normalement, la pression dans un nuage de gaz qui s'effondre s'oppose d'abord à ce mouvement. Proche de l'état final de trou noir, la pression aide en fait l'effondrement. La pression ordinaire est une source d'attraction dans les champs gravitationnels extrêmes. Mais avec le vide, l'inverse est vrai. L'énergie du vide a une pression négative et agit donc de façon répulsive. Elle est comme l'antigravité. C'est la raison pour laquelle l'accélération est une prédiction propre à la constante cosmologique.

La détection de l'accélération par l'assombrissement est une conclusion importante. Avant de l'accepter, il faut soigneusement exclure toutes les autres explications. Par exemple, l'assombrissement de supernovae de fort décalage vers le rouge par rapport à celle de moindre décalage pourrait être un artefact dû à la poussière. Mais on ne trouve aucune différence dans les couleurs et il faudrait faire appel à une forme bizarre et unique d'extinction par laquelle la poussière prendrait la lumière dans toutes les longueurs d'onde sans distinction. Les molécules interstellaires et atmosphériques ainsi que la poussière absorbent et diffusent préférentiellement la lumière bleue relativement à la rouge. C'est pour cette raison que les couchers de Soleil sont rouges et le ciel bleu. Même une poussière qui aurait une absorption uniforme est difficile à comprendre. Plus on observerait, plus on devrait trouver de variations dans les pics des supernovae car il n'est pas très plausible que la poussière soit distribuée de façon uniforme dans l'espace. En fait, les astronomes n'observent aucun changement apparent dans la diffusion de la taille des pics des supernovae dans leurs études de galaxies de plus en plus lointaines.

Un souci plus sérieux est lié à l'évolution des supernovae elles-mêmes. La théorie suggère qu'il pourrait y avoir de grandes variations dans leurs propriétés, auquel cas les observations de forts décalages vers le rouge qui représentent de grands volumes de l'Univers pourraient bien être à la merci de ce biais. On peut opposer à cela le fait qu'on observe les supernovae locales dans des environnements très divers où il y a des populations d'étoiles qui peuvent être surtout âgées ou jeunes. On ne trouve aucune différence systématique dans les luminosités absolues.

Les résultats des supernovae exigent que l'énergie noire domine la matière et s'accordent avec la déduction à partir du fond diffus cosmologique d'un Univers plat et à une densité critique. Ils concordent bien aussi avec la quantité d'amas observés qui donne une densité de matière d'environ un tiers de la valeur critique. Les cosmologistes sont heureux puisqu'un modèle cosmologique cohérent se dégage. Avec la vérification expérimentale du paramètre clé inattendu, l'énergie noire, par deux expériences totalement indépendantes, on a toutes les raisons de penser que nous approchons d'une solution finale en cosmologie. L'une d'elles, l'expérience de la supernova, mesure en fait directement l'accélération, l'indice clé de l'énergie du vide. Le fond micro-onde nous dit que quelque chose d'autre que la matière noire « froide » est nécessaire. Il s'agit très probablement de l'énergie noire.

L'énergie noire

Les cosmologistes ont fait le tour de la question et fini avec une valeur de la constante cosmologique environ 30 % inférieure à celle qu'Einstein avait introduite pour un univers statique. On peut interpréter cette constante comme celle de la densité en énergie du vide qui n'a pris que récemment le pas sur la densité de masse de l'Univers. Cette énergie ne peut s'observer directement et on la désigne donc souvent par le nom d'énergie noire. La densité en matière décroît avec l'expansion de l'Univers. Quand ce dernier avait le quart de sa taille actuelle, à un décalage vers le rouge de 4, l'énergie noire est d'abord devenue comparable à la densité de matière. L'une des conséquences en a été le passage de la décélération de l'Univers sous l'effet de l'attraction gravitationnelle de la matière à son accélération sous l'influence de la répulsion gravitationnelle due à l'énergie noire. L'Univers a commencé à accélérer.

L'énergie noire est une chose bizarre. Elle est uniforme et le reste toujours. Elle ne s'agrège pas, comme la matière ordinaire, sous l'influence de la gravité. Tout ce qu'elle possède est une densité en énergie et une pression. Cela suffit à causer l'accélération tant que la pression est négative. Essayons de comprendre ce que signifie cette pression négative.

L'énergie noire produit une accélération car elle exerce une grande pression négative, égale en fait à la densité en énergie de la masse. Dans un gaz normal, la pression est positive et la théorie de la relativité d'Einstein prédit qu'elle contribue de façon positive à l'attraction.

La pression d'un gaz ordinaire agit comme une source de gravité. Le sort ultime de l'effondrement d'une étoile massive en un trou noir ne peut être évité par l'effet de la pression du gaz, en fait il agit dans le même sens.

Dans un univers en expansion, la pression positive produit une décélération, comme le fait la matière. Au fil de l'expansion, la pression ordinaire agit de moins en moins et produit de moins en moins d'énergie thermique. La pression négative a toutefois l'effet inverse. Un élastique étiré gagne de l'énergie. Plus d'énergie signifie que la pression de l'élastique est négative. Dans un univers en expansion, la pression négative agit ainsi en sens opposé à celui de la pression positive : son effet va croissant avec l'expansion de l'Univers. C'est ce qui dirige l'accélération. La pression négative agit comme de l'anti-gravité, elle est répulsive.

L'énergie noire rend compte des deux tiers de la densité en masse-énergie de l'Univers. Il n'y a aucune explication de l'énergie noire : elle peut être simplement considérée comme contribuant à l'énergie du vide. Elle est complètement uniforme et ne se regroupe pas sous l'effet de la gravité comme le fait la matière ordinaire. Elle n'est détectable que par son effet sur l'accélération de l'expansion de l'Univers. Pourtant la matière noire s'agrège. Et cela suffit à garder les astronomes bien occupés.

La panacée
de la matière noire froide

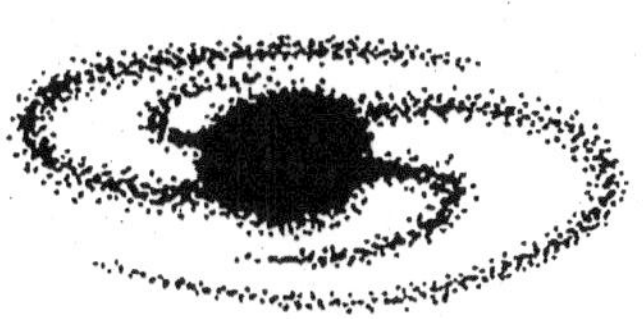

« Ô noir noir noir. Ils vont tous dans le noir,
Les espaces interstellaires libres, le vide dans le vide. »

T. S. ELIOT

« Il n'y a qu'une vérité, et les possibilités d'erreurs sont
infinies. »

Thomas Henry HUXLEY

Dans l'Univers, la plus grande partie de la matière est noire. Contrairement à l'énergie noire, nous pouvons la « voir » parce qu'elle s'agrège lorsque les structures se forment. On peut détecter la matière noire. Et elle s'élève à environ un tiers de la densité totale masse-énergie de l'Univers.

Le budget de la matière noire

Le budget de la masse cosmique s'exprime le mieux par rapport à la densité critique pour un univers spatialement plat, c'est-à-dire dans le modèle Einstein-de Sitter. Cette densité ne dépend que de la constante de Hubble qui est maintenant connue avec une précision raisonnable. La densité critique est de 200 milliards de masses solaires par mégaparsec cube. Il est utile de la comparer à la densité de la lumière des étoiles. Nous pouvons exprimer cette dernière en unités de luminosité solaire et elle s'élève à cent millions de luminosités solaires par mégaparsec cube. Si l'Univers était à la densité critique, le rapport de la masse sur la luminosité serait de mille masses solaires par luminosité solaire. Cela permet de prédire clairement la clôture de l'Univers.

Ce que l'on mesure réellement est beaucoup plus faible. Dès 1953, les amas de galaxies ont donné la première indication de la prépondérance de la matière noire à grande échelle. Les premières valeurs fiables sont venues des courbes de rotation des galaxies qui ont fourni la preuve que la matière noire dominait dans les galaxies ordinaires et en particulier dans notre propre galaxie, la Voie lactée. Les courbes de rotation des grandes galaxies spirales sont généralement plates sur de fortes distances, ce qui indique que, loin de ce que l'on pouvait attendre d'après Kepler – que la distribution de la masse correspond à celle des étoiles –, la masse augmente en fait avec le rayon de la galaxie. Les valeurs typiques du rapport de la masse sur la lumière sont de cinquante masses solaires par luminosité solaire tandis que dans le rayon dans lequel la moitié de la lumière est présente on trouve une valeur d'environ cinq masses solaires par luminosité solaire. La valeur actuelle dépend légèrement du type de galaxie que l'on étudie.

Les courbes de rotation des galaxies se mesurent par des techniques radio utilisant la raie à 21 cm de l'atome d'hydrogène et par les raies d'émission dans la bande visible des atomes d'hydrogène. La méthode radio est très sensible aux faibles densités de gaz atomique mais manque de résolution. D'un autre côté, les mesures optiques ont une excellente résolution mais ne repèrent que les nuages denses de gaz ionisé par les étoiles massives. La combinaison des deux marche bien. On obtient des résultats cohérents et l'on trouve que la matière noire se retrouve partout sur des échelles allant jusqu'à la centaine de kiloparsecs.

Dans les amas de galaxies, on a fait de grands progrès depuis les premières déterminations qui utilisaient leur énergie cinétique et la comparaient à leur énergie potentielle. On estimait la masse de l'amas à partir de celle qui était nécessaire pour éviter la dislocation des galaxies et la dissolution de l'amas. Les mouvements aléatoires des amas de galaxies sont déduits de l'étalement mesuré en optique de leur vitesse radiale.

Nous avons décrit précédemment les deux techniques indépendantes qui confirment les mesures dynamiques des masses des amas. On utilise la mesure par spectroscopie des rayons X du gaz chaud dans les amas. Le gaz est à une température d'environ 10 millions de degrés Kelvin. Le gradient de pression du gaz est une force de dispersion en équilibre avec celui de la force gravitationnelle associée à la gravité propre de l'amas. La masse de l'amas peut alors être déduite en supposant que le gaz est en équilibre hydrostatique.

Une autre approche utilise l'effet de lentille gravitationnelle exercé par les amas de galaxies très éloignées. Cet effet déforme l'image des galaxies. Une lentille sphérique précisément alignée, cela peut être un amas ou une galaxie massive sur le chemin, convertit l'image de la galaxie lointaine en un anneau. Avec les alignements et la géométrie des lentilles habituels on obtient plus souvent des arcs concentriques que des anneaux. La séparation des arcs est une mesure du contenu en matière noire des lentilles. Les trois méthodes mesurent la répartition de la matière noire sur de vastes échelles et donnent une valeur de 300 masses solaires par luminosité solaire. L'étendue des mesures se compte en millions d'années-lumière.

Sur de grandes échelles, on se trouve à court de structures se maintenant sous l'effet de leur propre gravité. On ne peut sonder de telles structures. Une méthode utilise les galaxies encore en train de s'éloigner des galaxies de l'Amas de la Vierge mais dont la vitesse est freinée par la gravité. Ces galaxies finiront par tomber dans l'Amas de la Vierge. La mesure du mouvement de chute de galaxies dans la région du Superamas de la Vierge, l'Amas de la Vierge plus grand, permet de sonder la densité de matière noire sur des échelles allant jusqu'à 20 mégaparsecs.

Un autre test de la densité de matière noire sur des échelles encore plus grandes, jusqu'à 100 mégaparsecs, utilise les fluctuations dans le comptage des galaxies obtenu dans le relevé à grande échelle de leur décalage vers le rouge. Sur de grandes échelles, le regroupement de la distribution de galaxies est mesuré par les fluctuations dans le comptage des galaxies moyenné dans des sphères réparties au hasard. À des échelles assez grandes, la matière doit être corrélée avec la lumière. Les fluctuations déduites de la densité en matière donnent une source de gravitation qui provoque des perturbations dans le flot de Hubble. Ces dernières peuvent être détectées sous la forme de mouvements aléatoires des galaxies et des amas de galaxies. On peut étudier pareillement l'influence de l'agrégation de matière noire sur l'expansion de Hubble. Si l'Univers avait une densité critique, on observerait de grandes distorsions dans le flot de Hubble, des vitesses particulières pour les galaxies et des mouvements de courant d'amas galactiques qui s'élèveraient à 1 000 kilomètres par seconde ou plus. Les mouvements aléatoires des galaxies que l'on observe atteignent la vitesse de 300 kilomètres par seconde. Cette méthode évalue la matière noire jusqu'à 300 mégaparsecs.

La dispersion du flot de Hubble que l'on observe demande une valeur du rapport de la masse sur la lumière équivalente à 300 masses solaires par luminosité solaire ou environ un tiers de la valeur critique pour un univers fermé. Cela est globalement en accord avec le rapport de la masse sur la lumière déduit des amas de galaxies. Une déduction similaire peut être faite en examinant les très petites distorsions produites dans les images des galaxies lointaines à décalage spectral vers le rouge élevé. Cela ne s'observe que statistiquement et le phénomène est connu sous le nom de faible effet lentille gravitationnelle.

Une autre méthode utilise l'évolution du décalage vers le rouge de la densité en nombre des amas. On observe que la quantité d'amas bien denses supérieurs à une masse donnée n'augmente que légèrement avec l'expansion de l'Univers. La théorie de la formation des amas prédit un accroissement rapide de la quantité d'amas massifs dans un univers à la densité critique en raison de la croissance des fluctuations de densité due à l'instabilité gravitationnelle. Cet effet est systématiquement supprimé si la densité de l'univers est inférieure à la valeur critique.

Un Univers qui se construit

L'approche *ab initio* pour les structures à grande échelle a rencontré un vif succès. On commence par des fluctuations de densité infinitésimale dans la matière noire froide sur de très petites échelles. L'inflation les amplifie à des échelles qui correspondent à celle de l'horizon à l'époque où les densités de matière et de rayonnement étaient égales. Cette époque est équivalente à celle de l'échelle contenant la masse d'un amas de galaxies. Une fois que la matière est devenue prépondérante dans l'Univers, les fluctuations sont gravitationnellement instables et la matière environnante s'agrège. Cela se traduit par la formation d'amas de galaxies juste avant notre époque actuelle, avec des galaxies se formant quand l'Univers avait le dixième de sa taille présente.

La formation de la structure se produit dans une séquence croissante, allant du plus petit au plus grand. Les fluctuations de matière sont plus importantes sur de petites échelles. Cela dope la gravité. Les petits objets sont les premiers à se condenser, puis viennent les plus en plus gros. Il aurait pu en être autrement. On peut aussi bien imaginer une situation dans laquelle la formation se déroule de façon décroissante, du plus grand vers le plus petit. Tout dépend des fluctuations initiales de densité à partir de laquelle la structure se développe. Les observations sont en fait fortement en faveur d'un univers allant du plus petit vers le plus grand. Les amas de galaxies, les objets les plus massifs à avoir une gravité propre, ont une densité beaucoup plus faible et sont dynamiquement plus jeunes que les galaxies. La densité moyenne reflète celle de l'Univers lorsqu'ils se sont formés. Les galaxies se sont sûrement formées avant les amas. C'est l'essence de la théorie du plus petit vers le plus grand.

La formation de la structure du plus petit vers le plus grand a été largement simulée, le plus souvent dans le contexte d'un univers dominé par la matière noire froide. La théorie est bien définie pour la matière noire et a été modélisée grâce à des simulations numériques. De petits nuages, représentés par des agrégats de masses sous forme de points, se rassemblent sous l'attraction de la gravité et fusionnent en des ensembles toujours plus grands. Une hiérarchie se met en place dans la structure quand toutes les sous-structures ne sont pas éliminées.

On peut attribuer à la formation en structure hiérarchique de nombreux succès. Elle explique ainsi le regroupement en amas des galaxies. Les simulations des structures à grande échelle sont identiques aux relevés actuels. Aux plus grandes échelles où l'on peut faire des comparaisons, qui peuvent s'élever à des centaines de mégaparsecs, on peut mesurer la distribution des fluctuations de densité dans la répartition des galaxies. La structure et sa texture sont naturellement produites dans un univers plat dominé à ces échelles par l'énergie noire. La quantité d'amas de galaxies est un bon reflet de la structure à grande échelle.

On trouve que la matière lumineuse permet de dépister la matière noire. Les mouvements aléatoires des amas de galaxies par rapport à l'expansion universelle laissent deviner ce qui n'est pas homogène dans la matière noire. La lumière que nous voyons dans les galaxies, si elle est convertie en matière noire avec une constante universelle de proportionnalité, rend exactement compte des mouvements aléatoires des amas comme des accélérations de galaxies que l'on observe dans les amas. Une augmentation progressive de la part de matière noire relativement à celle de la lumière n'est pas nécessaire aux plus grandes échelles. De l'énergie noire est nécessaire mais cela n'est discernable qu'à l'échelle de l'horizon, à des gigaparsecs de distance. Nous en déduisons que les fluctuations de densité en matière noire sont très bien reflétées par celles de la matière lumineuse. Sur de grandes échelles, la matière noire est un témoin fidèle et exige un univers ayant une densité de matière égale à environ un tiers de la valeur critique. La formation de galaxies à des décalages allant jusqu'à 10 est une conséquence naturelle de tels modèles hiérarchiques.

Simuler, c'est s'approcher de la vérité cosmologique

Configurer la formation de la structure est tellement complexe qu'il faut faire appel à des simulations numériques capables de reproduire les nombreuses observations. Le succès de la théorie se mesure à sa capacité à rendre compte de plusieurs propriétés de l'univers observé, notamment l'intensité et la distribution des fluctuations dans le fond diffus cosmologique et les propriétés des amas de galaxies. Les simulations de formation d'amas réussissent à reproduire les formes et les structures de densité qu'elles présentent.

On peut suivre l'effondrement d'un nuage massif de gaz sous l'effet de sa propre gravité. Au départ, le nuage est porté par la pression du gaz mais ce dernier perd de son énergie en irradiant librement. Le nuage s'effondre alors et forme une boule de gaz concentré qui brille dans les rayons X car sa température est à des dizaines de millions de degrés Kelvin. Le nuage se trouve dans un amas de milliers de galaxies et représente environ 10 % de sa masse.

Les simulations numériques peuvent reproduire la texture du gaz dans l'amas qui émet des rayons X telle qu'observée. À plus grande échelle, le gaz intergalactique imprègne l'Univers. On peut l'observer par l'absorption du rayonnement de lointains quasars. Il est réparti en filaments ionisés d'hydrogène, en zones hétérogènes moins nombreuses ainsi qu'en nuages d'hydrogène atomique ayant la masse de galaxies. L'inclusion du gaz dans les simulations a permis d'arriver à une explication convaincante de la façon dont est réparti le gaz intergalactique.

Mais la formation des galaxies s'est avérée moins facile à modéliser. Des paquets de matière noire froide de tailles croissantes fusionnent pour donner les halos noirs des galaxies. Certaines sous-structures persistent mais il faut une résolution numérique élevée pour suivre les interactions et l'évolution de ces paquets. La formation des étoiles demande la mise en œuvre d'un autre niveau de complexité pour être en mesure de suivre la rétroaction de l'énergie issue de la formation ou de la disparition des étoiles sur le gaz. Les problèmes informatiques posés dépassent les capacités des ordinateurs actuels. Pour progresser, il faut faire des compromis et l'on n'est jamais sûr de la fiabilité des résultats.

Donner un spin

Pourquoi les galaxies tournent-elles ? Ce fut l'une des premières questions posées quand les astronomes découvrirent les magnifiques nébuleuses spirales il y a deux siècles. La rotation semblait une explication évidente aux motifs observés. Mais pour la confirmer, il a néanmoins fallu effectuer des mesures dynamiques modernes avec des relevés sophistiqués des fréquences radio et optique des gaz dans les spirales.

La lumière visible provient des combinaisons de jeunes étoiles massives dont le rayonnement ultraviolet ionise le nuage d'hydrogène environnant où les étoiles sont nées. L'émission qui en résulte est analysée par un spectrophotomètre et consiste surtout en raies spectrales des gaz d'hydrogène et d'oxygène. Les longueurs d'onde de ces raies sont déterminées par des mesures faites en laboratoire sur les gaz au repos. Elles sont, suivant le côté par lequel on observe la galaxie, déplacées vers le rouge et vers le bleu par rapport au centre de la galaxie. Les lignes présentent un déplacement Doppler en raison de la rotation de la galaxie. Une technique similaire est appliquée aux émissions radio des nuages interstellaires de gaz atomiques et moléculaires et donne des résultats comparables.

Le spin des galaxies a été engendré quand il y avait encore des nuages de gaz qui se contractaient pour former les premières étoiles. Les nuages ont des formes très irrégulières. Il en résulte qu'ils exercent une attraction sur leurs voisins, ce qui fait que chacun tremble ou se met à tourner de telle sorte qu'aucun spin net ou moment angulaire n'est vraiment créé. Ces forces sont des couples de torsion dus aux effets de marées agissant entre des nuages voisins et qui génèrent un moment angulaire initial pour chaque galaxie.

Dans les années 1980, on pensa d'abord que le moment angulaire était conservé lors de la contraction subséquente à la formation de la galaxie. Comme un danseur tourne sur lui-même de plus en plus vite lorsqu'il ramène ses bras à son corps, le nuage en contraction devait entrer en rotation. La contraction cessait quand la force centripète s'équilibrait avec la gravité : un disque en rotation était alors formé. On expliquait ainsi la taille des galaxies spirales observées, qui sont au fond des disques d'étoiles en rotation.

L'arrivée des simulations numériques hydrodynamiques à haute résolution à la fin des années 1990 a rendu évident le fait qu'une grosse partie du moment angulaire perdu dans la condensation du gaz est effectivement transférée vers l'extérieur dans le halo. Les paquets denses de baryons tombent dans la région centrale de la galaxie en formation et perdent leur moment angulaire. Les paquets du halo noir perturbent aussi par leur force de marée le disque et aggravent le problème du transfert du moment angulaire. Il en résulte que les simulations donnent une taille des disques invariablement trop petite d'un facteur cinq environ.

Les simulations ont révélé un autre problème. La distribution de la matière noire dans les galaxies naines de faible luminosité en surface, partout dominées par la matière noire, ne s'explique pas clairement. On l'étudie par la rotation des galaxies et on trouve généralement des noyaux mous. Les simulations de matière noire arrivent invariablement à une forte concentration centrale qui ne ressemble pas du tout au contenu en matière noire calculé dans les galaxies. La théorie ne peut expliquer les noyaux que l'on observe dans les naines brillant faiblement en surface. Il se peut que la résolution de ce problème exige des simulations plus détaillées incluant également les interactions complètes entre matière baryonique et noire.

Il n'y a pas que de mauvaises nouvelles. Les simulations incluant les gaz de la fusion de galaxies montrent que des étapes transitoires du processus peuvent ressembler à des galaxies très irrégulières. Nous voyons le développement des queues de marée et des bras spiraux. S'il n'est pas possible en général de prédire la nature de tels objets d'une manière fondamentale, on peut établir des conditions initiales appropriées pour l'apparition d'une fusion et comparer le résultat produit par un ordinateur avec des exemples réels. Des galaxies en fusion sont relativement rares autour de nous. On en déduit qu'elles ont dû être plus fréquentes au début de l'Univers.

Les fusions sont en fait inévitables dans le développement de la hiérarchie de la structure. Nous en apprenons beaucoup sur la mortalité des gens en étudiant ceux qui sont malades. De même, les cas pathologiques de galaxies irrégulières et perturbées sont souvent les plus intéressants. Ils sont rares de nos jours mais ont jadis été fréquents. On peut partir à la recherche de ces lointaines fusions en inspectant les images en champ très profond prises par un télescope spatial où l'on a la résolution suffisante pour détecter les caractéristiques de marée prédites dans les fusions en cours. Une autre approche consiste à rechercher l'énergie lumineuse qui doit être produite inévitablement par la fusion. Une fusion produit une galaxie lumineuse dans les ondes radio ou une forte flambée de formation d'étoiles.

Les fusions sont une conséquence naturelle des modèles hiérarchiques. Les majeures, entre des systèmes de masses presque identiques, sont rares de nos jours mais plus fréquentes aux forts décalages vers le rouge. Elles conduisent à la formation de systèmes sphériques sans rotation. Ceci suppose que la formation des étoiles a été très efficace pour expliquer les vieilles populations d'étoiles dans les bulbes massifs et dans les galaxies elliptiques. Les fusions mineures incorporent des sous-structures dans lesquelles la fraction gazeuse est facilement disloquée par la rétroaction stellaire. On s'attend à ce qu'elles soient peu efficaces pour former des étoiles. De tels systèmes sont les précurseurs logiques des galaxies en disque. Les courbes de rotation correspondent à des disques massifs de gaz avec gravité propre localisés dans des halos noirs. Cette explication est un succès pour la théorie du plus petit au plus grand.

Les galaxies elliptiques lumineuses ont plus de masse sous forme d'étoiles et un champ gravitationnel plus fort en moyenne que les spirales lumineuses. Leur halo est par conséquent plus massif. On peut s'attendre à ce qu'elles se soient formées plus récemment. Pourtant, les elliptiques ont surtout des populations de vieilles étoiles.

On résout cette difficulté en supposant que des produits de fusions les plus importants, les précurseurs elliptiques, ont formé des étoiles efficacement durant le temps où les galaxies fusionnaient pour donner un seul système. Cela s'est passé relativement rapidement pour une rencontre, un peu plus de temps que celui pris pour compléter une orbite. Le gaz est comprimé et refroidi, perd son énergie cinétique et tombe dans les régions internes du système fusionné. Là, des étoiles se forment avec un haut rendement et peu de gaz subsiste.

Cela se traduit par la formation d'un sphéroïde d'étoiles, comme dans le bulbe d'une galaxie spirale ou elliptique. Les disques des galaxies spirales se développent au contraire d'une manière beaucoup plus douce. Ils sont froids et fragiles. Un lent apport de petits nuages de gaz ou une petite fusion occasionnelle avec une naine blanche fournissent le réservoir de gaz à l'origine du disque. L'accumulation graduelle de gaz dans le disque, dans des environnements de faibles densités, se traduit par une formation continue d'étoiles riches en gaz avec un faible rendement pour un temps de Hubble. On peut dire qu'un tel procédé « marche », dans le sens où les elliptiques sont rouges et les spirales bleues.

Les astronomes utilisent les plus grands télescopes pour aller scruter le passé et étudier les phases de jeunesse des galaxies. On peut en effet y voir l'évolution en action. La morphologie des galaxies change dans l'Univers lointain, comme le révèle notamment l'extrême précision du télescope spatial Hubble. Les galaxies fortement décalées vers le rouge s'intègrent bien dans le processus de formation hiérarchique de la structure. Les études de champs montrent l'augmentation significative d'une population de galaxies irrégulières bleues vers des magnitudes plus faibles. Ces galaxies dominent parmi celles de très faible magnitude. Tout ceci est cohérent avec une formation initiale par fusions et fortes interactions de marée. L'observation des galaxies lointaines peut être considérée comme un succès qualitatif de la théorie de la formation hiérarchique des galaxies.

La plupart des baryons sont noirs

Seulement 10 % environ de la matière noire est baryonique dans l'Univers. La détermination actuelle des quantités d'hélium, de deutérium et de lithium donnent des chiffres cohérents avec le Big Bang pour origine. Maintenant que l'on a précisément mesuré la température de corps noir du fond diffus cosmologique, l'abondance en éléments légers nous donne une bonne idée des quantités primordiales en baryons.

Il existe trois autres confirmations indépendantes de la proportion de baryons dans l'Univers. Les fluctuations du rayonnement du fond diffus donnent une mesure de cette proportion quand le rayonnement fut diffusé pour la dernière fois par la matière trois cent mille ans après le Big Bang ou à un décalage spectral de 1 000. D'autres déterminations viennent d'études du milieu intergalactique à deux époques distinctes. À fort décalage vers le rouge, quand l'Univers n'avait que le quart de sa taille actuelle, on peut voir des nuages et des filaments d'hydrogène neutre intergalactique par le spectre d'absorption de quasars. On doit appliquer le flux de photons ionisant, mesuré directement *via* les spectres d'émission quasar, pour en déduire la quantité totale de gaz intergalactique. À faible décalage vers le rouge, on mesure le gaz intergalactique chaud dans les amas de galaxies par son flux d'émission de rayons X et il s'avère représenter environ 10 %

de la masse totale de l'amas. Puisqu'on considère les amas suffisamment massifs pour avoir préservé leur contenu initial en baryons, on peut aussi en déduire celui de l'Univers proche. Toutes les méthodes concordent dans une certaine mesure. On trouve que la densité en baryons représente environ 4 % de la densité critique.

Il y a cependant des problèmes. Nous ne pouvons expliquer qu'environ la moitié de la fraction baryonique prédite aujourd'hui dans les sources connues comme les étoiles et le gaz intergalactique. Il manque autant de baryons que ceux que nous voyons émettre dans les étoiles ou les gaz chaud et froid. Ces baryons ne peuvent être vus directement. En plus du problème de la matière noire, qui se réfère à la matière non baryonique, il existe donc aussi celui de la matière noire baryonique. Et il y a enfin la question des trous noirs supermassifs. Nichés au cœur des galaxies, ils contribuent peu au bilan de la matière noire mais pourraient profondément influer sur la formation des galaxies.

... Le temps est la plus longue distance entre deux endroits.

Tennessee WILLIAMS

Au sujet des trous noirs supermassifs et de la formation des galaxies

« J'ai été un étranger sur une Terre étrangère. »

L'Exode

« Les trous noirs de la nature sont les objets micro-cosmiques les plus parfaits qui soient dans l'Univers... ce sont aussi les plus simples. »

Subrahmanyan CHANDRASEKHAR

Prédits par la théorie de la relativité générale, les trous noirs sont parmi les objets les plus étranges que l'on connaisse. Un point dans l'espace a d'habitude un passé et un futur. Une explosion est un exemple de point spécifique dans l'espace-temps. On peut dire de tout observateur, ou de tout signal lumineux, qu'il se dirige vers le futur. S'il voyage assez loin et assez longtemps, il peut en théorie finir par rejoindre tout autre point de l'espace.

La seule exception à cette règle est celle d'un objet situé près d'un trou noir. On pourrait définir un trou noir comme une région dans l'espace-temps où rien ne ressort de ce qui s'y produit, même pas un signal lumineux. Un trou noir est une *surface piège* : si on la franchit, c'est sans retour !

La taille d'un trou noir

Le rayon d'un trou noir, nommé d'après l'astronome Karl Schwarzschild, est proportionnel à sa masse. S'il a la même masse que le Soleil, son rayon de Schwarzschild est de seulement trois kilomètres. Pour des trous noirs supermassifs dont on pense qu'ils peuvent contenir jusqu'à un milliard de masses solaires, leur rayon ne serait que le diamètre de l'orbite terrestre autour du Soleil, extrêmement petit suivant les critères astronomiques. Les planètes ne seraient pas aspirées par un trou noir. La Terre continuerait à graviter comme si de rien n'était si le Soleil était remplacé par un trou noir de même masse car le champ de gravité à cette distance serait inchangé. Un vaisseau spatial visitant un trou noir ne ressentirait pas la gravité différemment qu'autour d'une étoile, à moins qu'il ne s'aventure dans un périmètre de quelques rayons Schwarzschild du trou. Les forces de marée commenceraient alors à affecter le vaisseau d'une manière très dangereuse.

Rechercher un trou noir

On détecte les trous noirs par leurs effets gravitationnels sur les étoiles voisines. Les trous noirs de masses stellaires sont l'état final d'étoiles très massives. Peut-être que les étoiles de masse initiale supérieure à environ 25 masses solaires doivent finir sous forme de trou noir. Il n'y a aucune pression pour arrêter l'effondrement d'un noyau stellaire si sa masse dépasse plusieurs fois celle du Soleil. Même une pression aussi extrême que les pressions quantiques d'atomes ou de neutrons qui se chevauchent, menant respectivement aux pressions de dégénérescence électronique ou neutronique, ne peuvent éviter l'effondrement final.

On a découvert une vingtaine de tels trous noirs dans notre galaxie et ses voisines comme faisant partie de systèmes binaires étroits. Le trou noir est assez près de son étoile compagnon pour que, lorsque celle-ci évolue vers l'état de géante ou de supergéante, son atmosphère s'écoule dans le trou noir. Le gaz capté tourne en spirale vers le trou noir et forme un disque qui y tombe aussi lui-même lentement. En s'engouffrant, le gaz se réchauffe et émet des rayons X. Les caractéristiques orbitales permettent de déterminer la masse de l'étoile émettant des rayons X et montrent qu'il doit s'agir d'un trou noir.

Certaines galaxies ont de grandes centrales d'énergie en leur centre. On peut voir les fortes émissions de raies spectrales caractéristiques de turbulences se déplaçant à quelques pour cent de la vitesse de la lumière. Des objets encore plus lumineux, des quasars, produisent une luminosité équivalente à celle de mille Voie lactée à partir d'une région dont la taille est inférieure à celle du système solaire. On déduit des vitesses de turbulence pour les gaz qui vont jusqu'à 20 % de celle de la lumière dans la région émettrices des raies larges proche du quasar central où se trouvent la plupart des raies d'émissions. Les quasars sont les cœurs ultra-lumineux de galaxies par ailleurs normales.

Le remarquable phénomène qui peut se produire au cœur des galaxies

On pense que les trous noirs supermassifs alimentent le phénomène énergétique qui émane du centre des galaxies et des quasars. Le gaz, déversé par les étoiles évoluant dans la partie interne de la galaxie, rejoindrait un trou noir massif au centre. Si la matière tombe avec une trajectoire radiale, elle est accélérée à une vitesse proche de celle de la lumière avant d'atteindre le rayon de Schwarzschild. Comme la galaxie est en rotation, le gaz a un moment angulaire et on s'attend à ce qu'il parte pour l'essentiel en spirale au fur et à mesure qu'il perd de l'énergie. Le gaz se rassemble en un disque dense entourant le trou noir central. Il est assez chaud à ce stade pour émettre des rayons X, ce qui lui fait perdre de l'énergie. Il se réchauffe finalement avant de disparaître au-delà de l'horizon d'événement du trou noir et de franchir le point de non-retour.

Les quasars sont d'intenses sources de rayons X et ces derniers viennent du gaz proche du trou noir. Les collisions entre les atomes de gaz en mouvement rapide libèrent avec un haut rendement de grandes quantités d'énergie que l'on observe dans la bande des rayons X. Les collisions d'étoiles jouent aussi un rôle pour déterminer les propriétés du trou noir central. Les étoiles peuvent entrer en collision dans les noyaux denses des galaxies et leurs débris sont probablement une source supplémentaire de combustible pour le trou noir.

Les trous noirs pourraient être omniprésents. La matière déversée par les étoiles sur leur fin approvisionne les trous noirs supermassifs. Même un petit filet d'un centième de masse solaire par an, une minuscule fraction des nombreuses masses solaires consommées par les étoiles en formation dans une galaxie comme la Voie lactée, suffit à produire une forte activité nucléaire autour du trou noir central. De nombreuses galaxies entretenues par un trou noir supermassif sont connues sous le nom de « galaxies Seyfert », d'après l'astronome Carl Seyfert. Ces galaxies disques constituent environ 1 % de toutes les galaxies spirales et se caractérisent par un noyau extrêmement brillant appelé « noyau actif galactique ».

Les quasars sont des objets bien plus brillants et leur trou noir supermassif au centre consomme des centaines de masses solaires par an pour entretenir leur prodigieux flot d'énergie. L'émission par un quasar, équivalent en lumière à dix mille Voie lactée ou plus, est produite par une région qui s'étend sur quelques minutes-lumière. Nous pouvons déduire cette taille parce que l'on observe que leur émission est variable suivant les heures ou même les minutes. La région d'émission doit être très compacte pour que la lumière puisse varier de façon cohérente sur des temps aussi courts.

La phase active doit être brève, peut-être 1 % de l'âge actuel de l'Univers, autrement beaucoup trop d'énergie serait produite. La source d'énergie du quasar est supposée être l'accrétion par un trou noir supermassif. On ne peut voir le trou noir directement bien que l'observation en rayons X peut avoir détecté le champ d'extrême gravité près de lui *via* les décalages vers le rouge des raies des noyaux de fer presque entièrement dénudés. La plupart des galaxies ont dû passer par une phase active dans leur passé et devraient donc avoir un trou noir massif dans leur noyau. De nos jours, 99 % des galaxies ont un noyau à peine visible et anodin : leur trou noir supermassif au centre doit être complètement inerte.

Comment détecter les trous noirs supermassifs

La confirmation est venue de l'étude des noyaux des galaxies proches qui a révélé la présence d'immenses concentrations de matière qui ne pouvaient être que des trous noirs supermassifs. Le mouvement des nuages de gaz ou des étoiles augmente dans l'année-lumière centrale. On en déduit une grande concentration de masse qui ne peut être due, par exemple, à un amas compact d'étoiles. Les étoiles entreraient en collision. La seule interprétation plausible est la présence d'un trou noir supermassif au centre.

Peut-être que le résultat le plus remarquable à ce propos est que la masse de la région sphéroïdale de la galaxie où se trouvent les vieilles étoiles est proportionnelle à celle du trou noir. La galaxie géante Messier 87 a un trou noir central de trois milliards de masses solaires tandis que celui de la galaxie d'Andromède a environ un million de masses solaires. Au centre de notre galaxie, les observations ont permis de reconstruire sur cinq ans les mouvements dans les trois dimensions des étoiles dans un millième de parsec du centre et révélé la présence d'un trou noir central de trois millions de masses solaires.

Le fait que la masse du trou noir est proportionnelle au contenu en vieilles étoiles de la galaxie signifie que la formation d'un trou noir supermassif est intimement liée au processus de formation de la galaxie. L'environnement riche en gaz d'une galaxie en formation fournit les conditions idéales stimulant la formation d'un trou noir. Ce qui n'est pas si clair, c'est l'effet que le trou noir supermassif et ce qui en sort inévitablement produisent sur la matière noire ainsi que sur le processus de la formation de la galaxie. Cela reste un sujet d'intenses spéculations. Il se pourrait que les difficultés que rencontre la modélisation de la matière noire froide dans la formation de galaxie se résolvent par une intégration convenable de la physique des trous noirs.

L'Univers violent

Essayons de faire une synthèse de la manière dont ont dû se former les galaxies et les trous noirs supermassifs. On pense que l'Univers a évolué à partir d'un état hautement homogène et isotrope à toutes les échelles. Cet état est toujours statistiquement homogène et isotrope mais il se caractérise par l'inhomogénéité des structures de grandes dimensions à des échelles allant jusqu'à des dizaines de mégaparsecs.

Des preuves de fluctuations primordiales compatibles avec une uniformité statistique viennent du fond diffus cosmologique. Au début, l'Univers est presque littéralement une boule de feu. Mais la densité de rayonnement décroît plus rapidement que celle de la matière avec l'expansion. Après environ cent mille ans, la matière devient pour la première fois prépondérante dans l'Univers et les fluctuations de densité en matière augmentent substantiellement par l'instabilité gravitationnelle. Ceci marque l'époque du développement de la structure à grande échelle.

La croissance est en fait plutôt faiblarde, elle n'est pas exponentielle comme cela est souvent le cas dans des configurations gravitationnellement instables, mais régulière en raison de l'expansion de l'Univers. Ce qui signifie qu'il doit y avoir des fluctuations primordiales d'amplitudes finies. Elles sont dues aux fluctuations quantiques du début de l'inflation amplifiées par cette dernière aux échelles macroscopiques.

La théorie de l'inflation prédit dans sa version standard que les fluctuations primordiales de courbes, les minuscules replis dans la géométrie de l'espace, sont constantes. À ce moment-là, la courbure est une mesure de l'intensité de la force de gravité. En effet, plus l'échelle est grande, plus l'amplitude de la fluctuation relative en densité doit être petite pour maintenir un niveau donné de la force de gravité et donc de fluctuation de la courbure. Matière et rayonnement se découplent après trois cent mille ans environ. Cela fixe l'époque la plus précoce possible pour la formation des objets, même les plus petits. Il en résulte une séquence croissante de formation avec les premières galaxies naines apparaissant à environ un milliard d'années. On détermine empiriquement l'époque de leur formation, en fait par la mesure des fluctuations primordiales à la fois dans le fond diffus cosmologique et dans la distribution à grande échelle des galaxies. Des structures de plus en plus grandes font leur apparition de façon hiérarchique jusqu'à aujourd'hui. Les superamas commencent seulement à se former de nos jours.

Cette formation hiérarchique de la structure se caractérise par une série de fusions. Les galaxies naines fusionnent pour former des systèmes de plus en plus massifs et ce phénomène culmine dans la formation des amas et superamas. Tout ceci s'applique aux halos de matière noire. Un regroupement et une fusion sans dissipation sont une caractéristique de la matière noire. La matière noire froide s'agrège hiérarchiquement pour former des halos toujours plus massifs avec le temps.

La masse baryonique constitue approximativement 15 % de la masse dans la matière noire. La composante baryonique est sous forme de gaz qui se disperse fortement sans être dominant. Le gaz forme des noyaux froids au sein de halos massifs. Les baryons finissent par se fragmenter dans les étoiles. Les collisions entre halos jouent un rôle central dans la théorie de la formation des galaxies. Cette dernière est un processus violent.

On peut classer le destin probable des baryons en fonction du temps caractéristique de refroidissement. C'est moins que le temps que prendrait le halo d'une galaxie pour s'effondrer sous sa propre gravité, une échelle dite de « temps dynamique ». Mais, dans les galaxies, si le temps de refroidissement est plus long que le temps dynamique, il est moindre que l'âge de l'Univers. Il dépasse même l'âge de l'Univers dans les parties externes des amas de galaxies. Les baryons se refroidissent rapidement et forment un noyau relativement dense dans les halos de matière noire si leur masse est inférieure à celle d'une galaxie massive typique. Dans un amas de galaxies, le gaz diffus est chauffé gravitationnellement et reste ainsi car le temps de refroidissement du gaz dans l'amas en dehors du noyau dépasse l'âge de l'Univers.

Ce gaz refroidi est destiné à former des étoiles bien que le rendement de ce processus soit incertain. Les étoiles représentent seulement 10 % environ des baryons. La plupart des baryons sont noirs et pourraient se trouver dans le gaz diffus du milieu intergalactique, à l'extérieur des amas plus denses. Des données indiquent la présence de gaz intergalactique à fort décalage vers le rouge quand on observe dans les spectres de quasars une forêt complète de raies d'absorption par l'hydrogène neutre intergalactique diffus. Le gaz neutre n'est que la partie émergée de l'iceberg car on calcule que 99,99 % du gaz intergalactique serait ionisé. Ce dernier complète la forêt d'absorption d'hydrogène neutre que l'on observe.

La question la plus importante au sujet de la formation des galaxies concerne le mécanisme réglant la vitesse et le rendement de conversion du gaz en étoiles. C'est là que les collisions entre les nuages de gaz jouent un rôle central. On peut classer les composantes stellaires des galaxies en disques, sphéroïdes et en une catégorie à part, les irrégulières. Ces dernières offrent souvent des indications directes sur le déclenchement de la formation d'étoile par des interactions de marée ou des fusions de galaxies. Les faibles interactions de marée conduisent à l'agrégation des nuages. Un exemple typique en est l'effet des ondes de densité spirales engendrées par les satellites des galaxies ou les barres centrales. La violence d'une fusion se traduit cependant par un résultat plus spectaculaire. Les nuages de gaz entrent en collision, subissent des ondes de choc et sont comprimés. Le refroidissement par rayonnement est accru. La fragmentation devient inévitable.

Après quelques orbites, un aspect régulier à grande échelle tend à prévaloir et les disques ou les sphéroïdes d'étoiles se forment. Les premiers sont le siège d'une formation continue d'étoiles tandis que les seconds ont connu ce processus bien avant et sont vieux pour la plupart. On en déduit qu'il y a deux modes distincts de formation des étoiles. Les disques demandent un apport en gaz pour maintenir une formation d'étoile lente et relativement peu efficace mais durable. Ils apparaissent dans des environnements peu denses où les fusions majeures sont rares mais où des plus petites se sont certainement produites.

Les sphéroïdes se sont formés rapidement et la formation d'étoiles a cessé après des centaines de millions d'années. Les interactions de marée et les fusions sont à l'origine de la formation des galaxies. Les elliptiques sont nées suite à des fusions majeures dans des environnements plus denses.

Il existe une catégorie intermédiaire de galaxies qui ressemblent à celles des disques mais n'ont ni gaz ni formation d'étoile en cours. Ce sont les galaxies S0. L'intense action de marée des disques a lieu dans les amas *via* des rencontres distantes ou des collisions rapprochées. Il est probable qu'elles accélèrent l'épuisement des sources de gaz, ce qui se traduit par la formation des galaxies S0.

Les fusions majeures amènent le gaz à former un noyau compact de quelques centaines de parsecs. La flambée de formation d'étoiles qui s'ensuit alors est complètement voilée par la poussière. Les fusions de faible importance et les collisions résultent en des chocs de marée et en une augmentation de la formation d'étoiles, ce qui a pour effet de pousser le gaz vers l'intérieur et former des renflements centraux.

Plusieurs indications issues de l'observation ont conduit à ce scénario à base de collisions pour la formation des galaxies. Les irrégulières représentent environ 1 % de toutes les galaxies présentes mais deviennent prépondérantes au fort décalage vers le rouge. Les galaxies ultralumineuses dans l'infrarouge sont aujourd'hui rares mais ont été bien plus fréquentes par le passé. Elles sont inévitablement la marque d'une fusion récente ou en cours. Le taux de formation d'étoiles dans ces galaxies est comparable à celui attendu pour un sphéroïde en formation. Des exemples locaux de flambées d'étoiles montrent dans le proche infrarouge un profil de lumière caractéristique de sphéroïde. Le fond diffus dans l'infrarouge lointain contient une densité en énergie comparable à celle du rayonnement du fond en visible. Comme il a été produit plus tôt, on en déduit que la plupart des formations d'étoiles dans l'Univers sont probablement enveloppées de poussières.

La poussière est dispersée sous l'effet des supervents. Ces derniers sont dus aux nombreuses supernovae associées à la mort d'étoiles massives produites au cours de la flambée de formation. Ils enrichissent le milieu interne des amas et les sphéroïdes d'étoiles pauvres en métaux demeurent. Des naines elliptiques se forment dans les débris des fusions majeures, notamment dans les queues de marée, comme le font certains amas globulaires. Les disques se forment et restent actifs dans les régions de faible densité par un apport permanent de gaz pauvre en métal. Ce dernier vient des fusions de satellites nains dont le gaz a été aspiré par effet de marée ou éjecté. Les galaxies S0 sont en termes d'environnement une population intermédiaire entre les elliptiques et les spirales.

Les trous noirs supermassifs semblent être en lien étroit avec la formation des sphéroïdes de galaxies, comme le laisse penser la corrélation empirique entre la masse du trou noir et la dispersion de la vitesse du sphéroïde. La formation et l'approvisionnement de ces trous noirs centraux sont probablement dus à une collision ou une fusion qui amène le gaz au cœur de la galaxie. Une idée plausible est que la rétroaction sur la protogalaxie d'une phase quasar antérieure est responsable du lien entre la masse du trou noir et celle du sphéroïde d'étoiles. La croissance du trou noir et la phase quasar doivent donc être contemporaines. Le nombre de quasars et de galaxies infrarouge ultralumineuses augmente rapidement dans le passé. L'époque de la formation des quasars lumineux paraît coïncider avec la majeure partie des formations d'étoiles dans l'Univers. Celles-ci ont culminé il y a huit milliards d'années environ.

La croissance du trou noir a certainement un lien étroit avec les fusions car celles des galaxies riches en gaz fournissent la matière première pour l'accrétion et l'approvisionnement des trous noirs. La fusion de trous noirs massifs centraux est le mécanisme le plus plausible pour comprendre comment les plus massifs d'entre eux ont pu se former. Ils représentent plusieurs milliards de masses solaires et parfois même plus.

La théorie et l'observation sont venues à l'appui de ce schéma plutôt simpliste de génération de la morphologie des galaxies et de la croissance des trous noirs supermassifs sous l'effet des fusions. Les simulations de fusions majeures entre des disques riches en gaz montrent que les couples de torsion dus aux marées dans le système en fusion conduisent effectivement le gaz vers les régions centrales. La densité est si élevée que la concentration de gaz est gravitationnellement instable et se fragmenterait bien pour donner des étoiles. Ce que l'on observe le confirme. On détecte des jets radio doubles qui demandent la présence d'un système binaire de trous noirs supermassifs, un précurseur nécessaire à la fusion. Des quasars émettant fortement en ondes radio sont très présents dans les amas denses où l'apport en gaz dans les noyaux peut être une réserve de combustible pour le trou noir supermassif situé au cœur de la galaxie géante centrale.

La simulation hydrodynamique d'une flambée de formation d'étoiles exigerait actuellement de couvrir numériquement une gamme de densités si importante que cela dépasse la puissance des ordinateurs actuels. La formation des étoiles des galaxies disques peut être théoriquement modélisée en raison de la corrélation empirique existant entre le taux de formation des étoiles et la densité en gaz.

La prise en compte de cette relation réduit grandement les exigences informatiques pour modéliser la formation d'une galaxie disque. Cette corrélation peut se comprendre en termes d'instabilité gravitationnelle des disques stellaires riches en gaz et ayant une gravité propre. La formation des renflements est accrue dans les amas de galaxies par suite de l'intense activité de marée subie par les galaxies riches en gaz.

Le modèle de la fusion et de ce qu'elle produit est étayé d'une façon plus directe par le fait qu'il explique le nombre et la densité en galaxies disques et elliptiques que l'on observe à diverses époques de l'Univers. En fait, on ne peut pas identifier très facilement les morphologies et l'on compte les galaxies par les distributions de leur énergie spectrale. Les comptages en visible, infrarouge et sous-millimétrique sont tous reproductibles. On peut aussi expliquer l'histoire de la formation des étoiles et la lumière du fond diffus cosmologique à partir des longueurs d'onde du visible jusqu'au millimétrique. Les produits de fusions sont forcément un élément clé de notre histoire passée.

CHAPITRE 17

Vers l'Univers infini

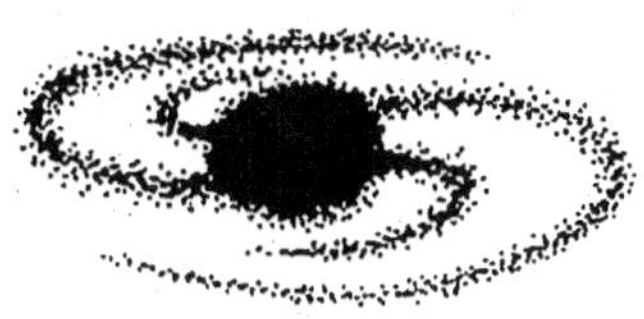

« L'espace est presque infini. En fait, nous pensons qu'il est infini. »

Dan QUAYLE

« [...] les concepts scientifiques existants ne recouvrent toujours qu'une partie très limitée de la réalité, et l'autre partie qui n'a pas encore été comprise est infinie. »

Werner HEISENBERG

Si l'Univers est plat, il est infini. C'est du moins ce que disent les manuels. Le concept d'un Univers infini ou au moins virtuellement infini a été conforté par la cosmologie de l'inflation. Notre Univers a connu une phase de croissance exponentielle. Il y a toutes les raisons de penser qu'il a subi une expansion de plusieurs puissances de dix en une fraction de seconde.

Initialement, toute la matière dans l'Univers visible n'était pas plus grande qu'un petit pois. L'Univers s'est étendu de beaucoup de diamètres de petit pois. Même s'il a commencé dans un espace fini, ses dimensions actuelles dépassent probablement notre horizon visible d'au moins plusieurs centaines de puissance de dix.

Qu'est-ce que l'infini ?

Il n'est pas si facile de définir l'infini. Certains philosophes ont assumé un lien théologique :

Toute relation de l'homme à l'infini est religion,

selon le philosophe allemand Friedrich von Schlegel (1722-1829) qui faisait cependant une exception pour les mathématiciens :

Chaque fois qu'un mathématicien calcule l'infini, cela n'est pas, certes, de la religion,

et pour certains de ses contemporains :

Il y a des livres dans lesquels même les chiens se réfèrent à l'Infini.

Ils sont nombreux, des poètes aux pandits, et particulièrement les théologiens, à se sentir mal à l'aise avec le concept d'univers infini. L'évêque Ernest Barnes (1874-1953) était un mathématicien occupant de hautes fonctions au sein de l'Église anglicane. En 1931, il participa à un débat public avec des cosmologistes et fit le commentaire suivant :

Il est bien certain que notre espace est fini, bien que sans limites. L'espace infini est simplement un scandale pour la pensée humaine... les autres possibilités ne sont pas crédibles.

Il avait peut-être à l'esprit que, dans un univers infini, il pouvait y avoir un autre évêque Barnes ayant des vues opposées aux siennes. Mais si une telle personne existait, elle devait être presque infiniment éloignée. Son existence serait donc absolument sans effets et les jumeaux célestes pourraient ne jamais être conscients de leur existence réciproque et encore moins en mesure de communiquer.

Les rêves d'infini se sont parfois mal terminés, comme pour le philosophe italien Giordano Bruno né en 1548 et qui mourut sur le bûcher à Rome en 1600 pour avoir défié l'autorité du pape, avec notamment son insistance que :

Il y a un seul espace général... dans celui-ci se trouvent d'innombrables globes comme celui sur lequel nous vivons et prospérons ; cet espace, nous le déclarons être infini...

Les poètes, notamment de la variété gauloise, semblent également ment terrorisés :

Malgré moi l'infini me tourmente

a écrit Alfred de Musset (1810-1857). Et deux siècles plus tôt, le philosophe et scientifique Blaise Pascal (1623-1662) a dit :

Le silence éternel de ces espaces infinis m'effraie.

L'infini peut bien sûr susciter des questions d'ordre théologique. La probabilité d'une vie intelligente, ou d'un grand dessein, peut être infime mais elle a dû se concrétiser inévitablement quelque part à un certain moment dans un univers infini. Et puis nous sommes là. Le reste de l'Univers n'est pas pertinent puisqu'il ne s'y trouve personne pour l'observer. C'est un argument anthropique, si mince qu'il est presque une tautologie.

Un joyeux rayon d'optimisme nous parvient au contraire des verts pâturages d'Angleterre. William Shakespeare (1564-1616) ressent que

Ma bonté est sans limite comme la mer,
Mon amour aussi profond ; plus je te donne,
plus j'ai car les deux sont infinis.

Et William Blake (1757-1827) n'est pas en reste, capable de

Voir un monde dans un grain de sable
et un ciel dans une fleur des champs,
tenir l'infini dans la paume de votre main
et l'éternité dans une heure.

Inutile de dire, les poètes se revendiquent les premiers pour les conceptions théologiques de l'infini, par exemple le Russo-Américain Joseph Brodsky (1940-1996) a écrit :

La notion poétique d'infini est bien plus grande que celle soutenue par une croyance quelconque.

La cosmologie de l'Univers infini n'inquiète pas T. S. Eliot (1888-1965) :

C'est la façon dont le monde finit,
Pas par un bang mais une plainte.

Les poètes diffèrent bien sûr dans leurs préférences et Robert Frost (1874-1963) préférait un Univers fini avec un sort assez différent :

Certains disent que le monde finira dans le feu,
Certains disent dans la glace,
De ce que j'ai goûté comme désir,
Je suis de ceux qui préfèrent le feu.

Les scientifiques semblent plus à l'aise avec un Univers infini. Isaac Newton (1643-1727) fut peut-être le premier à évoquer l'idée de gravité dans un Univers infini quand il écrivait dans une lettre à Richard Bentley en 1693 :

Mais si la matière était également disposée à travers un espace infini... une partie se rassemblerait en une masse, et une autre en une autre masse, de façon à faire un nombre infini de grandes masses réparties sur de grandes distances entre elles à travers tout cet espace infini. Et ainsi auraient pu se former le Soleil et les étoiles fixes...

Suite aux succès de la gravité newtonienne, les idées cosmologiques de Newton furent largement acceptées : considérez Emmanuel Kant (1724-1804) :

Dans l'infini distance, nous voyons les premiers membres d'une série sans fin d'étoiles... Il n'y a pas de fin ici, il y a un abîme vraiment incommensurable... L'Univers est rempli d'une série de mondes sans nombre ni fin.

Les Grecs l'avaient déjà dit bien avant comme on peut s'y attendre :

Il y a des mondes en nombre infini et différents par leur taille,

selon Démocrite d'Abdère (460-370 avant J.-C.). Épicure (341-270 avant J.-C.) conclut :

L'Univers dans son ensemble est infini car tout ce qui est limité a un bord externe pour le limiter et ce bord est défini par quelque chose au-delà. Comme l'Univers n'a pas de bord, il n'a pas de limites ; et puisqu'il n'a pas de limites, il est infini et sans bornes. En outre, l'Univers est infini à la fois dans le nombre de ses atomes et dans l'étendue de son vide.

Le thème se retrouve chez le poète romain Lucrèce (96-55 avant J.-C.) :

L'Univers n'a aucune borne dans aucune direction. S'il en avait, il aurait forcément une limite quelque part. Mais il est clair qu'une chose ne peut avoir de limites à moins qu'il y ait quelque chose à l'extérieur pour le limiter. Dans toutes les dimensions, de ce côté ou d'un autre, vers le haut ou vers le bas, dans l'Univers il n'y a aucune fin.

Les Grecs ne furent même pas les premiers à explorer les mondes infinis. Selon le mythe de la création égyptien, l'Univers a commencé sous la forme d'une mer originelle

à la différence de toute mer qui a une surface, ici il n'y a ni haut ni bas, ni distinction de côté, seulement une profondeur sans fin et sans limites, noire et infinie.

De la métaphysique à la physique

L'écho de ces idées sur l'infini se retrouve dans la cosmologie moderne. Il n'y a aucune preuve que l'inflation se soit jamais produite, ou si cela a été le cas, que son influence se soit étendue bien au-delà de notre horizon observable. Il faut abandonner l'idée qu'un univers plat ou même courbé négativement est infini. Cette question de taille doit plutôt être au cœur des tests cosmologiques. Comment pouvons-nous fermement savoir du point de vue scientifique que l'Univers est infini ? Il s'avère que la question peut être testée par l'expérience. L'Univers peut être très grand en fait, comparé à l'échelle visible, et sa taille cependant mesurée.

Avant le Big Bang

« Que fit Dieu avant qu'Il ne fasse le ciel et la Terre ?... Il préparait l'enfer... pour ceux trop curieux de connaître les mystères. »

Saint AUGUSTIN

Le terme de Big Bang suggère que l'Univers a commencé par une explosion. Mais les cosmologistes rejettent souvent le concept d'une explosion et même le mot. Ils n'aiment pas ce terme parce qu'il véhicule l'idée d'un bruit comme « bang ! » et penser à cela n'a aucun sens. Mais ce détail mis à part, le mot d'explosion est valable. Une description simple de la manière dont l'Univers est apparu est qu'il s'agit bien d'une explosion en ce sens que cela a commencé dans un très petit volume qui s'est accru très rapidement.

Le Big Bang débute par une « inflation », une courte période durant laquelle l'Univers s'est énormément étendu à une très grande vitesse. Mais que s'est-il passé durant cette période ? Peut-être que, bien avant l'inflation, il y avait un univers qui s'effondrait au voisinage d'une singularité puis qui a connu une nouvelle inflation, de sorte qu'il y avait déjà une histoire avant le Big Bang. Certains pensent qu'il y a eu un « pré-Big Bang ».

L'une des grandes énigmes de l'Univers dans lequel nous vivons est qu'il possède une énorme quantité d'entropie. Celle-ci est la mesure du désordre ou manque d'information contenu par un système. Les étoiles rayonnent et produisent de copieuses quantités d'entropie. Nous vieillissons et générons de l'entropie au fur et à mesure que notre corps vieillit et que les cellules de notre cerveau meurent. Le rayonnement de corps noir est le point ultime de l'entropie. La distribution des photons de corps noir ne contient aucune information, sa température exceptée. Un corps noir est le dernier degré de désordre ou de chaos. Notre destin est de retourner au rayonnement de corps noir un jour, avec l'aide ou pas du crématorium. L'Univers à ses débuts consistait surtout en un rayonnement de corps noir. Le pur désordre régnait en maître. Au commencement, l'Univers était dans un état de haute entropie. Pourtant, dans des recoins précis de l'espace, des systèmes ordonnés comme les galaxies, les planètes et la vie se sont développés. Les détails de ce phénomène sont un mystère cosmique.

Une loi fondamentale de la thermodynamique nous dit que l'entropie ne peut jamais décroître. Le vieillissement humain l'illustre bien : nous ne faisons que descendre dans la fosse depuis la naissance. Le désordre croît tandis que notre corps décroît. Pourtant la croissance durant notre jeunesse est sous le signe de l'ordre. C'est bien cela qui concerne l'éducation parentale. L'ordre humain commence par augmenter. Cela ne viole pas la seconde loi de la thermodynamique puisque l'être humain n'est pas un système clos. La solution est de regarder notre environnement et là, la tendance est inéluctable : tout se dégrade. Le désordre augmente. L'entropie aussi.

Le problème est que l'Univers était complètement dépourvu d'ordre à ses débuts. Cela signifie que l'entropie initiale de l'Univers était très grande. Nous, les cosmologistes, aimons penser que l'ordre s'est développé avec le temps, avec la formation des galaxies.

Comment concilier ce contenu tardif en entropie avec celui, énorme, à l'origine ? La réponse pourrait venir de la formation des trous noirs. Ils peuvent avaler l'entropie, avec tout le reste, et générer ainsi un Univers qui ressemble au nôtre. Les galaxies se forment, mais les trous noirs aussi. Peut-être qu'au bout du compte peu de choses changent. Il faut espérer que quand les trous noirs finissent par se désintégrer, ils ne régénèrent pas l'entropie qu'ils ont consommée. Ou peut-être qu'à ce moment-là, il sera beaucoup trop tard pour revenir en arrière. Même les protons auront disparu.

Ce qui s'est passé avant le Big Bang fait l'objet d'intenses spéculations. On peut imaginer qu'il en reste des traces. L'une d'elles serait laissée sur les fluctuations dans le rayonnement micro-onde du fond diffus cosmologique. C'est presque comme si quelqu'un avait écrit dans le ciel : « Regarde, j'étais là ! » Car, en principe, les fluctuations de densité pourraient survivre au Big Crunch, s'il y en a un. Bien que l'on ne sache pas exactement comment elles sont modifiées. Il n'y a aucune explication physique à la transition entre le pré- et le post-Big Bang. Nous ne comprenons pas comment passer d'un effondrement à une expansion. On fait des prédictions sur ce à quoi pourrait ressembler le fond diffus s'il y avait eu un pré-Big Bang. Inutile de dire que l'on n'a trouvé encore aucun indice en faveur d'un pré-Big Bang. Malgré cela, revoyons la possibilité d'un univers cyclique.

De la physique à la métaphysique

> « Je pense qu'il y a 15.747.724.136.275.002.577.605.653.961.181.555.468.044.717.914.527.116.709.366.231.425.076.185.631.031.296 protons dans l'Univers et le même nombre d'électrons. »
>
> Arthur EDDINGTON

Les grands physiciens ont eu tendance à perdre de leur rigueur ces derniers temps. Certains se sont même bien écartés de la physique. Albert Einstein en est un exemple classique. Une fois qu'il a goûté à la célébrité, il s'est plongé dans la politique et s'est débattu en vain pour essayer d'unifier gravité et théorie quantique. Ses efforts étaient pourtant voués à l'échec. Il lui manquait les outils mathématiques que les physiciens théoriques ont pu appliquer depuis, quoique avec un succès limité, à la gravité quantique. Sir Arthur Eddington était un éminent astronome qui a passé les deux dernières décennies de sa vie à se battre avec une théorie fondamentale de la physique, finalement incompréhensible, sur laquelle il a même publié une monographie. Ce ne furent pas les seuls cependant. Personne n'est venu à bout du problème de l'unification depuis.

Un Univers cyclique

L'idée que l'Univers pourrait avoir un âge infini et que la phase actuelle est un cycle parmi un nombre infini d'autres est une idée qui s'enracine dans la mythologie ancienne. La cosmologie du Big Bang a rencontré plusieurs obstacles quand elle a essayé d'intégrer l'idée analogue d'une série de Big Bang alternant avec celle de Big Crunch. Chaque Big Bang produirait une foule d'étoiles et de galaxies qui seraient comprimées et pulvérisées en rayonnement dans le Big Crunch suivant, les seuls indemnes étant les nombreux trous noirs qui se seraient aussi formés.

L'entropie, ou ce qui est livré au hasard dans l'Univers, augmenterait de cycle en cycle à moins qu'il n'y ait une manière de libérer toute cette information perdue dans l'effondrement des trous noirs. Cela semble très peu probable avec ce que l'on sait actuellement de la physique. L'augmentation de l'entropie signifie que le contenu en chaleur de l'Univers augmenterait de cycle en cycle. Le Big Bang ferait augmenter à chaque cycle le rayon de l'Univers avant chaque effondrement. Seul un nombre fini de Big Bang a pu se produire par le passé. Et il y aurait beaucoup de trous noirs restant des cycles précédents. L'Univers serait un étrange endroit, bourré de trous noirs et ne pourrait pas avoir toujours existé.

Pour qu'un Big Bang revienne sur lui-même, la densité moyenne de matière dans l'Univers doit dépasser la valeur critique. Nous savons que cette densité est seulement le tiers de cette dernière. Et cela inclut toute la matière noire et les trous noirs. Un univers cyclique devrait donc être rejeté.

Mais il y a peu de choses définitives en cosmologie et les vieilles idées ont l'habitude de ressurgir d'elles-mêmes. Deux éléments nouveaux sont venus raviver l'intérêt pour un univers qui peut se réinventer perpétuellement. Le premier est la notion d'énergie noire décroissante. Si elle est constante, l'énergie noire est juste la constante cosmologique qu'Einstein a inventée pour pallier l'effondrement de l'Univers. L'observation de supernovae très lointaines a montré que l'Univers est actuellement en accélération, et l'énergie noire est précisément nécessaire pour arriver à cela. Il n'y a aucune théorie de l'énergie noire, aussi les cosmologistes s'en donnent-ils à cœur joie pour développer de nouvelles formes de cette énergie plus exotique encore que celle imaginée par Einstein.

Leur motivation est la suivante. En présence de la constante cosmologique d'Einstein, l'Univers est récemment entré dans une phase d'accélération. Il va continuer d'accélérer. Il sera dans le futur très triste et vide. Une perspective peu réjouissante nous attend. Un univers en accélération connaîtra une expansion éternelle. Une variante sur ce thème est donc que l'accélération n'est que transitoire et s'estompera avec l'énergie noire. Il nous restera alors un Univers très vide mais approximativement plat. Un tel univers pourrait par la suite s'effondrer à nouveau.

Puis entre en scène un nouveau concept venu de la théorie de la gravité quantique. L'énergie noire est une manifestation d'une gravité de plus haute dimension. Elle disparaît avec le temps. Et l'Univers qui en résulte est complètement vide. Tous les trous noirs sont exponentiellement éloignés. Mais ce vide est dangereux car il a la potentialité de déclencher une phase d'effondrement. L'Univers passe d'un big bang, où il est indéfiniment grand, à un Big Crunch où il s'effondre à nouveau en quelque chose proche d'une singularité. Arrivé à ce point, une nouvelle expansion est entamée. Il y a un nombre infini de cycles dans un univers infini.

Personne n'a la moindre idée de la raison de ce processus. Mais on aurait pu dire la même chose pour l'inflation. L'expansion est faite à dessein. Dans un Univers cyclique, l'alternance entre expansion et contraction est à dessein. Il suffit de dire que le temps passe inéluctablement. L'Univers cyclique est infiniment âgé. Et infiniment grand. Il se purifie tout seul quand il est en expansion exponentielle et régénère l'entropie quand il s'effondre. Le processus de purification fonctionne par dilution. L'expansion exponentielle signifie que l'énergie noire domine sur la densité en énergie du rayonnement dans la matière et dans des endroits aussi déplaisants que les trous noirs qui seraient des reliques de la formation d'étoiles et de galaxies. D'ordinaire, l'inévitable conséquence de la seconde loi de la thermodynamique est un accroissement de l'entropie avec l'évolution et la mort des étoiles. On a dit que cela menait à la mort thermique de l'Univers. Tout ceci est changé dans un univers cyclique. Au bout du compte, lorsque l'effondrement intervient, l'horloge de l'entropie est remise à zéro.

Un univers cyclique est une idée séduisante. Mais il y a peu d'arguments pour le préférer à un univers subissant un seul Big Crunch à partir d'un état infiniment grand, avant qu'il ne rebondisse en produisant le Big Bang. La phase de pré-Big Bang pourrait laisser des traces qui restent à découvrir, telles que des trous noirs produits dans l'effondrement, ou pas du tout. Et puis alors, qui va dire que l'Univers est infini ? Cela n'est pas démontrable et il pourrait simplement être très grand.

Fantômes

La taille de l'Univers se détermine à l'aide d'une partie de la géométrie appelée « topologie ». Celle-ci décrit le degré de connectivité de l'espace. Une tasse à café diffère d'un verre à vin. Le verre à vin est topologiquement une sphère, la tasse à café un toroïde. Et un cylindre diffère d'un tore bien qu'ils soient tout deux spatialement plats si l'on se base sur la géométrie euclidienne. Il est curieux que la théorie de la gravité ne dise rien sur la topologie de l'Univers. La brillante assimilation par Einstein de la gravité à la géométrie donne une théorie globale de l'espace et du temps. Tout l'espace-temps est inextricablement lié à la gravité.

L'espace-temps tient la masse, lui disant comment bouger.
La masse tient l'espace-temps, lui disant comment se courber,

comme le dit si bien John Wheeler. Mais la topologie globale de l'Univers n'est pas précisée. L'Univers n'a pas besoin d'être infini mais simplement très grand. Il pourrait être plat mais avoir la topologie d'un tore ou d'un beignet. La surface d'un tore est géométriquement plate au sens où les droites parallèles le restent. L'Univers pourrait aussi ressembler par sa topologie à une bouteille de Klein, une sorte de tore déformé. Bien sûr, la surface du tore est une analogie à deux dimensions de l'espace à trois dimensions de l'Univers. C'est le motif global qui compte. Les topologistes ont parfois des limitations. Un topologiste ne peut pas distinguer un beignet d'une tasse à café.

Étant donné la richesse des topologies possibles de l'Univers, il est raisonnable de penser qu'un univers plat peut être fini et il est plausible même qu'il le soit. Il peut être très grand bien sûr. Il s'avère que la question de savoir si oui ou non l'Univers est presque infini, ou plus précisément, de quelle taille il est, peut être testée expérimentalement. L'Univers peut être immense en fait, comparé à l'échelle visible de l'horizon et sa taille cependant, en principe, mesurable. Si l'Univers était vraiment infini, cela ne serait pas facilement testable mais nous pourrions au moins fixer une limite inférieure à sa vraie taille.

Supposons que l'Univers observé soit représenté dans les deux dimensions par un petit élément à la surface d'un tore géant. Ce serait une topologie compacte par opposition à une topologie qui serait infinie dans une direction, un cylindre, ou deux directions, une feuille. Les espaces à trois dimensions ont bien sûr plus de variétés mais les principes restent les mêmes.

Si la topologie de l'Univers était compacte, la lumière se propagerait en cercles. Cela pourrait prendre du temps, suivant la taille de la circonférence du tore que devraient parcourir les photons. Nous n'avons *a priori* aucune idée des dimensions de cette échelle topologique. En fait, on ne connaît pas la topologie propre de l'Univers. Si l'échelle de cette topologie était plus petite que l'horizon de l'Univers, la lumière aurait eu assez de temps pour s'être propagée au loin et être revenue par un trajet différent. On pourrait en principe voir sa nuque ! Plus prosaïquement, on serait capable de voir les images fantômes des galaxies.

Un avantage d'un petit univers est que, la lumière ayant eu le temps de s'y propager de nombreuses fois à toutes les époques, toute irrégularité ou anisotropie précoce aurait été effacée. Cela donne une alternative à l'inflation pour effacer toute mémoire des conditions initiales.

La topologie d'un univers plat pourrait même être plus complexe. Imaginons un tore avec de multiples trous, un bretzel plutôt qu'un beignet. Dans ce cas, le ciel contiendrait une profusion de fantômes de galaxies, de nombreuses copies de la même image. Ce serait difficile d'y voir clair. Une galaxie ressemble à une autre après tout, notamment après l'inévitable flou causé par l'effet de lentille gravitationnelle sur la lumière dû aux galaxies situées sur son passage et par la diffusion de la lumière par la poussière intergalactique. On peut espérer autre chose cependant : l'empreinte laissée sur les fluctuations fossiles dans le rayonnement du fond diffus cosmologique par un motif dû à la topologie de l'Univers. Chaque topologie a une configuration unique. Et l'échelle de la topologie n'a pas besoin d'être plus petite que notre horizon visible. Même les grandes topologies laissent leur empreinte.

À la recherche de la topologie

L'Univers pourrait être un gigantesque tore ou au moins l'extrapolation en trois dimensions d'un beignet, un hypertore. Si c'était un hypertore, cela aurait d'étranges conséquences. Un tel univers est spatialement plat, localement euclidien. L'Univers doit contenir des fluctuations adiabatiques standard inflationnaires qui sont nécessaires pour générer des structures à grande échelle. Normalement, on décrit ces fluctuations par un champ de densité aléatoire mais une nouvelle caractéristique est introduite par le fait que l'Univers est compact. Même parmi ces fluctuations aléatoires, il y a des directions privilégiées en raison de la topologie de type tore. Certaines fluctuations peuvent s'étendre sur la circonférence du tore et d'autres restent limitées par sa longueur. Une personne qui observerait le rayonnement du fond diffus cosmologique verrait localement des fluctuations aléatoires dans l'Univers qui ressembleraient au Big Bang classique de Bridemann et Lemaître. Mais globalement, l'Univers semblerait anisotrope.

Et ceci pour la raison que la lumière peut se propager sur la surface de l'hypertore pour aller d'un point et ensuite y revenir soit par un cercle court, perpendiculaire à la cannelure du tore, soit par un cercle long parallèle à elle. Les longueurs différentes des trajets empruntés par la lumière se traduisent par des marques sur le fond diffus cosmologique en raison de l'anisotropie. Des chemins différents pour les photons d'une même source de diffusion ont des longueurs différentes et conduisent donc à des images de la même source mais avec des intensités et des directions différentes.

Si les photons ont assez de temps pour se propager dans l'Univers, cela produit des images de fantômes. Imaginons maintenant une moyenne sur un ensemble d'observateurs. L'effet net en sera que le fond diffus cosmologique semblera avoir des fluctuations de température non aléatoires. Il y aura des motifs dans le ciel.

On peut ainsi imaginer observer la topologie de l'Univers par le biais de ses motifs dans le ciel. Les fluctuations du fond diffus cosmologique non aléatoires sont bien sûr assez communes car elles peuvent être produites par une foule d'autres mécanismes. Le fait de regarder le ciel dans les micro-ondes à travers notre Voie lactée induit des variations de température. Elles reflètent la géométrie non aléatoire du milieu interstellaire, comme celle des filaments et des feuilles de gaz ou de plasma diffus émetteurs. Des scénarios complexes d'inflation peuvent aussi engendrer des motifs non aléatoires dans le ciel.

Comment peut-on y voir clair dans tout cela ? La lumière, quelle que soit son origine, se répand avec un front d'onde sphérique. Imaginons un observateur placé au hasard au moment de la dernière diffusion du rayonnement. On peut décrire son horizon comme un cercle dans le ciel, une sphère en 3D projetée sur la sphère céleste. Dans un grand univers, ce cercle comprend tout l'Univers. Mais dans un univers topologiquement petit, on peut s'attendre à voir de nombreux cercles dans le ciel sous la forme d'un motif circulaire de variations de température infinitésimales.

On ne voit pas ces cercles dans le ciel, donc l'Univers ne peut être très petit. Si l'échelle topologique est inférieure à celle de l'horizon, il ne sera possible de faire rentrer dans l'Univers que les fluctuations dont la taille n'excède pas l'échelle topologique. Il en résultera que la distribution des fluctuations que l'on observera apparaîtra tronquée par rapport à l'échelle de l'horizon. On ne voit rien de cela bien qu'il y ait un déficit inexpliqué de puissance sur la plus grande échelle, celle du dipôle. L'Univers doit être vraiment grand. Mais dans quelle mesure ?

Le caractère plat de l'espace simplifie la vie du chercheur en topologie cosmique. Si la géométrie de l'Univers était hyperbolique, il y aurait une infinité de topologies. Cela devient plus simple dans un univers plat. Il n'y a que dix-huit types distincts d'univers plat. Tous, à l'exception du plan infini, sont connectés de façon multiple, ce qui veut dire que des boucles fermées sont possibles. Seulement dix de ces espaces sont compacts, les autres étant infinis dans une direction ou plus.

Nous pouvons faire mieux en nous limitant à un espace compact pertinent du point de vue physique. On peut raisonnablement exiger que l'espace-temps soit orientable dans le temps, c'est-à-dire qu'il y ait une flèche du temps et une orientation de l'espace. Il devrait y avoir un passé et un futur. La gauche devrait rester la gauche et la droite la droite lorsque nous voyageons dans le temps, même en théorie, autour de l'Univers, et en retournant à notre point de départ. Si l'on peut donner un sens au temps, on peut aussi orienter l'espace. Autrement dit, faites le tour de l'Univers et quand vous revenez vous avez conservé votre symétrie ou le fait que vous êtes droitier ou gaucher, à la différence de votre reflet dans un miroir. Notre voyageur spatial théorique n'aura pas à être confronté avec son image en miroir. Des exigences fondamentales de la physique font que la combinaison de l'espace et du temps, applicable à notre voyageur dans l'espace-temps, doit être complètement orientable.

Des dix-huit espaces plats possibles, seulement dix espaces compacts ne sont pas infinis dans aucune direction. Des cosmologistes et des théologiens sont opposés aux espaces infinis. Les espaces compacts ont l'avantage que l'on peut faire certains calculs sans tomber dans des infinis mathématiques. L'Univers a des limites finies, ce qui signifie que la quantité d'information spécifiée à tout moment est finie et rend le futur peut-être moins passionnant, en ce sens qu'il pourrait être prévisible. Il est impossible de dire si c'est une qualité désirable pour l'Univers sans s'aventurer en territoire métaphysique. Ce qui est potentiellement intrigant, c'est que le caractère fini de l'Univers peut être vérifié par l'expérimentation.

Les espaces compacts incluent les généralisations des surfaces à trois dimensions telles que celle de la sphère, le toroïde et la bouteille de Klein. Parmi ces dernières, seules six permettent de conserver la symétrie droite-gauche, où la gauche reste la gauche et la droite la droite sur toute courbe fermée. Ce sont les seuls espaces dans lesquels nous pouvons vivre. Cela nous laisse donc à explorer six topologies euclidiennes orientables et compactes. Toutes les autres ne sont pas physiques. Chacun des espaces possibles imprime un motif distinct dans le fond diffus cosmologique. Nous pouvons imaginer un test astronomique qui rechercherait un tel motif. Un jour, on pourra peut-être mesurer la topologie de l'Univers si elle n'est pas trop grande.

Un Univers fini ou infini ?

Nous ne savons pas si l'Univers est fini ou non. La plus simple théorie de l'expansion dit que l'Univers pourrait s'étendre à jamais et les observations le suggèrent aussi. Cela correspond à ce que l'on appelle un univers « plat ». L'Univers pourrait ainsi être fini car il se pourrait qu'il ait un très large volume maintenant, et qu'il continue d'augmenter en sorte que seulement dans un futur infini il soit réellement infini. C'est probablement aussi bien comme cela, car si l'Univers était infini nous ne pourrions jamais faire une expérience pour le prouver.

Pour donner un exemple, imaginez la géométrie de l'Univers dans les deux dimensions sous la forme d'un plan. Il est plat et un plan est normalement infini. Mais vous pouvez prendre une feuille de papier (une feuille « infinie ») et l'enrouler pour faire un cylindre. Vous pouvez ensuite rouler ce cylindre encore une fois et faire un tore (un tore est comme un beignet). La surface du tore est aussi spatialement plate mais finie. Nous avons dû étirer le cylindre sur sa longueur pour le fermer en un tore mais cet étirement ne change pas la topologie.

Il y a donc deux possibilités pour un univers plat. L'une est infinie comme un plan et l'autre finie, comme un tore, qui est aussi plat. Plat est juste une analogie dans les deux dimensions. Ce que nous voulons dire bien sûr est que l'Univers est « euclidien » de telle sorte que des lignes parallèles le restent toujours et que la somme des angles d'un triangle fait toujours 180 degrés. Maintenant, l'équivalent dans les deux dimensions est un plan ou une feuille de papier infinie. Sur la surface de ce plan vous pouvez tracer des droites parallèles qui ne se rencontreront jamais. Une géométrie courbe positivement exigerait une sphère. Si vous tracez des lignes parallèles sur une sphère, ces lignes se rencontreront toujours à un certain point et si vous dessinez un triangle, la somme de ses angles sera supérieure à 180 degrés. La surface d'une sphère n'est donc pas plate. C'est un espace fini mais non plat, tandis que la surface d'un tore est finie et plate.

Les données recueillies par les ballons-sondes, les expériences au sol et à partir de l'espace ont permis d'obtenir beaucoup d'informations sur le rayonnement micro-onde du ciel. Il peut nous renseigner sur la géométrie de l'Univers. Les expériences ont confirmé que l'Univers était « plat ». Même avec cette information en main, nous ne sommes pas en mesure de déterminer si l'Univers est fini ou pas.

Si l'Univers est fini, cela signifie que dans une géométrie à deux dimensions, il serait comme un tore. Dans un tel Univers, la lumière se propageant à la surface d'un tore peut prendre deux chemins, elle peut soit faire le tour du tube soit aller en ligne droite. Cela veut dire que si l'Univers est géométriquement comme un tore, la lumière peut prendre différents trajets pour arriver au même point. Vous avez le trajet court et le long. Ceci ne serait pas le cas dans un plan. Un tore signifie que l'espace est plus compliqué. Le terme technique est que l'espace est connecté de façon multiple : il y a d'autres chemins possibles pour arriver au même point.

La question que l'on se pose alors est : jusqu'à quel point l'Univers pourrait-il être petit en accord avec les observations du fond diffus cosmologique ? Il est remarquable que même si l'échelle topologique excède celle de l'horizon, il y a encore de faibles motifs dans le ciel.

Les conséquences en sont notables. Il est possible en principe de mesurer la taille de l'Univers s'il n'est pas trop grand. Dans ce cas, les motifs prédits sont simplement trop faibles. Quand nous mesurons le fond diffus cosmologique, nous nous attendons à voir d'étranges motifs dans le ciel car la lumière lointaine n'a pas pu nous parvenir directement en ligne droite en raison de la topologie de l'Univers. Un espoir de tester la topologie serait donc en fin de compte de regarder ces curieux motifs dans le ciel. Si l'Univers est comme un tore, nous pourrions voir un motif propre au caractère fini de l'espace. Si l'Univers était fini, il pourrait être des centaines de fois plus grand que l'horizon qui est la distance parcourue par la lumière depuis le Big Bang et il laisserait alors une marque caractéristique. Celle-ci correspondrait à la forme d'un « beignet » ou d'un tore.

Le satellite WMAP a mesuré avec une précision inégalée le fond diffus cosmologique, la lumière fossile qui a rempli l'Univers après le Big Bang. Les cosmologistes ont recherché un motif de topologie dans le ciel. Jusqu'à présent, ils n'ont rien trouvé. On en conclut que l'échelle topologique doit être presque aussi grande que celle de l'horizon. Dans la limite des observations actuelles, l'échelle topologique dépasse environ 90 % celle de l'horizon actuel.

Peut-être que l'on arrivera à montrer par des mesures que l'Univers est compact. Ce serait là un merveilleux triomphe du raisonnement métaphysique et de la théologie. Mais on pourrait ne pas avoir de chance. Si l'Univers était vraiment infini, nous ne verrions alors aucun signal de topologie. Tout ce que nous pourrions savoir dans ce cas est que l'Univers dépasse une certaine taille. Il n'est mesurable que s'il est fini. Et si l'inflation s'est produite, il y a à parier que l'échelle topologique a largement augmenté de plusieurs échelles d'horizon et nous ne pourrions alors jamais la détecter.

Du temps à la machine
à voyager dans le temps

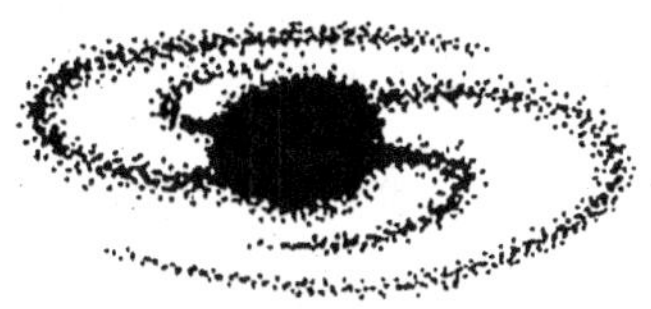

« Le monde, le temps, si nous en avions assez... »

Andrew MARVELL

« Nous sentons que même si toutes les questions scientifiques possibles avaient reçu une réponse, les problèmes de la vie ne seraient même pas effleurés. Bien sûr plus aucune question ne se pose alors et cela est en soi-même la réponse. »

Ludwig WITTGENSTEIN

Les scientifiques sont moins préoccupés par les implications philosophiques ou métaphysiques d'un univers infini mais ils débattent volontiers des occasions sans nombre de développement d'autres formes de vie et de société. J'emprunterai librement dans l'exemple qui suit ce qui peut sembler être plus de la science-fiction que de la science, mais avec des idées solidement enracinées dans la physique et la biologie.

Voyager dans le temps

> « Si vous ne me demandez pas ce qu'est le temps, je le
> sais ; quand vous me le demandez, je ne peux le dire. »
>
> Saint AUGUSTIN

Pour celui qui désire voyager, un univers infini ou presque offre des possibilités intéressantes. Le voyage dans le temps est par essence l'utilisation de trajets qui se referment dans le temps. Un vaisseau qui suivrait un tel chemin, appelé une ligne fermée de type temps, partirait dans le passé ou le futur. Les lignes fermées de type temps ne sont pas exclues par la théorie de la gravité d'Einstein. Peut-être qu'elles existent donc. En fait, les physiciens croient que tout ce qui peut exister doit exister ou avoir existé. Cela justifie leurs recherches encore vaines de choses exotiques comme les trous noirs primordiaux, les particules avec des fractions de charge ou même celles, appelées tachyons, qui voyagent plus vite que la lumière.

Les machines à voyager dans le temps sous la forme extravagante de trous de ver font partie de la physique moderne. Un trou de ver est un tunnel potentiel de l'intérieur d'un trou noir à un autre. Les trous de ver comme les trous noirs sont un sujet apprécié par les auteurs de science-fiction. Un voyageur dans le temps peut émerger dans le passé en vertu de son voyage sur une boucle fermée de type temps. Si les trous de ver existent, ces boucles existent aussi. Les experts scientifiques qui font autorité dans le monde au sujet de ces machines préfèrent discuter de « boucles fermées de type temps » pour éviter que les journalistes reconnaissent ce dont ils discutent réellement. Cela a bien marché, au moins à court terme.

Les trous de ver et les boucles fermées de type temps sont maintenant admis comme faisant partie de la théorie de la relativité générale. Le fait de savoir s'ils existent vraiment est bien sûr une autre histoire et leur existence a même été jugée par certains incompatible avec la physique. Pour reprendre les termes du cosmologiste britannique John Barrow :

Il est facile de supposer qu'accepter les trous de ver est un pas trop radical pour élargir l'image que nous avons du temps et de l'espace, mais il est également possible que cette étape ne soit pas assez radicale.

Une fois que leur existence est permise, il semble inconvenant de la refuser en l'absence de preuves expérimentales.

La théorie des machines à voyager dans le temps est très bien mais ce qui compte en définitive c'est la réalité. Les trous de ver offrent une trame à l'ingénieur pour construire une telle machine. Si les trous noirs existent, c'est presque certainement le cas des trous de ver. Ce qui est autre chose et essentiel est de savoir s'ils sont physiquement abordables et si l'on peut contrôler leur formation. Il faut maîtriser la technologie du trou de ver pour construire une machine à voyager dans le temps.

Les trous de ver étaient, et sont, une lubie qui recélait pour certains la possibilité d'expliquer les secrets ultimes de la nature. Pour atteindre un trou de ver, il faut malheureusement pénétrer dans l'horizon d'événement d'un trou noir. C'est une tâche difficile car tout matériau conventionnel est réduit en morceaux par les forces de marée insurmontables qui apparaissent à l'approche de l'horizon.

Il y a des objets encore plus exotiques qui attendent d'être découverts, selon le principe que tout ce qui est permis d'exister par les lois de la physique doit exister, au moins quelque part dans l'Univers. La palme revient à l'élimination complète de l'espace et du temps qui se produit au centre des trous noirs. On ne peut normalement pas assez approcher pour examiner un tel point de l'espace-temps à cause de la protection assurée par un horizon. Il y a dès barrières qui sont insurmontables pour le voyageur intrépide de l'espace. Approcher trop près se traduirait par une autodestruction due aux immenses champs gravitationnels de marée. Mais la théorie de la gravitation d'Einstein autorise en principe l'existence indépendante de tels points singuliers dévoilés par tout horizon. On les appelle des singularités nues. Tout peut arriver lorsqu'on se trouve à une singularité nue. Cause et effet perdent toute signification. Il n'y a pas de futur, ni de passé.

Le physicien américain Kip Thorne défend l'usage des singularités nues pour voyager dans le temps. Elles sont sans horizon et très difficiles à trouver. Il y a en fait une conjecture due à Roger Penrose selon laquelle les singularités nues sont interdites alors qu'elles ne sont pas exclues par les équations d'Einstein. Une telle censure cosmique ne doit pas frustrer le candidat au voyage dans le temps. Faisant appel au principe d'incertitude de Heisenberg, il note que les trous de ver, et les singularités nues par la même occasion, pourraient apparaître et disparaître de rien, en fait du vide parfait, pendant de brefs instants. Après un instant de Planck, juste 10^{-43} seconde plus tard, le trou de ver se referme. Aucune loi de la nature n'est violée si on emprunte l'énergie ou la masse au vide pendant un temps suffisamment court, incommensurablement court, pourvu que le prêt soit promptement remboursé. L'objectif suivant est de garder un trou de ver qui émerge béant. On peut y arriver avec du matériel exotique, dont la densité en énergie (la masse au repos plus la contribution de la pression) est négative. Peu importe que le commun des mortels ou des astronomes n'ait jamais rencontré des choses pareilles. Ce n'est pas interdit par les lois de la physique et suffit donc au vrai aventurier pour franchir le pas, peut-être dans le trou de ver. Il émerge à un certain point de l'espace et du temps, loin dans le futur ou peut-être dans le passé. On peut de cette manière voyager dans un espace infini.

Ceci nous amène au point crucial auquel sont confrontés les voyageurs du temps. Le voyage dans le temps mène au paradoxe du matricide. Supposez que l'on puisse rencontrer sa mère encore jeune fille et la tuer. L'incohérence logique semble un argument décisif pour exclure la possibilité d'un tel voyage. Le problème du matricide a une solution possible. Considérez une boule de billard sur une trajectoire qui la fait tomber dans un trou de ver. Elle réémerge dans son passé, entre en collision avec ce qu'elle était plus tôt et fait prendre alors une autre trajectoire. Mais cela ne peut se produire : la Nature, ou plutôt la physique, ne peut supporter, certains disent même interdit, la violation de la causalité. La force de gravité du trou de ver dévie le trajet de la boule de billard et lorsqu'elle émerge, elle a de fortes chances de se rater elle-même.

En fait, la situation n'est pas si différente du problème quotidien auquel doivent faire face les physiciens quantiques, de savoir si le chat de Schrödinger survit à la libération de gaz toxique déclenchée par la désintégration imprévisible d'un noyau radioactif. Il y a une probabilité que le chat soit mort ou vivant. Si beaucoup de physiciens ont pris l'habitude de vivre avec ce genre d'affirmation, elle ne met pas à l'aise les biologistes qui ont coutume de voir des chats soit vivants soit morts. L'incertitude quantique pourrait même résoudre l'énigme du matricide, du moins aux yeux des physiciens.

La vie dans un Univers infini

> « Avec autant de temps, ce qui est « impossible » devient possible, le possible probable, et le probable virtuellement certain. On n'a qu'à attendre : le temps lui-même fait des miracles. »
>
> George WALD

D'autres formes de vie intelligente sont inévitables dans un univers infini. Les biologistes nous disent que la création de la vie est un événement incroyablement improbable. Mais sa probabilité n'est pas nulle puisque nous sommes là. La plupart des exobiologistes sont au moins d'accord sur ce point. La probabilité qu'il y ait une forme quelconque de vie extraterrestre intelligente est forcément plus faible encore.

On dépense de larges sommes d'argent pour la recherche de traces de vie extraterrestre. Il y a cependant un fait incontournable et majeur, c'est que notre ignorance de l'origine de la vie nous empêche de tirer une conclusion quelconque sur les capacités de diffusion de la vie.

Le frère dominicain et philosophe Giordano Bruno avançait que l'Univers grouillait d'espèces extraterrestres. Il fut brûlé à Rome en 1600 pour ses idées. Le physicien américain Frank Tipler a fait remarquer que s'il y avait quelque part dans notre galaxie une planète hébergeant une civilisation intelligente, sa découverte s'ensuivrait inévitablement. Selon lui, avec les milliards d'années disponibles à cette civilisation pour arriver à maturité technologique, elle aurait développé des sondes robots capables de voyager par elles-mêmes pour explorer notre galaxie. Ces sondes auraient certainement rencontré la Terre et le système solaire, et laissé des traces visibles. Il prétend que l'Univers ne peut pas être plein de vie car nous aurions trouvé dans ce cas des produits de ces anciennes civilisations extraterrestres. Cet argument est fallacieux en ce sens qu'il néglige la probabilité que toute civilisation avancée capable de coloniser la galaxie aurait développé la capacité de se dissimuler aux yeux des simples terriens rencontrés sur leur passage.

L'argument de Tipler était fondé sur l'hypothèse qu'il y a dans notre galaxie environ cent milliards d'étoiles de type solaire, chacune ayant probablement un système planétaire semblable au nôtre. Les astronomes ont effectivement commencé à découvrir de telles planètes, bien que la technologie actuelle n'ait permis de détecter que des corps très massifs semblables à Jupiter. Ces derniers sont certainement peu propices à la vie mais peut-être le sommet de l'iceberg d'une foule de corps en orbite. Tipler avance qu'il est probable que la vie soit apparue sur les milliards d'années de temps écoulé.

Cela n'est pas forcément le cas cependant. En fait, on estime que la probabilité de la vie à partir d'événements biologiques est infime à négligeable par rapport au moins au nombre de planètes dans notre galaxie. L'astronome américain Frank Drake a tenté d'éviter cette incertitude en développant en 1961 une équation qui a motivé les recherches actuelles de vie extraterrestre.

L'équation de Drake consiste en ceci. Prenez le nombre d'étoiles de type solaire. Cela fait environ cent milliards. Multipliez ce nombre par le nombre de planètes de type de la Terre par étoile, probablement de 1 ou peut-être 0,1 si une étoile sur dix seulement a une telle planète. Multipliez-le encore par la probabilité que la vie apparaisse sur cette planète. Et c'est là que les choses deviennent mystérieuses. Les optimistes diront qu'avec de bonnes conditions, à savoir de l'eau, de l'argile, et un climat doux, la vie se développera inévitablement. Restons optimistes et disons que 1 % de telles planètes comparables à la Terre puissent héberger la vie. En admettant alors que l'évolution générera inévitablement, disons dans au moins 10 % des cas, une vie intelligente et cela sur les dix milliards d'années d'existence de la Voie lactée, il y a une chance raisonnable, disons 1 %, qu'une telle forme de vie ait survécu aux inévitables crises qui se sont inévitablement produites. Cela nous fait au bout du compte cent mille civilisations extraterrestres dans notre galaxie largement plus avancées que la nôtre. La plus récente de ces civilisations est à au moins cent années-lumière de nous.

Il semble donc que cela vaudrait la peine de développer une technologie d'écoute qui nous permettrait de capter le trafic électronique de notre plus proche voisin. C'est l'objectif qui a stimulé plusieurs expériences en cours conçues pour intercepter de tels signaux. Une fois envoyés, les signaux électroniques se propagent indéfiniment dans l'espace. La Terre ne serait détectable qu'à plusieurs années-lumière de distance car cela ne fait que soixante-dix ans que les premières émissions radio ont commencé. Une civilisation extraterrestre plus avancée que la nôtre pourrait être détectable à des millions d'années-lumière si nos radiotélescopes étaient assez sensibles.

Les financements gouvernementaux n'ont pas favorisé la recherche d'une intelligence extraterrestre. Deux des principales expériences en cours ont trouvé des bienfaiteurs privés. Le producteur de film Steven Spielberg et le cofondateur de Microsoft Paul Allen ont aidé indépendamment au développement d'antennes radio réceptrices avec des millions de canaux qui sont les ingrédients cruciaux pour détecter et déchiffrer dans les faibles signaux toute évidence d'une origine intelligente. Le rêve derrière de tels efforts est que si les chances de succès sont faibles, toute réussite dans la détection aurait des implications immenses pour l'humanité.

La probabilité de la vie

Les estimations du nombre de civilisations intelligentes sont malheureusement peu fondées. La raison en est simple. L'un des facteurs dans l'équation de Drake requiert une estimation de la probabilité de la vie. Cette probabilité est totalement inconnue. Les biologistes n'ont pas la moindre idée de ce qu'elle pourrait être. Leurs estimations vont d'une valeur infime à un nombre énorme, bien supérieur à cent milliards. Même dans l'hypothèse la plus optimiste faite en biologie, on ne s'attend pas à ce qu'une seule forme de vie ait émergé parmi les sites planétaires possibles.

Cela suppose qu'une séquence aléatoire d'événements est à l'origine de la vie. Des arrangements de molécules auraient produit par hasard les premières protéines et chaînes d'ADN. Il y a cependant beaucoup d'exemples dans la nature qui montrent qu'un certain degré d'auto-organisation peut aller plus loin que des événements spontanés peu probables issus de circonstances aléatoires. La météorologie montre combien des variations mineures dans l'humidité ou la pression peuvent entraîner des changements spectaculaires. On trouve couramment des phénomènes critiques où des perturbations mineures ont de grandes conséquences comme par exemple dans la mise en branle de turbulences dans les fluides ou dans le phénomène de supraconductivité. Les partisans de la théorie de la complexité nous disent ainsi que le battement d'aile d'un papillon en Chine peut induire une tempête de l'autre côté du globe.

Les exobiologistes espèrent que de tels phénomènes augmentent la probabilité d'apparition de la vie. Pourtant, en l'absence de faits, on peut difficilement nourrir une telle attente mis à part le seul fait indéniable que la vie a émergé une fois sur une planète. Ce que l'on peut seulement en déduire, c'est que la probabilité d'émergence de la vie était infime et bien plus faible que ce que l'on attendrait pour rencontrer une civilisation dans notre galaxie. Mais elle n'était pas complètement nulle, autrement nous ne serions pas là.

Il y a quelque dix milliards de galaxies dans l'Univers observable, chacune avec jusqu'à une centaine de milliards de planètes semblables à la Terre. Si l'on pouvait arriver à voyager à travers l'espace intergalactique, quelque chose comme mille milliards de milliards de ces planètes deviendraient accessibles. Mais si, comme le suggère notre connaissance de la nature, les chances d'apparition de la vie sont infimes, même mille milliards de milliards de planètes ne sont pas une garantie suffisante.

De récents progrès en astronomie suggèrent que les perspectives de l'existence d'une vie extraterrestre ne seraient pas complètement nulles. Des indices s'accumulent indiquant que l'Univers est infini, ou du moins beaucoup plus grand que celui observé. Si cela est vrai, il pourrait y avoir un nombre immense, peut-être même infini, de planètes.

Dans un univers infini, il y a un nombre infini de planètes hébergeant la vie et un nombre infini d'événements produisant la vie se sont passés. La vie, bien qu'improbable, doit inévitablement être apparue quelque part. En outre, on pourrait logiquement s'attendre à ce qu'il y ait des formes de vie largement supérieure à la nôtre par l'intelligence et la technologie.

Chacun de ces événements générateurs de vie aura eu quelque dix milliards d'années pour évoluer et donc arriver à un état d'intelligence et de technologie supérieur au nôtre de plusieurs milliards d'années. Même dans un univers fini mais très grand, il pourrait y avoir une chance qu'une espèce existe quelque part avec une intelligence largement supérieure à la nôtre. Dans un univers infini, il n'y a aucun doute, de toute manière, que cela a dû se produire il y a très longtemps.

En quelques milliers d'années de vie culturelle et scientifique sur Terre, l'humanité a fait d'immenses progrès. Nous ne pouvons cependant pas concevoir l'immense potentiel d'une civilisation qui aurait fleuri pendant un million, ou même un milliard d'années. Nos réalisations ont probablement autant d'impact sur de tels êtres qu'une colonie de fourmis en a sur nous.

Si l'Univers est infini, quelqu'un, quelque part, pourrait avoir découvert le secret du voyage dans le temps. Il est impossible d'imaginer le niveau de supériorité atteint par de telles civilisations, si elles ont survécu. Il faut concéder qu'elles doivent avoir au moins maîtrisé la technologie des trous de ver. Dans le même temps, toutefois, la plus grande partie de l'Univers nous est inaccessible. Un signal radio émis par nous ou toute autre espèce n'aurait voyagé que sur quinze milliards d'années-lumière depuis le Big Bang, connu pour s'être produit il y a environ quinze milliards d'années. Mais l'Univers est bien plus grand que cela et il y a des chances que nos devanciers cosmiques soient à des milliards de milliards d'années-lumière de nous. Ce n'est qu'à de telles distances que l'on pourrait avoir la chance de trouver suffisamment de planètes pour que l'on soit raisonnablement sûrs que l'une d'elles ait généré de la vie.

Et une vie intelligente ?

> « L'idée que nous serons accueillis en tant que nouveaux membres au sein de la communauté galactique a aussi peu de chance de se réaliser que celle d'une huître au sein de la communauté humaine. Nous ne sommes probablement même pas comestibles. »
>
> John BALL

Il y a un argument statistique intéressant qui va quelque peu à l'encontre du ton optimiste de la précédente discussion. La vie intelligente s'est développée dans une étroite fenêtre d'opportunité qui pourrait n'avoir duré que quelques centaines de millions d'années. Il fallait avoir une étoile hôte assez calme et bienveillante, et plusieurs milliards d'années pour synthétiser les éléments lourds. Nous n'avons bien sûr qu'un seul exemple mais il semble plausible de généraliser l'échelle de temps moyenne pour l'évolution d'une intelligence où que ce soit dans l'Univers.

Nous ne pouvons pas non plus nous permettre d'attendre trop longtemps car la planète sera inhabitable une fois que son étoile aura achevé son évolution. Il ne sera alors pas très plaisant d'être sur une planète orbitant autour d'une géante rouge. Il en résulte que si l'opportunité se présente sur un étroit créneau, la vie intelligente doit être un événement rare dans l'Univers.

Inversement, des formes de vie primitives doivent se retrouver partout pour la simple raison que sur Terre les premières formes de vie ont évolué relativement rapidement. La vie existe sur Terre depuis au moins quatre milliards d'années. Le premier demi-milliard d'année sur Terre a présenté un environnement désespérément hostile à la biogenèse. Au cours de cette période, il n'y avait pas d'atmosphère protectrice et les météorites bombardaient sans cesse la surface de la jeune Terre. Un impact particulièrement massif a de fait mené à la formation de la Lune.

Comme l'ont fait remarquer les astrophysiciens Charles Lineweaver et Tamara Davis de l'Université de New South Wales en

Australie, cette période de violence et ce que l'on sait des formes primitives de vie montrent que la biogenèse a dû se produire en un temps très court sur l'échelle cosmologique. Ces auteurs estiment que cette époque, limitée par le moment où se sont produits les derniers impacts majeurs stérilisants et celui où l'on trouve les plus vieilles indications de vie sur Terre, a probablement été aussi court qu'une centaine de milliers d'années et pas plus long qu'un demi-milliard. On en déduit inévitablement que, statistiquement parlant, les formes simples de vie abondent dans tout l'Univers. L'étape de transition à des formes de vie intelligentes a probablement été un événement rare et peut-être unique. Cela réconfortera certainement les théologiens.

Les machines à voyager dans le temps

« Pour tout ce que vous pouvez imaginer, vous trouverez que la nature a été là avant vous. »

John BERRILL

Même si la vie intelligente est rare, l'Univers est vaste. Imaginez par exemple que l'espèce la plus proche digne d'être contactée soit si éloignée qu'elle ne soit pas en contact direct avec notre système solaire. Elle pourrait s'être développée dans une lointaine partie de l'Univers, si lointaine que sa lumière n'aurait pas le temps de nous parvenir.

La possibilité d'une quelconque interaction semblerait défier les lois de la physique. Ce ne serait pas forcément le cas cependant. Les physiciens peuvent en principe contourner l'espace et le temps à l'aide des trous de ver. Il ne faut pas qu'il y ait de barrières. La théorie quantique a changé notre regard sur les trous de ver. Ces derniers existent dans le monde de la réalité virtuelle. Ils s'auto-détruisent rapidement et nous ne remarquons jamais réellement leur existence flottante.

L'étape la plus difficile est de piéger un trou de ver et de le maintenir ouvert pour que des intrépides voyageurs dans le temps puissent l'utiliser. Aucune loi de la physique ne l'interdit. Cela demande de faire appel au même principe selon lequel les trous noirs irradient, les intenses forces de gravité près du trou noir pouvant vraiment séparer les paires de particules virtuelles. Une fois séparée, l'une de ces particules peut partir vers l'infini et donc emporter de l'énergie du trou noir. Personne n'a détecté cet effet mais les physiciens croient au principe que les trous noirs rayonnent comme l'a d'abord proposé Stephen Hawking. Si cela marche avec les trous noirs, on peut facilement imaginer que les trous de ver qui n'existent qu'un instant peuvent être disloqués par la gravité en utilisant un fort champ de gravité près d'un trou noir, ce qui permettrait aux trous de ver de sortir du vide.

Une fois qu'un trou de ver est disponible, on a une machine à voyager dans le temps. Le paradoxe matricide est évité car le passage dans le trou de ver et hors du trou blanc induit une incertitude quantique considérable. On ne pourrait jamais trouver son arrière-grand-mère, ou tout autre ancêtre en fait.

Un trou de ver offre la possibilité de voyages instantanés dans l'espace. Le voyageur capture un trou de ver, le gobe d'un coup et réémerge dans un endroit éloigné de l'espace et du temps. Nous ne pouvons envisager comment la trajectoire pourrait être contrôlée mais cela est sûrement une affaire de technologie avancée. Le savoir-faire requis pour capturer un trou de ver suffisamment longtemps et l'utiliser comme lien dans l'espace-temps devrait aussi permettre au voyageur de développer une capsule suffisamment solide pour lui assurer un déplacement sûr. Le niveau de technologie pour une telle aventure nous est incompréhensible mais nous n'avons que trois siècles de calcul tensoriel derrière nous pour raffiner nos mathématiques et moins d'un demi-siècle de développement informatique. On ne peut pas imaginer le niveau technologique qui peut être atteint par une civilisation qui aurait maîtrisé une informatique avancée pendant un milliard d'années. Tout ce qui est permis par les lois de la physique devrait être possible.

La manipulation des trous de ver virtuels pourrait repousser les limites de ce qui est technologiquement faisable et semblerait aussi une quête plus séduisante et enrichissante que, par exemple, la maîtrise des manipulations génétiques qui seraient bien à la portée d'une espèce avancée. L'instinct le plus puissant chez l'homme a été son désir d'explorer, que ce soit l'espace ou la connaissance. On ne peut pas imaginer de moyen d'exploration plus puissant que de déchirer la trame de l'espace et du temps.

Les implications de l'existence de tels voyageurs sont remarquables. Car la Terre ne serait plus à l'abri de contacts extraterrestres. Une fois que l'exploration de l'espace-temps par trou de ver est faisable, on peut facilement imaginer le développement de telles sondes. On pourrait se transporter dans le futur comme dans le passé. En allant dans un lointain futur, toutes les parties de l'Univers sont accessibles, y compris celles au-delà de notre horizon actuel. En allant dans le passé, les sondes pourraient suivre ou stimuler l'évolution. Le voyage en trou de ver est instantané. Il n'y a aucune limite dans le temps ou l'espace. Une fois que la technologie des trous de ver sera accessible, toutes les parties de l'Univers infini seront accessibles et certainement explorées par une seule espèce provenant d'un seul point dans le temps et l'espace. L'autopropagation instantanée signifierait qu'une seule espèce aurait des capacités infinies d'exploration.

CHAPITRE 19

Un bref moment dans le temps

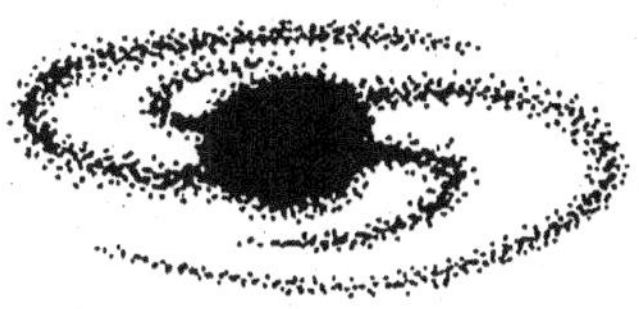

« D'un pays étrange et sauvage qui gît, sublime
Hors de l'Espace – hors du Temps. »

Edgar Allan POE

« Les choses sont toujours au mieux à leur début. »

Blaise PASCAL

Le passé est unique et vierge du passage d'un futur voyageur dans le temps. Il ne sera pas possible de remonter à une époque où aucune machine à voyager dans le temps n'existait. Le voyageur a besoin d'une porte de sortie comme d'une pour entrer : il faut pour cela des machines. Une fois qu'une future civilisation maîtrisera la technique de ces machines, nous ne pourrons plus penser l'espace comme nous l'avons toujours fait.

On peut imaginer l'équivalent de superautoroutes disposées dans le temps et l'espace une fois que ces machines seront construites en routine. Le futur sera connecté de façon multiple. Seul le passé sera sacro-saint. Nous n'avons pas à nous inquiéter de l'arrivée prochaine à notre porte des voyageurs de l'espace. Shakespeare peut reposer en paix : il n'y a aucun danger que ses meilleures pièces aient été écrites par un voyageur venu du futur.

Il y a une exception notable au sujet du voyage dans le passé. La physique exotique pourrait être présente aux abords d'un trou noir.

Les trous de ver pourraient se cacher dans un trou noir, disponible pour le voyageur intrépide qui veut tout risquer pour le voyage. Le voyageur disparaît de notre Univers : toutes les communications sont interrompues. Dans son nouveau cadre pourtant, de nouvelles perspectives et de nouveaux dangers apparaissent. Le danger serait d'être bombardé par des rayons gamma de haute énergie. Ces derniers sont les vestiges de lumières fortement décalées vers le rouge qui se sont glissées dans le trou noir à partir de l'Univers extérieur et se sont par la suite fortement décalées dans le bleu. De tels rayonnements menaceraient l'existence de toute créature. Mais imaginons que cela ne pose pas de problèmes.

Dans la singularité

La singularité centrale offre la possibilité d'une entrée dans un autre univers. En pratique, cela signifie des déplacements arbitraires dans l'espace et le temps, hors de l'horizon de la région de l'Univers accessible aux observateurs traquant avec impatience le sort du voyageur à partir d'une position sûre à l'extérieur du trou noir. Aucun trajet n'est prévisible. Le voyage serait dangereux et aléatoire, sujet aux lois de l'incertitude quantique qui doivent s'appliquer dans les parages de la singularité. Ce voyage ne poserait aucun problème à l'unicité du passé de tout observateur. Toute trajectoire particulière ne serait effectivement pas perturbée par de futurs voyageurs : les risques seraient négligeables.

Pour le citoyen du futur, les perspectives pourraient d'abord sembler ennuyeuses. À l'époque du voyage dans le temps, il y aurait peu de marge laissée à la libre volonté ou à la créativité. Des trajets répétés dans le temps remodèleraient le passé. Aucun poète ne pourrait être sûr que son inspiration ne lui est pas venue du futur.

Considérez un galet sur une plage. Un voyageur dans le temps arrive et le pousse sur la droite. Il part dans le futur puis retourne à l'époque juste avant où il l'a déplacé et le pousse sur la gauche. Où se trouve finalement le galet ? Est-ce que cette question a même lieu d'être ?

La position du galet dépend du futur comme du passé. La volonté ne peut pas vraiment exister pour le pousseur de galet : il ne peut rien dire sur sa position.

Il y a pire. Vous écrivez un grand roman. Ou du moins vous en êtes convaincu. Mais avez-vous vraiment créé l'ouvrage ? Peut-être qu'un voyageur dans le temps est arrivé du futur et vous a fourni l'histoire par télépathie ou hypnose. Ou l'a même tapée directement sur votre ordinateur pendant que vous dormiez. Il est difficile d'y voir clair ; y a-t-il en fait seulement quelque chose d'unique à un endroit ou un moment précis ? La réponse est non : l'espace et le temps se sont emmêlés de façon inextricable.

Temps et espace sont étroitement imbriqués. Il y a un temps unique mais les propriétés de l'espace à ce moment-là dépendent d'autres moments du futur comme du passé. Une promenade dans l'espace est devenue un voyage dans le temps. L'inverse est également vrai : ce que l'on pense comme étant du temps devient de l'espace. Un instant dans le temps peut se trouver connecté à des parties éloignées de l'espace. C'est un voyage instantané, un paradis pour touriste.

Curieusement, nous savons que le mélange du temps et de l'espace se produit près d'un trou noir. C'est une chose prédite par la théorie de la gravitation d'Einstein. Un observateur qui passerait trop près d'un trou noir perdrait tout contact avec le monde extérieur. La gravité l'entraînerait toujours plus près à l'écart de tout observateur externe. Tous les signaux qu'il envoie se trouvent décalés vers le rouge jusqu'à l'invisibilité. Le temps se déroule dans le monde extérieur mais ralentit inexorablement pour le voyageur du trou noir vu par l'observateur extérieur. On le perd de vue. Il y a une différence toutefois : l'espace s'ouvre alors que le temps vu de l'extérieur finit par s'arrêter. Il tombe dans la singularité centrale. Dans son propre cadre de référence, le temps continue à passer. Reste à deviner ce qui arrive ensuite. Une possibilité serait de réémerger très loin dans le temps et l'espace. Le voyage dans le temps serait alors achevé dans ce cas.

La structure de l'espace-temps

L'aube d'une époque de voyage dans le temps serait équivalente à l'approche d'un trou noir par un voyageur. La structure locale du temps et de l'espace devrait changer. Le succès dans la construction d'une machine à voyager dans le temps par un physicien aurait modifié la structure fondamentale de l'Univers.

C'est un exemple de transition de phase. De telles transitions sont une partie essentielle de notre compréhension de l'Univers, bien que les aventures de notre voyageur dans le temps seraient quelque chose d'absolument sans précédent. Des transitions de phase plus communes se produisent tous les jours. Le passage de l'eau à la glace est un exemple de la manière dont la structure moléculaire locale peut subir un changement soudain, de partout, d'un seul coup, une fois que la température est descendue au-dessous de son point de congélation.

La cosmologie fournit un autre exemple. L'Univers est passé autrefois par une phase d'accélération inédite. Les vitesses relatives des particules sont restées petites mais l'espace a connu une expansion exponentielle que nous désignons sous le nom d'inflation. Des perspectives entièrement nouvelles se sont ouvertes puis refermées lorsque l'inflation s'est terminée. L'Univers a accéléré, brièvement mais à un taux élevé. Tout fut réglé en 10^{-35} seconde.

L'Univers a dû commencer à partir de quelque chose de très petit, virtuellement rien. Il y avait un champ d'énergie, peut-être associé aux forces fondamentales. Il n'y avait peut-être aucune expansion, ni contraction mais juste le chaos. Les fluctuations de densité en énergie étaient présentes, peut-être depuis une longue période indéfinie. Il a fallu des conditions très particulières pour que l'inflation se produise. Une petite portion devait être lisse et pas fortement courbée. Sans ces conditions, il ne se passe rien. Les portions sont en général très plissées. L'Univers est donc resté inerte pendant très longtemps.

Mais tôt ou tard, les bonnes conditions seront remplies. Après tout, on a beaucoup de temps. Dans un infime recoin, les conditions ont été suffisamment uniformes pour permettre à l'inflation de se dérouler, et très rapidement la partie étendue a dominé tout le volume de l'Univers.

Dans le futur infini

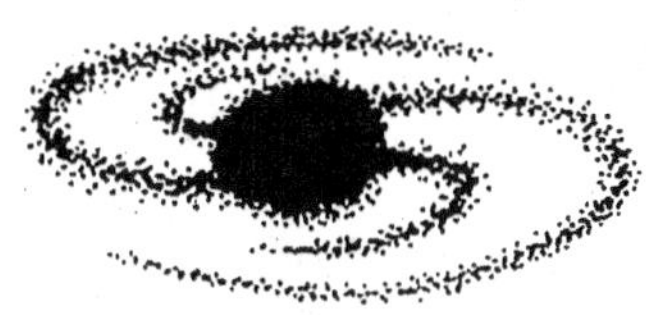

> « Le monde est une bulle, et la vie de l'homme
> Moins qu'un court séjour. »
>
> Francis BACON

> « Tant de mondes, tant à faire,
> Si peu fait, tant de choses à exister. »
>
> Alfred TENNYSON

Peu importe que l'Univers que nous observons puisse être fini. Supposez qu'il s'avère que la courbure de l'espace soit plate mais l'Univers fini. L'observation de l'accélération cosmique à partir de lointaines supernovae montre qu'il sera en expansion pour toujours. Dans un lointain futur, on aura ainsi un nombre presque infini de planètes et une durée presque infinie de temps pour que la vie se développe. Les planètes survivront jusqu'à la disparition des protons, au moins dans 10^{+32} années. Il n'y aura alors plus de planète comme notre Terre en orbite autour d'une étoile de type G. Si le nombre de sites planétaires existant aujourd'hui est limité, de nombreuses possibilités apparaissent, sur une telle échelle de temps, que se forment de nouvelles planètes avec l'évolution des étoiles et des galaxies. L'environnement sera exotique, par exemple la future évolution se produira surtout dans les noyaux denses des galaxies. Mais dans ces régions, où l'évolution dynamique est actuellement rapide, on trouve des trous noirs supermassifs. Ces trous noirs apportent l'ultime source d'énergie lorsqu'ils captent la matière et ils continueront à illuminer l'Univers pendant d'innombrables ères. Les planètes se trouvent dans des environnements hautement évolués, par exemple autour des étoiles à neutrons. Tant qu'il y aura des trous noirs, on pourra imaginer une source d'énergie pour garder les planètes chaudes et disponibles pour une vie potentielle. Avec suffisamment de temps, même un nombre fini de sites rendra la vie probable.

Le futur de l'Univers est un processus destiné à être long. L'Univers que les astronomes observent n'est qu'un grain de sable sur le chemin de la future étendue de notre horizon. La théorie du Big Bang nous permet de reconstruire le bref flash de lumière, de quelques minutes, durant lequel les éléments légers furent synthétisés. Notre théorie de l'évolution des étoiles décrit comment tous les autres éléments sont nés. Tout cela s'est produit dans les dix derniers milliards d'années. Les étoiles continueront à briller *via* le processus de fusion nucléaire de l'hydrogène jusqu'à ce que l'Univers soit âgé de dix mille milliards d'années. L'Univers consistera alors en étoiles dégénérées telles que les naines brunes, les naines blanches, les étoiles à neutrons et les trous noirs. Ce sera un endroit noir et diffus où il n'y aura plus aucun rayonnement des étoiles ordinaires pour illuminer le ciel la nuit et réchauffer les planètes.

Le destin ultime de l'Univers

Voilà jusqu'où une saine spéculation peut nous entraîner. Mais il est possible d'obtenir les plus faibles traces de formes possibles de vie d'un environnement de plus en plus désolé. Les étoiles dégénérées vivent sur une énergie thermique qui est irradiée. Leur source d'énergie thermique peut parfois se ranimer si de nouvelles étoiles dégénérées se forment comme cela peut se produire quand des fusions ont lieu au sein de paires de naines blanches. Les planètes peuvent même se former dans les disques gazeux qui se développent inévitablement en raison de la conservation du moment angulaire.

Une faible lueur d'énergie venant des étoiles dégénérées continue lorsque les particules de matière noire interagissant faiblement, si elles sont massives comme le suggère la théorie, ce que l'expérience n'a pas confirmé toutefois, sont piégées dans les cœurs stellaires où elles s'accumulent et s'annihilent, libérant des rayons gamma et des particules énergétiques qui chauffent l'étoile.

La prochaine ère de l'Univers sera marquée par la désintégration des protons. C'est une conséquence de la théorie de l'unification des forces fondamentales, bien que là encore la confirmation expérimentale reste à faire. Les protons sont créés et se désintègrent rapidement au niveau d'énergie de la Grande Unification ($\sim 10^{+16}$ GeV) et cela demande que la disparition des protons se fasse à de faibles énergies et très lentement.

Il n'y a aucun danger immédiat pour nous car il n'y a pas eu assez de temps dans l'Univers pour donner assez de désintégrations. Il est intéressant que dans le corps humain, qui fait environ 70 kilogrammes ou 10^{+29} protons, il pourrait y avoir une désintégration par décennie. Le flux de rayons gamma n'est pas suffisant pour donner un risque quelconque de cancer. On peut plutôt faire l'expérience suivante : supposez que la durée du proton ne soit que de 10^{+14} années, nous serions alors tous raides morts par cancer.

Bien qu'il soit lent, le taux de désintégration des protons prédit par la Grande Unification est mesurable. On a entrepris plusieurs expériences pour détecter cette désintégration. Le principe en est simple : prenez 1 000 tonnes d'eau contenant environ 10^{+32} protons et, en moyenne, dix protons devraient disparaître par an selon la version la plus simple de l'unification. Comme la désintégration d'un proton libère beaucoup d'énergie (sous la forme de muons et de rayons gamma), cet effet peut se détecter, du moins en théorie. Mais il faut cependant protéger l'expérience des rayons cosmiques qui induisent une pluie de muons sur l'atmosphère terrestre. Une expérience typique utilise des dizaines de milliers de tonnes d'eau purifiée stockée dans des cuves souterraines en profondeur, entourées de compteurs à scintillation qui guettent les flashes lumineux provenant des rares événements de désintégration. La désintégration d'aucun proton n'a encore été observée à ce jour. De cette absence, on déduit que la durée de vie d'un proton dépasse 10^{+32} années. On peut au moins se consoler en pensant que les diamants pourraient être vraiment éternels. Pour la théorie des particules élémentaires, la conclusion est pour le moment que les modèles les plus simples de la Grande Unification sont faux.

Après que 10^{+50} années se seront écoulées, on peut raisonnablement penser que tous les protons de l'Univers se seront désintégrés. La théorie de la gravitation l'exige. Les protons sont avalés par des minitrous noirs virtuels et se désintègrent en positons puisque les trous noirs peuvent absorber les baryons mais doivent respecter leur charge. Les seuls objets qui restent sont les trous noirs.

Même les trous noirs ne sont pas éternels. Stephen Hawking a prédit que les forces de marée près de l'horizon d'événement d'un trou noir sont si fortes que les paires de particules virtuelles, qui constituent la structure de l'espace et du temps, peuvent être disloquées. Les particules virtuelles existent durant un temps si bref que le principe d'incertitude nous dit que celui de la conservation de l'énergie n'est pas violé puisque ces particules ne sont pas observables. L'extrême courbure de l'espace près d'un trou noir peut séparer les paires virtuelles en particules réelles, l'une d'entre elles fuyant vers l'infini et fournissant ainsi une occasion d'évaporation pour le trou noir. Les trous noirs plus petits sont les premiers à s'auto-détruire, mais même les plus massifs finissent par s'évaporer après 10^{+100} années. L'Univers à ce point-là consiste en vestiges d'étoiles : du rayonnement de très faible fréquence, des neutrinos, des positons et des électrons.

Sur l'immortalité

Peut-on imaginer une vie continuant pour l'éternité ? Nous pouvons assimiler l'intelligence à la capacité à effectuer des opérations mentales, selon une approche desséchante qui néglige l'émotion, la passion, l'art et la poésie. Le progrès continu et infini de l'intelligence fait que nous devrons imaginer un nombre potentiellement illimité d'opérations mentales. Si la production d'énergie est infinie, on peut considérer la vie comme infinie. Autrement nos cerveaux seraient grillés s'ils sont bien l'instrument de l'intelligence.

Les calculs génèrent de la chaleur et exigent une dissipation d'énergie. Freeman Dyson a fait remarquer que l'on a besoin d'une température minimale de fonctionnement pour tout organisme, autrement il ne peut dissiper la chaleur qu'il produit et se consume simplement à mort. Cette température minimale est très basse, environ mille milliardièmes de degré Kelvin, ce qui est loin d'être un problème immédiat pour la société malgré un univers en expansion qui se refroidit. Pourtant, un jour, la vie devra arriver à son terme étant donné l'inexorable expansion de l'Univers. La stratégie de Dyson pour échapper à cette mort thermique fut de suggérer que la vie pourrait trouver le moyen d'hiberner. La vie n'a besoin que d'une énergie de rayonnement intermittente. Il s'avère alors que dans un univers de Friedmann à la densité critique, la vie peut être considérée comme infinie puisque l'énergie dissipée est finie.

Pourtant, une crise de la vie a émergé. Rappelez-vous que l'on considère l'Univers comme plein d'énergie noire responsable de l'accélération que l'on observe. L'énergie du vide, en présence de l'énergie noire associée à la constante cosmologique, finit par être la forme dominante d'énergie. Il y a un bain thermique de particules virtuelles qui remplit uniformément l'espace. Les canaux possibles pour qu'un système vivant, agissant, dissipe son énergie sont bloqués car les possibilités thermodynamiques de le faire ont disparu. Les systèmes vivants surchauffent et meurent.

Cela semblerait une malheureuse conséquence du modèle de concordance que suggèrent de nombreuses observations astronomiques. Il y a deux portes de sortie. Le mystère de la constante cosmologique peut se résumer ainsi : pourquoi maintenant ? Elle n'est devenue que récemment la source d'énergie dominante dans l'Univers. Il y a longtemps, par exemple lors de l'inflation, cette constante était négligeable. Sa densité en énergie était moindre que celle du rayonnement de plus d'une centaine de puissances de dix.

Cela semble être un remarquable dosage des conditions initiales de l'Univers et une contre-proposition a été faite. Elle a été baptisée « quintessence » : c'est une nouvelle composante de l'énergie noire conçue pour toujours suivre l'élément dominant de l'Univers. Nous avons en d'autres termes une constante cosmologique qui n'est plus constante mais décroît avec le temps. Avec cela, on peut éviter le recours à un subtil dosage car l'inflation elle-même est guidée par un champ de force semblable à la constante cosmologique dont l'intensité est comparable à la densité en rayonnement à ce moment-là et bien plus grande que la constante cosmologique mesurée actuellement. Comme la constante cosmologique continuera à baisser, il n'y a plus de barrière s'opposant à l'expansion sans fin des systèmes vivants. La vie pourrait être éternelle.

Tout système fini n'est bien sûr capable de stocker qu'un nombre fini de souvenirs. Comme le soulignent les physiciens Katherine Freese et William Kinney, nous devons nous réconcilier avec le fait que

> *si la vie elle-même est peut-être immortelle, chaque individu est condamné à être mortel.*

Sans la quintessence, il n'y a pas beaucoup de perspective d'immortalité. Même dans un Univers cyclique, on peut s'attendre à ce que la vie soit renouvelée à chaque cycle. On aimerait cependant savoir si tous les souvenirs pourraient le faire au passage des singularités qui séparent les phases de contraction et de réexpansion. La physique n'a pas de réponse à cela.

La technologie du trou de ver pourrait nous permettre de tirer de nouvelles sources d'énergie pour nos actions. Ou l'on pourrait juste passer en prendre puis dire au revoir, repartant dans un climat plus chaud et agréable pour quelque temps situé au-delà de l'horizon où tout peut se produire et s'est probablement produit.

La fin
comme un nouveau commencement

C'est vraiment l'Ère noire. L'Univers pourrait être destiné à vieillir d'une façon ennuyeuse, mais des possibilités plus extraordinaires pourraient attendre le voyageur intrépide de l'espace-temps.

Parmi elles, l'une des plus remarquables a été proposée par les physiciens Fred Adams et Greg Laughlin de l'Université du Michigan aux États-Unis. Il existerait une possibilité de transition de phase qui ouvrirait, littéralement, de nouveaux horizons.

L'Univers actuel a acquis ses caractéristiques *via* plusieurs transitions de phase. La plus importante d'entre elles, généralement admise maintenant par les cosmologistes, fut celle de l'inflation cosmique. L'Univers était dans un état de parfaite symétrie lorsqu'il se refroidissait après le Big Bang. Cela ne colle pas : notre Univers est bien loin d'être symétrique, autrement nous ne serions pas là. La matière domine sur l'antimatière d'au moins dix mille parties contre une. Mais la physique quantique permet à l'Univers de sortir spontanément de l'état symétrique. Dans ce dernier état, le vide a une grande densité en énergie. Nous appelons cela le faux vide.

L'Univers quantique a trouvé son chemin vers le vrai vide. Durant une brève période où l'énergie du faux vide était dominante à environ 10^{-35} seconde après le Big Bang, l'Univers a subi une phase d'expansion exponentielle. Voila comment l'on comprend la taille présente de l'Univers et en fait l'origine de sa structure, par l'introduction de fluctuations quantiques ayant subi l'inflation.

Le vide se caractérise à présent par sa très faible densité en énergie. Mais une nouvelle forme d'énergie pourrait s'y cacher et être capable de déclencher une future phase de transition vers un nouvel état. La transition peut spontanément produire des bulles de la nouvelle phase qui se gonflent exponentiellement. Les bulles ont une énergie cinétique. Lorsqu'elles éclatent ensemble, un réchauffement de l'Univers intervient. En fait, on a créé de nouveaux Univers. Des cosmologistes spéculent même que notre Univers est simplement le plus grand et le plus dominant de ces Univers secondaires. Le futur à long terme de l'Univers pourrait être de renaître.

Si une telle vie se développe quelque part dans l'Univers, cela prendra sans doute des milliards d'années avant d'atteindre le niveau d'une technologie avancée qui permette le voyage dans le temps. Mais un nombre infini d'ères sont disponibles. L'exploitation de la technologie du trou de ver offrirait la possibilité de voyager dans le temps. On pourrait retourner dans le passé, aller sur les planètes proches et voir comment elles étaient il y a bien longtemps.

Considérez ce qui pourrait ensuite se produire. Une civilisation véritablement avancée se serait dotée d'une technologie de sondes automatisées capables de s'autopropager. Elle pourrait se rétablir sur des centaines ou des milliers d'années-lumière, explorer une galaxie entière en quelques centaines de millions d'années. Les trous de ver seraient nécessaires pour couvrir les profondeurs sans fin de l'espace intergalactique et passer d'une galaxie à l'autre. L'espace devrait donc être peuplé de voyageurs extraterrestres.

Où sont-ils ?

« Parfois je pense que nous sommes seuls. Parfois je ne le pense pas. Dans les deux cas, la pensée titube. »

Buckminster FULLER

Cela nous mène au paradoxe qu'Enrico Fermi a le premier énoncé : *S'ils ont existé, ils seraient là.* Si l'Univers fourmille d'espèces avancées, pourquoi ne les avons-nous pas encore rencontrées ? La réponse doit être qu'il faut un seuil technologique tellement élevé pour maîtriser les trous de ver que toute civilisation voyageuse doit alors être capable de prendre des mesures complètes pour effacer toute trace de ses visites. Ils pourraient sûrement nous observer à notre insu. Les techniques modernes d'espionnage en sont déjà capables et on ne peut pas vraiment concevoir à quel degré de complexité elles seront parvenues dans un siècle, et moins encore dans un milliard d'années.

Auraient-ils fait ainsi ? Dans la mesure où ils nous considéreraient comme nous aimons imaginer les tribus d'Amazonie, il semble très plausible que nous serions laissés dans l'ignorance de toute technologie supérieure qui nous espionnerait en secret. Ce ne serait pas un paradoxe de ne trouver aucune trace d'origine extraterrestre dans le système solaire.

Ils pourraient avoir laissé une trace cependant, ce serait l'étincelle qui a fait jaillir la vie sur Terre. Cela constituerait une expérience sous contrôle ayant réussi. Peut-être y en a-t-il eu beaucoup d'autres qui ont échoué, ou marché. Si la possibilité que la vie soit venue d'ailleurs existe, nous retombons sur notre dilemme initial. Nous ne pouvons calculer la probabilité d'existence d'une civilisation avancée voisine, car nous ne connaissons pas les règles du jeu. Nous devons chercher.

La nature de la découverte

L'astronomie peut être une quête solitaire. Mais c'est beaucoup plus que l'observation isolée durant la nuit au sommet d'une lointaine montagne. Il y a la vision modulée par le raisonnement empirique ou le préjugé théorique et il y a la mise en œuvre, caractérisée par un effort sans relâche qui peut mener, mais pas toujours, à des percées majeures aux limites de notre connaissance de l'Univers.

On voit souvent les pas de géant faits par les scientifiques comme résultants de moments de pure inspiration. Le moment où Archimède s'écrie « Eurêka ! » quand il plonge dans son bain trop rempli est le stéréotype de la grande découverte que le public a en tête. En fait, les rares avancées historiques sont jalonnées par des années de pénibles efforts.

Un Univers infini offre une perspective passionnante. L'infini a inspiré la phrase suivante à David Hilbert, le mathématicien allemand et propagateur des idées de Georg Cantor, l'inventeur des ensembles infinis :

L'infini ! Aucune autre question n'a plus profondément ému l'esprit de l'homme.

De fait, les infinis ont tellement ému Cantor qu'il en est devenu fou.

Une fois que les infinis sont autorisés dans l'espace-temps, les idées les plus irréalisables deviennent possibles. L'inflation s'est produite sans contrainte. La vie a une origine plausible, de même que le Big Bang. Et il y a de nouveaux horizons à explorer, pour toujours. Mais un tel Univers offre aussi une vision décourageante pour le scientifique car il ne pourra jamais tout connaître. Il y a des possibilités illimitées mais encore faut-il pouvoir y accéder car une technologie bien supérieure à la nôtre est nécessaire. On peut se rappeler ce que dit à ce propos Blaise Pascal :

> *[L'homme est] également incapable de voir le néant d'où il est tiré et l'infini, où il est englouti.*

Un Univers fini est une possibilité plus réjouissante. Nous pouvons espérer mesurer les dimensions de sa topologie et obtenir ainsi un nouveau paramètre fondamental pour la cosmologie. Cela pourrait signifier que nous sommes un accident et qu'il n'y a pas d'explication générale de notre présence ou de celle de l'Univers. Mais cela peut aussi vouloir dire qu'il y a un nombre infini d'Univers compacts dont nous pouvons seulement rêver, tous pris dans cette sorte d'espace à plusieurs dimensions que les théoriciens des cordes aiment postuler.

Il semble qu'il n'y ait rien de bien spécial concernant notre Univers si ce n'est qu'il est très grand. La question de savoir si cette taille était prévisible dès l'origine ou résulte d'une bulle aléatoire de l'inflation est encore l'une des plus intrigantes en physique. Peut-être que la Théorie du Tout tellement attendue la résoudra.

La physique au troisième millénaire

La prédiction est dangereuse. Le physicien danois Niels Bohr aurait dit :

> *Prédire est très difficile*
> *particulièrement le futur.*

Mais cela ne nous a jamais empêchés de spéculer.

Je m'attends à ce que le troisième millénaire nous apporte la Théorie du Tout si recherchée ou quelque chose de proche. C'est le saint Graal en physique, une théorie de la matière et de l'énergie, de l'espace et du temps, qui laissera peu de questions sans réponse ou du moins sans possibilité de réponse. Nous saurons comment notre Univers a commencé et ce qu'il y avait avant le Big Bang. Nous comprendrons comment la structure s'est développée à partir de l'homogénéité sur des échelles qui vont de l'infinitésimal au vaste, de 10^{-43} cm, où la gravitation est confrontée à la théorie quantique, à 10^{+28} cm où les plus grands télescopes arrivent à l'horizon de l'Univers. Nous saurons comment la structure de l'espace tridimensionnel s'est formée à partir de plus hautes dimensions, comment le flot inexorable du temps a commencé et comment la matière elle-même fut créée à partir de virtuellement rien.

La Théorie du Tout sera peu utile pour exploiter le potentiel humain ou prédire les catastrophes naturelles comme les éruptions volcaniques, les tremblements de terre ou la collision d'un astéroïde. Mais percer le secret de la matière fournira les éléments pour des avancées sans précédents en technologie, y compris dans des domaines aussi divers que l'intelligence artificielle, les biotechnologies, l'ingénierie et la chimie.

On peut imaginer que la fin de la physique sera alors en vue. Si c'est le cas, on peut réfléchir à ce que les physiciens du troisième millénaire feront. Ils pourraient devenir des ingénieurs quantiques, bricolant avec la Théorie du Tout pour en tirer les dernières nuances et participer à la commercialisation d'applications exotiques qui aideraient à lutter contre les problèmes posés par un monde toujours plus peuplé et pollué. D'autres, sans doute, passeront au problème de la conscience, l'ultime démarcation entre l'homme et l'animal.

Les réductionnistes du futur ne seront pas contents de cela, ni les théologiens. Ces derniers essaient encore d'assimiler les implications du débat de Valladolid en 1550 dans lequel le missionnaire Bartolomé de Las Casas (1484-1566) voulait distinguer l'âme des hommes de celle des animaux.

Approcher de l'omniscience

La puissance des ordinateurs double chaque année depuis un demi-siècle et cela semble encore continuer. Il n'y a pas de raisons de penser que la vitesse du progrès en informatique ralentira dans la prochaine décennie. On peut réduire la taille des circuits intégrés et des puces électroniques jusqu'à l'échelle pluriatomique, quelques milliardièmes de mètre. Au-delà, on rentre dans les phénomènes quantiques. Dans un univers quantique, il est plus difficile de prédire nos possibilités. Nous pourrions être limités par la matière à moins d'aller dans des directions radicalement nouvelles.

Le calcul quantique nous promet un futur illimité. Tout se passe dans l'univers virtuel, aussi longtemps que nous ne pouvons l'observer. Les processus quantiques ont notamment de multiples histoires. Pensez au chat de Schrödinger soit vivant soit mort. C'est l'effet dû à seulement deux mondes parallèles. Mais dans d'autres situations, ce nombre peut être multiplié un milliard de fois. On peut utiliser cette multiplicité quantique des univers pour faire des calculs puisque tout ce qui importe est le résultat.

Un ordinateur suffisamment puissant peut simuler un homme ou une femme. Il peut refaire une personne molécule par molécule. On peut imaginer qu'un ordinateur du futur puisse construire un superhomme dont l'intelligence et les capacités excéderaient nos rêves les plus fous.

Tout ceci mène à l'ultime question : pourquoi pas Dieu ? Quelle est la différence entre l'ordinateur omnipotent du futur et une divinité ? La réponse ne peut résider que dans quelque chose d'unique aux êtres humains, quelque chose que les animaux n'ont pas, quelque chose qu'un ordinateur pourrait peut-être mimer mais jamais créer.

Cet attribut n'est certainement pas l'intelligence ni la beauté. Ni probablement le fait d'être conscient. On peut imaginer un ordinateur conçu pour être conscient de lui-même. On pourrait construire un ordinateur capable de ressentir la douleur, ou qui puisse même écrire de la poésie.

Mais il manque quelque chose. Un ordinateur peut-il rire ? peut-il ressentir une émotion ? tomber amoureux ? ou être en colère ? Un ordinateur peut-il être inspiré ? Il n'y a aucun doute qu'un superordinateur du futur, appelons-le un hyperordinateur, puisse un jour avoir de tels sentiments. Et il est sûr qu'un hyperordinateur pourrait être conçu pour ressembler à l'identique à un être humain. Les androïdes seront un jour une réalité.

Il y aura des moments toutefois où les réactions différeront entre un hyperordinateur et un homme. Ceci, on l'espère, sera l'essence même de ce qui distingue l'automate de l'homme. Un futur dominé par des robots ne vaudrait pas la peine d'être développé. Et ce ne serait pas un environnement très intéressant. Les hauts et les bas, ce qui fait la trame de l'existence humaine, seraient sûrement absents.

Notre hyperordinateur ne peut pas être un homme ou une femme. Les différences seraient subtiles mais tangibles. Il n'y a cependant aucune raison pour qu'un hyperordinateur ne puisse assembler un être humain. Cela est biologiquement faisable. Nous sommes déjà capables de faire des poumons et des cœurs artificiels après une décennie d'expérimentations. Imaginez les possibilités d'une biotechnologie dans mille ans, ou même dans un million d'années, peut-être l'instant le plus bref discernable sur l'échelle de temps cosmique qui marque le vieillissement de notre Soleil.

Toute trace de matériel génétique pourrait être manipulée pour reproduire tout ce qui a vécu un jour. On pourrait cloner un homme tant que l'on a un modèle en mémoire. Cette technologie est déjà utile pour prolonger la vie et nous n'en sommes qu'au début. Toutes les parties du corps humain seraient remplaçables. Dans la mesure où nos souvenirs sont électriquement enregistrés dans les neurones de notre cortex cérébral et donc réparables et transférables, le remplacement de notre cerveau serait également faisable. Faire un homme serait un jeu d'enfant pour notre hyperordinateur.

Alors pourquoi l'hyperordinateur ne remplacerait-il pas Dieu ? La poésie nous donne la réponse. Un ordinateur peut copier et même modifier des caractères génétiques mais il n'a pas le discernement pour créer un génie humain. Ses produits pourraient avoir une intelligence inégalée mais cela ne suffit pas à créer le génie d'un Shakespeare, d'un Mozart ou d'un Einstein.

Imaginez que vous preniez une tribu de singes. Mettez-les au travail devant une rangée de machines à écrire. Avec assez de singes à votre disposition, l'un d'eux réussira tôt ou tard à produire une pièce comme *Othello* ou *Macbeth*. C'est absolument improbable. Si seulement les singes pouvaient apprendre par essais et erreurs. C'est néanmoins possible, en principe. L'enjeu est fortement réduit si les lettres tapées par les singes ne le sont pas complètement au hasard. Des motifs peuvent émerger, dus par exemple à la configuration du clavier. Cela accélérera sûrement le processus mais prendra presque une éternité. Cela ne valide pas le processus de sélection au hasard par lequel on pourrait caractériser l'exploration informatique d'une tâche difficile et qui consiste à essayer toutes les combinaisons jusqu'à ce que l'on réussisse. C'est ainsi que l'ordinateur Deep Blue d'IBM a vaincu le champion du monde d'échecs Gary Kasparov en 1997.

Il faut ajouter une pointe d'intervention humaine. Il nous faut le moyen de distinguer le vrai *Othello* des innombrables *Othello* ratés. Cela est bien supérieur à la capacité d'un singe ou de tout ordinateur. Cela demande le jugement humain ou même l'inspiration.

Voici un autre exemple. Prenez la même tribu de singes. Cette fois-ci, dotez-la de tubes de peinture et de toiles. Laissez-les agir. De remarquables peintures abstraites apparaissent parfois, égales à celles de Jackson Pollock. Mais ce sont des phénomènes épisodiques. Si le pinceau n'est pas enlevé des doigts du singe au bon moment, un fatras noir en résulte. Et qui décide du moment où lui enlever ses pinceaux ? Là encore, aucun singe ni aucun ordinateur ne pourraient faire cela avec l'assurance et l'instinct créatif que, disons, Jackson Pollock lui-même aurait pu avoir s'il s'était occupé de l'expérience.

Il y a ici une apparence de mystère, juste comme il y a une apparence de réalité macroscopique pour certains phénomènes quantiques. Roger Penrose a avancé que la part de mystère de la conscience pourrait avoir une origine physique quantique. Le philosophe américain Rick Grush dit :

Il n'est pas clair comment un ensemble de molécules dont la composition chimique n'est pas différente de celle d'une omelette au fromage pourrait être conscient de quelque chose, ressentir la douleur ou voir le rouge, ou rêver du futur.

Mais les études sur l'intelligence artificielle suggèrent que l'on pourrait ne pas avoir besoin de miracles pour appréhender la conscience. Juste des connaissances suffisantes, alliées à des capacités de mémoire et de prise de décision, ce qu'un hyperordinateur peut sûrement acquérir.

CHAPITRE 21

Et où ensuite ?

« La science avance, mais lentement lentement, se glissant d'un point à un autre. »

Alfred TENNYSON

« Il n'y a aucun acte qui ne soit le couronnement d'une série infinie de causes et la source d'une série infinie d'effets. »

Jorge Luis BORGES

La gravité quantique n'est pas aussi éloignée qu'on pourrait le penser. Regardez le ciel dans les micro-ondes. Les fluctuations de température sur de grandes échelles angulaires ne peuvent être attribuées à un processus qui se serait produit depuis que l'Univers a subi l'inflation 10^{-35} seconde après le Big Bang. Notre meilleure explication de ces fluctuations est que ce sont des fluctuations quantiques qui ont été amplifiées à des échelles macroscopiques par l'inflation. À ce moment-là, correspondant à l'instant où les forces fondamentales étaient unifiées pour la dernière fois, l'Univers a dû s'étendre de façon exponentielle d'un facteur au moins égal à 10^{+60} pour être capable d'arriver par la suite à sa taille actuelle. Il en résulte que les fluctuations quantiques d'autrefois, pas plus grandes que 10^{-35} seconde-lumière, s'imprimèrent sur des échelles de milliards d'années-lumière. En étudiant le fond diffus cosmologique, nous observons les fluctuations quantiques dans le ciel. Cette découverte a révolutionné la cosmologie moderne car elle a fourni une explication des traces à l'origine de la formation des structures à grande échelle.

La gravité quantique a des implications moins évidentes qui côtoient la science-fiction. L'utilisation des trous noirs et des trous de ver constitue l'une des perspectives les plus passionnantes que peut nous réserver un univers presque infini. Notre crise d'énergie serait résolue. Une connaissance illimitée deviendrait disponible. Mais cela a un prix.

La notion classique du trou noir est entachée d'une caractéristique détestable. Au cœur du trou noir se trouve une singularité. C'est un concept redoutable puisque littéralement tout l'enfer pourrait se déchaîner si l'on s'en approchait trop. Certains cosmologistes sont persuadés qu'une telle singularité n'est jamais accessible, ils la qualifient de nue : elle est toujours voilée par l'horizon du trou noir. Nous pouvons ainsi vivre sans la peur inutile d'être confrontés à l'horreur d'une singularité, avec la disparition inévitable des lois physiques qui gouvernent notre existence et même notre jugement.

Si l'on trouvait une singularité nue, nous pourrions immédiatement extraire des ressources illimitées d'autres univers. On pourrait faire des miracles. Le voyage dans le temps deviendrait possible puisque l'espace et le temps auraient des rôles interchangeables. On pourrait voyager dans le temps soit dans un lointain futur pour échapper aux calamités de notre époque, soit dans le passé pour retrouver nos rêves de Champs-Élysées. C'est cette perspective qui horrifie certains car l'on pourrait, en étant assez pervers, retourner dans le passé, dénicher notre grand-mère enfant et la tuer pour poser un problème aux futures générations de physiciens. Nos notions de causalité seraient balayées : l'impossible serait possible, il y aurait une contradiction fondamentale dans les lois de la physique.

La gravité quantique vient nous sortir de cette mauvaise impasse. De telles aventures dans le passé sont soumises aux lois de l'incertitude quantique. La probabilité de vraiment trouver un individu à un endroit et à un moment particuliers serait infime. Nos ancêtres sont à l'abri.

Certains cosmologistes ont des tendances fondamentalistes. Comme dans les mouvements religieux, les cosmologistes se classent en deux écoles : les phénoménologistes et les fondamentalistes. Les premiers s'occupent des données et adoptent une théorie empirique avec son manque de rigueur et tous ses défauts à rattraper. Les seconds partent des mathématiques pures, en appellent à la beauté et à la simplicité pour guider la physique et envoient au diable les résultats s'ils doivent mettre en défaut la théorie.

Certains cosmologistes sont enclins à penser que tout est presque joué. Stephen Hawking a écrit :

Il y a des raisons d'avoir l'optimisme prudent de penser aue nous pourrions maintenant être près de la fin de la quête des lois ultimes de l'Univers.

Et plus fortement avec Albert Michelson :

Les plus importantes lois fondamentales et données des sciences physiques ont toutes été découvertes et sont maintenant si fermement établies que toute possibilité qu'elles soient complétées suite à de nouvelles découvertes est excessivement éloignée.

Mais même Hawking admet que quelque chose manquera encore :

Même s'il n'y a qu'une théorie unifiée possible, ce n'est juste qu'un ensemble de règles et d'équations. Qu'est-ce qui insuffle le feu dans les équations et fait qu'il faut un univers pour les décrire ? L'approche classique des sciences – construire un modèle mathématique – ne peut pas répondre à la question de savoir pourquoi il devrait y avoir un univers que le modèle puisse décrire. Pourquoi l'Univers se donne-t-il toute cette peine d'exister ?

J'ai tendance à penser que nous ne sommes qu'au début de notre recherche. Henry David Thoreau a écrit :

Si vous construisez des châteaux dans les airs, votre travail n'est pas perdu pour autant ; c'est là qu'ils doivent être. Maintenant mettez les fondations sous eux.

Certes, il faut de nouvelles idées. Mais elles rencontreront inévitablement une résistance. Comme le dit John Locke :

On trouve toujours suspectes les nouvelles opinions et on s'y oppose d'habitude, sans autre raison que le fait qu'elles ne sont pas courantes.

Et Einstein était bien conscient de la chose :

Celui qui marche gaiement au pas avec la musique ne mérite que le mépris. On s'est trompé en lui donnant un grand cerveau car une moelle épinière lui aurait largement suffi.

Je suis optimiste pour l'avenir. De grands progrès ont été faits par le passé. Il reste à voir comment l'humanité se débrouillera face à sa responsabilité à l'égard de notre environnement. Les ressources énergétiques de notre société sont fondamentalement limitées. La fusion thermonucléaire fournit de l'énergie en convertissant de l'hydrogène en hélium. Les océans contiennent de vastes ressources en hydrogène et pourraient nous apporter une immense réserve d'énergie une fois la fusion thermonucléaire maîtrisée. Les astronomes ont une certaine expérience de ce point de vue, même si l'on peut ajouter avec Arthur Eddington un avertissement :

De fait, l'énergie sous-atomique dans les étoiles est librement utilisée pour le maintien de leur grande fournaise, cela semble nous rapprocher un peu plus de l'accomplissement de notre rêve de contrôler cette puissance latente pour le bien-être de la race humaine – ou pour son suicide.

Il y a une niche pour l'humanité dans l'immensité de l'Univers. Et l'Univers presque infini qui a les faveurs de notre cosmologie nous réserve d'immenses ressources. On ne peut dissimuler un sentiment d'émerveillement et d'effroi devant la beauté et la taille de notre cosmos. De grandes surprises nous attendent, que nous découvrirons sans doute avec l'aide des télescopes toujours plus grands et des accélérateurs de particules toujours plus puissants prévus pour les prochaines décennies. Le futur nous fait de grands signes.

Index

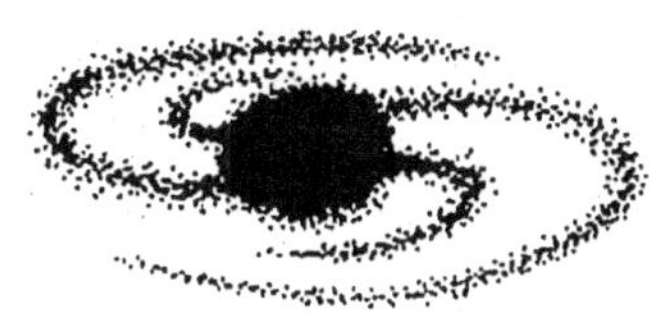

Table des matières

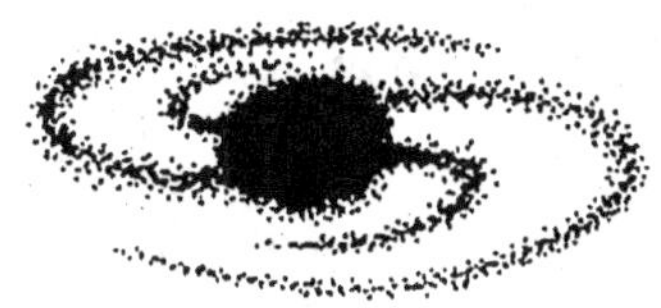

Imprimé par Lightning Source France
1 avenue Gutenberg
78310 Maurepas

N° d'édition : 7381-1635-Y